사회생물학,
인간의
본성을
말하다

국립중앙도서관 출판시도서목록(CIP)

사회생물학, 인간의 본성을 말하다 / 지은이: 최재천, 이토 요시아키, 박만준, 정상모, 이을상, 오용득, 강남욱, 백영제, 안호영, 조용현, 박준건. – 부산 : 산지니, 2008
 p. ;   cm

(사)부산민주항쟁기념사업회의 지원을 받아 제작됨
ISBN 978-89-92235-36-5 93473 : \20000

473-KDC4
574-DDC21   CIP2008000984

사회생물학, 인간의 본성을 말하다

최재천
이토 요시아키
박만준
정상모
이을상
오용득
강남욱
백영제
안호영
조용현
박준건

산지니

머리말

인문과학과 사회과학을 연구하는 사람에게는 언제나 떠나지 않는 하나의 물음이 있다. "인간이란 무엇인가?" 바로 이 물음이다. 이는 인문과학과 사회과학을 연구하는 사람에게 당위적이고도 불가피한 물음이다. 적어도 인간과 관련된 모든 사회적·역사적 명제가 모두 이 물음과 연결되어 있기 때문이다. 그래서 이미 이 물음을 중심으로 수많은 연구가 이루어졌을 뿐 아니라 그에 관한 학문적인 자료만 해도 무척 방대하다. 조금 넓게 보면 우리의 지성사 전반이 이 물음과 연관 있다고 해도 과언이 아니다. 그렇다면 새삼스럽게 이 물음을 거론하는 이유가 무엇일까? 우선 두 개의 이유를 들 수 있다.

그 하나는 인간에 대한 전통적 정의나 규정만으로는 인간의 존재방식이나 삶의 양식을 이해하는 데 충분하지 않다는 문제의식에서 나온 것이다. 흔히 우리는 인간을 '생각하는 동물', '도구를 사용하는 동물', '정치적 동물', '문화적 동물' 등으로 규정한다. 하지만 오늘날 이 규정들이 인간을 이해하는 데 얼마나 도움이 될까? 과연 우리는 지금도 저런 식의 규정으로 인간 존재를 자신 있게 말할 수 있을까? 필시 이 물음에 대해 고개를 끄덕이며 긍정하는 사람은 별로 없을 것이다.

다른 하나는 인간의 행동과 존재방식을 '원리적으로' 이해하고 설명할 수 있는 이론적 토대가 새롭게 마련되었기 때문이다. 오늘날 이 두 번째 이유는 첫 번째 이유보다 훨씬 결정적인 의미를 갖지만, 두 번째 이유가 내세운 이론적 토대는 아직 문제의식의 차원에 머물러 있다. 그것은 곧 생물학에 기초하여 인간의 행동을 체계적으로 연구하는 '사회생물학'이다.

생물로서 인간의 몸은 시간의 중첩이 빚어낸 두터운 기억들을 담고 있다. 물론 시간의 흐름 속에서 수 없이 잘려나가고 지워지고 했을 것이지만, 축적된 긴 시간의 흔적이니만큼 외연의 폭 또한 무척 넓다. 그래서 수만, 수천 년이 지났건만 인간의 몸은 우리의 존재를 읽어내는 텍스트로서 손색이 없다. 사회생물학은 바로 이 텍스트를 인간 이해의 소중한 자원으로 삼는다.

윌슨은 사회생물학을 "모든 사회 행동의 생물학적 기초에 관해서 체계적으로 연구하는 학문"이라고 정의한다. 이 정의는 종래의 사회학과 충돌할 것이 틀림없다. 종래의 '좁은 의미에서 사회학'은 구조주의적 및 비유전학적인 접근방식으로 말미암아 사회생물학과는 거리가 멀다. 종래의 사회학은 인간을 유전학적인 의미에서의 진화적 설명에 의존하지 않고 주로 외견상 표현형의 경험적 기재와 직관에 의해 설명해왔다. 그러나 사회학이 "특수현상들을 자세히 기술하고 환경의 특성과 그들의 일차적인 상관성을 증명할 때 가장 훌륭하게 수행될 수 있다"는 것이 윌슨의 입장이다.

윌슨의 말대로 이제 우리는 인간에 관한 지식, 보다 엄밀히 말한다면 인간의 사회성을 경험적 언어나 생물학적 기호로 표현하고 재구성해볼 수 있는 길목에 들어서 있다. 경험적 언어나 생물학적 기호로 표현한다는 것은 '사실'에 관한 명제 서술의 측면이고, 재구성한다는 것은 전통적 지식을 진화론적으로 재정립한다는 측면이다. 이는 사회생물학적 인간 이해를 위해 무엇보다 먼저 수행해야 할 일이다. 그래야만 생물학적 기호를 통해, 더 나아가 그런 기호로 표현되는 명제를 통해 우리는 사회성의 출현을 '원리적으로' 이해할 수 있을 것이기 때문이다.

그러나 일부에서는 인문·사회과학의 사회생물학화(sociobiologicalization)를 걱정하는 비판적 시각이 없지 않다. 하지만 조금만 여유를 가지고 한발 물러서서 바라볼 것을 권한다. 기존의 수많은 인문·사회과학의 논의들이 '사실'에 관한 정확한 이해를 얻지 못한 탓으로 공허한 논의가 많았음을 상기해보자는 것이다. 그렇게 한다면 이 책에서 시도한 다양한 논의들을 조금은 긍정적인 측면에서 바라볼 수 있지 않을까 싶다. 그리고 이러한 긍정적으로 바라보는 여유가 독자들을 폭넓은 논의의 장으로 인도해줄 것이다. 사상적 긴 여정에서 동반자를 만나는 기쁨도 무척 큰 것이다. 그런 날이 빨리 오기를 기대해본다.

2007년 12월
왕셋골 연구실에서
민주주의사회연구소 사회생물학연구회 회장 박 만 준

차례

머리말   5

1장   사회과학, 다윈을 만나다   최재천
    1. 머리말   15
    2. 현대 진화생물학의 주요개념   20
    3. 진화에 대한 가장 빈번한 오해들   38
    4. 멋진 신세계를 위한 진화생물학   47
    5. 통합생물학의 시대   50
    6. 맺음말: 진화사회과학을 꿈꾸며   53

2장   사회생물학의 발전과 인간 사회 연구의 장래 방법에
        미칠 영향―한 동물행동학자의 견해   이토 요시아키
    1. 혈연선택설: 사회생물학의 탄생   61
    2. 사회생물학의 공적   65
    3. 사회생물학의 인간론과 이에 대한 비판   71
    4. 인간 사회에 대한 사회생물학의 악용   74
    5. 인간의 동물적 유전과 인간 사회의 장래: 하르디와 나의 의견   78
    6. '은밀한 암컷의 선택'과 사회생물학의 암컷 역할 재인식   79
    7. 인간 심리학과 사회생물학   83

3장	인간은 왜 사회적인가?	박만준
	1. 머리말	93
	2. 크로포트킨의 명제 : 상호부조	96
	3. 상호부조와 적자생존	103
	4. 인간의 사회성	109
	5. 맺음말	116

4장	진화론적 이타주의—그 비판적 분석	정상모
	1. 들어가는 말	123
	2. 진화론적 이타주의의 역설	125
	3. 역설의 해법들	128
	4. 진화론적 이타주의의 윤리학적 의미	141
	5. 유전자에서 한 걸음 물러서기	149
	6. 맺음말	155

5장	다윈주의 윤리학 —유전자의 기능과 이성의 역할	이을상
	1. 머리말: 도덕성은 발달하는가?	161
	2. 이타성: 도덕성의 기원인가, 유전자의 이익인가?	165
	3. 후성규칙과 도덕적 책무	172
	4. 이성과 유전자	181
	5. 맺음말	189

6장 성의 생물학적 의미─문화비판의 새로운 근거   오용득

  1. 존재전략으로서 생식   195
  2. 더 효율적인 존재전략으로서 성   201
  3. 인간의 종 내 경쟁과 그 전략   205
  4. 성의 생물학적 의미에 입각한 문화비판   222

7장 동성애의 사회생물학   강남욱

  1. 머리말   231
  2. 동성애와 종교   233
  3. 동성애와 섹슈얼리티   237
  4. 동성애와 동물성 : 편견을 넘어서 자연성으로   241
  5. 동성애와 진화의 법칙   244
  6. 혈연선택과 동성애   250
  7. 맺음말   255

8장 예술발생의 생물학적 배경   백영제

  1. 들어가는 말   259
  2. 인류의 기원과 미적 존재   267
  3. 예술 발생에 대한 진화예술학의 해명   277
  4. 맺음말   289

9장　생명과 복잡―베르그손의 생명진화와
　　　윌슨의 통섭적 사유를 중심으로　　　　　　　　　안호영

　　1. 머리말　　　　　　　　　　　　　　　　　　　　297
　　2. 발생론적인 측면에서 본 복잡계　　　　　　　　　300
　　3. 복잡성 속의 질서관념　　　　　　　　　　　　　313
　　4. 통섭적 사유　　　　　　　　　　　　　　　　　317
　　5. 맺음말　　　　　　　　　　　　　　　　　　　　321

10장　공생, 합생, 창발성　　　　　　　　　　　　　　조용현

　　1. 머리말: 자연선택을 넘어서　　　　　　　　　　　327
　　2. 합생　　　　　　　　　　　　　　　　　　　　331
　　3. 내공생　　　　　　　　　　　　　　　　　　　337
　　4. 죄수의 딜레마　　　　　　　　　　　　　　　　340
　　5. 혈연선택　　　　　　　　　　　　　　　　　　347
　　6. 창조적 진화　　　　　　　　　　　　　　　　　356

11장　사회생물학적 인간관 비판　　　　　　　　　　　박준건

　　1. 머리말: 사회생물학이라는 유령이 배회하고 있다　　363
　　2. 사회생물학의 입각점은 무엇인가?　　　　　　　365
　　3. 인간은 자연존재이지만 인간적인 자연존재이다　　378
　　4. 맺음말 : 인간은 닫힌 존재가 아니라 열린 존재이다　388

1

사회과학,
다윈을 만나다

최
재
천

1장

사회과학, 다윈을 만나다[1]

최재천

1. 머리말

윌슨(Edward O. Wilson)은 그의 저서 『사회생물학: 새로운 종합』(*Sociobiology: The New Synthesis*, 1975) 마지막 장에서 다음과 같이 적고 있다.

> "이제 인간을 열린 개념의 자연사(natural history) 관점에서 바라보자. 마치 우리가 지구에 사는 사회성 동물들의 목록을 만들기 위해 저 먼 다른 행성으로부터 온 동물학자들인 것처럼 말이다. 이 거시적인 관점에서 보면 인문학과 사회과학은 생물학의 특수 분야들로, 역사학, 전기, 문학 등은 인간행태학(human ethology)의 관찰 보고로, 그리고 인류학과 사회학은 한데 묶여 한 종의 영장류에 대한 사회생물학이 되고 만다."

---

[1] 이 글은 '민주공원 민주항쟁 기념관 민주주의사회연구소'의 제12회(2003년) 정례연구발표회에서 발표되었음.

사회생물학의 험난한 역사에 대해 조금이라도 아는 사람이라면 바로 이 대목이 얼마나 많은 인문학자들과 사회과학자들을 격노하게 만들었는지 잘 알 것이다. 그리고 윌슨에 대해서 조금이라도 아는 사람이라면 윌슨이 진정 생물학 쇼비니즘을 부르짖기 위해 이런 말을 한 게 아니라는 것도 잘 알 것이다. 윌슨은 다만 사회과학에 다분히 환원주의적인 자연과학의 방법론을 주입하기 위해 약간의 충격요법을 사용한 것뿐이다. 그가 마지막 장의 제목을 '사회학에서 사회생물학으로'라고 하지 않고 '사회생물학에서 사회학으로'라고 한 것만 봐도 그의 의도가 사실 겸허하기까지 했음을 짐작할 수 있다.

나는 개인적으로 미국에서 연구생활을 하던 시절 주로 개미를 비롯한 사회성 곤충들(social insects)의 행동, 생태, 진화 등에 대해 연구했다. 서울대학교에 돌아온 이후로는 대학원생들과 함께 개미와 말벌 같은 전통적인 사회성 곤충들은 물론이고, 병정진딧물(soldier aphids), 갑옷바퀴(*Cryptocercus* cockroaches), 사회성 거미(social spiders), 까치, 조랑말, 심지어 인간까지 연구대상의 범위를 확대해갔다. 그들이 어떤 환경에서 어떤 사회구조를 형성하고 어떤 행동을 나타내며 사는가를 기술하고 분석했다. 또한 그들이 어떤 경로를 거쳐 그런 환경에서 그런 사회를 이루고 그런 행동을 보이며 살게 되었는가, 즉 그들의 역사를 재구성하려 했다. 내가 1999년 일반 대중을 위해 저술한 교양과학서 『개미제국의 발견』이 좋은 예가 될 것이다. 이 책에는 모두 16개의 글이 개미사회의 경제, 문화, 그리고 정치의 세 분야로 나뉘어 묶여 있다.

나는 윌슨의 주장이 결코 악의적인 것이 아니었다고 생각한다. 순수하게 학문적인 도전이었을 뿐이다. 사회과학의 과학이 자연과학의 그것과 근본적으로 다른 것이 아니라면 자료 분석 정도에서 과학의 방법론을 빌리는 수준에 그칠 게 아니라 기본개념의 틀 자체가 과학이어야 한다고 생각한다. 사회생물학은 사회과학이 다윈의 진화론을 적극적으로 끌어안기를 원한다. 윌슨은 『사회생물학: 새로운 종합』 마지막 장 거의 끝 부분에서 사회과학 분야 중 특별히 사회학을 가리켜 자연사(natural history) 수준의 발달단계에 놓인 학문이라고 말했다. 사회학이 그 동안 주로 해온 현상과 개념들을 분류하고 명명하는 작업은 생물학적인 자연사 연구의 초기단계와 흡사하다. 자연학자들이 생물종들을 분류하고 기술하는 작업과 크게 다를 바 없다. 서로 다른 종류의 정의들과 유비들을 묶는 사회학적 종합 역시 전형적인 자연사 연구의 모습이라고 설명했다. 윌슨은 사회학이 문화인류학, 사회심리학, 경제학 등과 합쳐지며 드디어 현상학적 법칙들을 도출하기에 이르렀다고 관찰했다. 그러나 사회학이 단순히 현상학적인 단계를 벗어나 확고한 이론으로 자리를 잡으려면 생물학의 도움이 절대적으로 필요하다고 주장했다.

이는 일찍이 1963년 스노우 경(Sir Charles P. Snow)이 『제3의 문화로서 사회사』(Social History as the Third Culture)의 태동을 예견한 것과 맥을 같이 한다. 스노우에 따르면 사회사란 사회학자를 비롯하여 정치학자, 경제학자, 심리학자, 의학자와 건축학자 등의 지적 활동 모두를 포함한다. 진정한 의미의 자연과학, 예를 들면, 진화생물학은 이에 포함되지 않았다. 이런 점에서 문학이란 결국 여러 모양의 탈을 뒤집어 쓴 사회학이라는 주장과 함께 처음으로 대학에 사회학과를 만들 것을 건의했던 이가 다름 아닌 유명한 진화생물학자 헉슬리(Thomas Henry Huxley)였다는 사실은 우리에게 특별한 교훈을 안겨준다. 나는 궁극적으로 사회과학과 사회생물학은 러빈(George Levine, 1987)이 주장한 대로 하나의 문화(one culture)가 돼야 한다고 생각한다. 그렇다고 해서 한 분야로 합쳐져야 한다고 말하는 것은 결코 아니다. 다만 하나의 문화적 담론으로 거듭나야 한다는 말이다.

사회과학과 사회생물학을 하나의 문화적 담론의 장으로 끌어들일 수 있는 연결고리 중의 하나가 바로 진화론이다. 일찍이 위대한 진화유전학자 도브잔스키(Theodosius Dobzhansky, 1973)는 진화의 개념을 통하지 않고서는 생물학의 그 무엇도 의미가 없다고 말했다. 하지만 진화론의 범주는 이제 생물학에 국한되지 않는다. 나는 감히 진화의 개념을 통하지 않고는 이 세상 그 무엇도 의미가 없다고 말하려 한다. 여기에는 사회과학은 물론, 종교와 예술도 포함된다. 이렇게 말하고 나면 나는 윌슨이 받았던 공격보다 더 엄청난 공격을 받을지도 모른다. 하지만 이제 우리 사회도 많이 열린사회가 되었다고 믿으면서 더 발전적인 토론을 기대해본다.

사회과학과 사회생물학이 하나의 담론으로 거듭나게 하려면 먼저 다윈의 진화론에 대한 명확한 이해가 있어야 한다. 윌슨은 사회생물학을 모든 사회행동의 생물학적 근거를 체계적으로 연구하는 학문이라고 정의한다(Wilson, 1975). 여기서 말하는 체계란 바로 다름 아닌 진화론적 체계를 의미한다. 사회생물학은 윌슨이 새로 만들어낸 학문이 아니다. 다윈 이래 많은 생물학자들이 진화론에 입각하여 연구해온 인간을 포함한 모든 동물들의 자연사 또는 사회사를 윌슨이 집대성하고 적절한 이름을 붙인 것에 지나지 않는다. 그의 새로운 종합(new synthesis)이 생물학을 비롯한 자연과학은 물론 다른 많은 학문에 미친 영향은 근대 학문사에서 유래를 찾기 어려울 지경이지만 그 시작은 엄연히 다윈에 있다. 하버드 대학의 영장류학자 드보어(Irven DeVore)의 표현대로 우리는 끊임없이 다윈의 샘물로 돌아가 그 물을 마시고 있다.

다윈(Charles Darwin)의 『종의 기원』(On The Origin of Species)이 처음 출간된 것이 1859년이었으니 거의 한 세기 반이라는 세월이 흐른 셈이다. 서양의 학계에서는 이미 오래 전부터 다윈을 단순히 자연선택론(theory of natural selection)에 입각하여 생물의 진화를 설명하려 했던 영국의 한 생물학자로서 뿐만 아니라 사상가로서도 우리 현대인의 의식구조에 얼마나 큰 영향을 미쳤는가를 재평가하는 작업이 활발하게 이루어지고 있다. 지난 밀레니엄을 마감하면서 미국의 몇몇 언론인들이 학자 및 예술가들을 대상으로 한 설문조사 결과를 바탕으로 지난 1천년 동안 인류에게 가장 큰 영향을 미친 인물 1천 명을 선정하여 『1천년, 1천인』이란 책을 출간했다. 이 책에서 다윈은 갈릴레이와 뉴턴에 이어 과학자로는 세 번째인 전체 7위에 선정되었다. 그의 진화론이 생물학의 범주를 넘어 다른 많은 학문 영역들은 물론이고 우리들의 일상생활에도 폭넓게 영향을 미쳤음이 인정된 것이다.

자연선택 메커니즘을 바탕으로 한 다윈의 진화론은 그간 많은 논쟁을 거쳐 오늘날에는 생명의 의미와 현상을 설명하는 가장 훌륭한 이론으로 확고하게 자리를 잡았다. 진화론의 이 같은 위치는 현재 생물학 뿐만 아니라 철학, 사회학, 경제학, 인류학, 심리학, 법학 등의 인문사회과학 분야는 물론 음악, 미술 등의 예술 분야에까지 폭넓게 영향을 미치고 있다. 또 알게 모르게 현대인의 사고체계에 기본 틀을 제공하고 있다. 이제 더 이상 우리 주변에 세상 모든 것이 영원불변하다고 믿는 이들은 없다. 사물은 끊임없이 변하고 있고 사물들 간의 관계가 절대적이 아니라 상대적임을 누구나 알고 있다. 다윈의 이론이 학문은 물론 사회 전반에 끼친 영향은 가히 혁명적이라 평가되어 과학사학자들은 이를 흔히 '다윈혁명(Darwinian revolution)'이라 일컫는다(Bowler, 1993).

하지만 진화론만큼 오해를 많이 받은 이론도 많지 않을 것이다. 다윈 자신도 그 이전의 오해들을 올바로 잡는 작업을 엄청나게 해야 했지만, 다윈의 이론들도 거의 소개되는 시점부터 지금까지 줄곧 오해와 오용의 역사를 거듭해왔다. 근본적으로 결코 과학일 수 없는 창조과학의 어처구니없는 공격은 말할 나위도 없거니와 종교와 과학을 구분하지 않는 보수적인 기독교인들과 별 생각 없이 그들에 동조하는 사람들에 의해 어찌 보면 불필요할 정도로 소모적인 논란을 겪어왔다. 학계만 보더라도 대부분의 인문사회학자들과 심지어는 상당수의 생물학자들마저도 상당히 그릇된 이해를 갖고 있는 경우가 허다하다. 진화론은 그 자체가 끊임없이 진화해온 과학 이론이다. 다윈의 이론이 그 기본 골격은 거의 완벽하게 유지하고 있지만, 현대진화론은 1930~1940년대에 진화적 종합(evolutionary synthesis)을 거친 후 1960~1970년대에 이르러 유전자의 관점으로 재무장하여 지금은 상당히 진화된 모습을 갖추고 있다(Jones, 1999). 이에 진화론에 입각한 인문사회학적 논의에 앞서 현대진화론의 개념들을 명확하게 이해하는 것이 중요하다고 생각하여 간단하게나마 정리해보고자 한다.

2. 현대 진화생물학의 주요개념

2.1. 자연선택에 의한 진화

다윈의 자연선택론이 등장하기 전 거의 2천 년 동안 서양의 자연과학을 지배해온 사상적 토대는 플라톤의 본질주의(essentialism)였다. 플라톤에 의하면 이 세상은 영원불변의 완벽한 진리 또는 전형(ideal)으로 이루어져 있으며 그러한 전형으로부터 변이(variation)는 진리의 불완전한 투영에 불과하다는 것이다. 따라서 생물의 종들은 영원불변의 존재들일 수밖에 없다. 금이 은으로 변할 수 없듯이 하나의 종(種)이 다른 종으로 변할 수는 없다는 것이다(Mayr, 1982). 이 같은 관념은 훗날 기독교 신학에 의해 더욱 굳건히 서양인들의 사고방식을 지배하게 된다. 창세기 제1장에 기록되어 있는 대로 이 우주는 물론 그를 구성하고 있는 모든 생물체들이 하나님에 의해 창조되었다는 믿음은 기존의 종 불변성과 자연스럽게 부합하는 개념이다.

생물의 불변성에 처음으로 이견을 제시한 이들은 18세기 프랑스의 생물학자 뷔퐁(George-Louis Leclerc de Buffon)과 라마르크(Jean Baptiste de Lamark)였다. 이들 중 라마르크는 특히 인간을 위시한 모든 생물종들이 모두 다른 종들로부터 파생되었으며 생물은 모두 새로운 환경에 적응하기 위하여 스스로 변화를 일으킬 수 있는 생명력을 갖고 있다고 주장했다. 이른바 '용불용설'이라 불리는 그의 이론에 따르면 쓰임이 많은 구조는 계속 발달하지만 그렇지 않은 것은 퇴화하기 때문에 각 생명체가 당대에 얻은 좋은 형질이 다음 세대로 전달되어 진보적인 진화를 가져온다는 것이다. 이를테면 기린의 목은 더 높은 가지에 매달린 이파리를 먹기 위해 끊임없이 목을 늘이려고 노력한 개체들이 좀 더 목이 긴 자식들을 낳음으로써 점점 더 길어졌다는 것이다.

다윈은 모든 생물종들이 다른 종들로부터 진화했다는 점에서는 라마르크와 의견을 같이 하나 그 같은 변화를 일으키는 메커니즘에 관해서는 근본적으로 다른 이론을 제시했다. 다윈에 의하면 기린의 목이 길어진 것은 몇몇 개체들의 노력에 의해 얻어진 이른바 획득 형질이 유전되어 발생한 현상이 아니라 목의 길이가 조금씩 다른 개체들 중 더 긴 목을 가진 개체들이 더 많은 먹이를 취할 수 있었고, 그 결과 더 많은 자손을 낳을 수 있었기 때문에 세대를 거듭하며 점점 더 목이 긴 개체들이 많아졌다는 것이다. 개체군 내에 이미 존재하고 있었던 변이 중 생존과 번식에 이득이 되는 것이 자연선택되어 그 빈도가 증가한다는 것이다.

진화란 한마디로 변화를 의미한다. 그 중에서도 특히 세대 간에 일어나는 생물체의 형태와 행동의 변화를 뜻한다. DNA의 구조로부터 사회생활에 이르기까지 생물의 형질은 세대를 거치면서 조상의 형질로부터 변화한다. 그렇다면 이러한 변화는 어떻게 생겨나는 것인가? 1858년 다윈과 월리스(Alfred Russel Wallace)는 영국 린니언 학회 (Linnean Society)에서 진화는 자연선택의 결과로 발생한다고 발표했다. 다윈과 월리스는 각각 독립적으로 진화를 일으키는 메커니즘이 바로 자연선택이란 이론을 정립했는데 자연선택이 일어나기 위한 조건으로 그들은 다음의 네 가지를 들었다.

1) 자연계의 거의 모든 개체군에는 각 개체들 간에 변이가 존재한다.
2) 어떤 변이는 유전한다.
3) 생물은 환경이 뒷받침할 수 있는 이상으로 많은 자손을 낳는다.
4) 주어진 환경에 잘 적응하도록 도와주는 형질을 지닌 개체들이 더 많이 살아남아 더 많은 자손을 남긴다.

첫째 조건인 변이에 관하여 잠시 살펴보자. 자연계에 존재하는 거의 모든 형질들에는 대체로 변이가 존재하기 마련이지만, 만일 변이가 없다고 가정한다면 선택의 여지도 없음을 의미한다. 형질(character)이 동일한 개체들 간에 아무리 선택을 한다 해도 아무런 변화를 기대할 수 없는 것이기 때문에 자연선택은 변이를 가진 형질에만 일어날 수 있다. 플라톤의 본질주의가 자연계에 존재하는 모든 변이를 전형의 불완전한 투영으로 보는 데 반해, 다윈의 진화론은 그 변이 자체가 바로 변화를 일으키는 실체라고 설명한다.

이러한 변이들 중 유전하는 것만이 자연선택의 대상이 된다는 것이 둘째 조건이다. 다세포생물은 기능적으로 서로 다른 두 가지 종류의 세포들로 구성되어 있다. 하나는 몸의 구조를 이루는 체세포(somatic cell)이고 다른 하나는 번식을 위해 만들어지는 생식세포(reproductive cell)이다. 한 생명체가 생애를 통해 아무리 많은 변화를 겪는다 해도 그것이 생식세포 내의 변화가 아니면 다음 세대로 전해질 수 없다. 체세포의 변화는 당대에만 나타날 뿐 자손에는 전달되지 않는다. 이것이 바로 라마르크의 획득형질 유전(inheritance of acquired character)의 맹점이다.

셋째 조건은 다윈이 경제학자 맬서스(Thomas Malthus)의 『인구론』(1798)을 읽고 깨달은 개념이다. 다윈이 태어나기 이미 10여 년 전에 발표된 이 논문에서 맬서스는 인간을 포함한 모든 생물집단은 환경적인 제한요인이 없다면 기하급수적으로 성장하는 성향을 지닌다고 설명했다. 유명한 생태학자 맥아더(Robert MacArthur)는 생물의 성장 속도에 대해 다음과 같은 계산을 한 적이 있다.

"매 20분마다 세포분열을 하는 박테리아의 경우 불과 36시간이면 지구의 표면 전체를 한 자 깊이로 덮을 것이고 한 시간만 더 지나면 우리 키를 훌쩍 넘을 것이다. 또 어느 동식물이건 일단 태어나면 죽지 않는다고 가정할 때 그저 수천 년이면 그 집단은 저 끝없는 우주를 향해 빛의 속도로 팽창해 나갈 것이다." (MacArthur, 1972)

자연선택의 넷째 조건은 셋째 조건의 자연스런 귀결로 나타난다. 어느 집단이건 태어나는 모든 개체들이 다 번식의 기회를 갖는 것은 아니다. 대부분의 개체들은 번식기에 이르기 전에 죽어 사라지고 주어진 환경에 좀 더 잘 적응할 수 있도록 도와주는 형질들을 지닌 개체들만이 살아남아 자손을 남기게 된다. 아무리 변이가 존재하고 또 유전한다고 하더라도 모든 개체가 다 번식기에 이르러 똑같은 수의 자손을 남긴다면 그 개체군의 유전자 빈도에는 아무런 변화도 발생하지 않는다. 따라서 진화란 간단히 말해서 유전자들이 자신들이 몸담고 있는 개체들의 번식을 도와 자신들의 복사체를 더 많이 퍼뜨리려는 경쟁의 결과로 나타나는 현상이다.

진화생물학에서는 이 네 가지를 묶어 흔히 진화의 필요충분조건이라 부른다. 왜냐하면 이 네 가지 조건이 모두 함께 갖춰져야 자연선택이 일어날 수 있고 또 모두 갖춰지기만 하면 자연선택은 반드시 일어날 수밖에 없기 때문이다. 이 점에서 볼 때 다윈의 자연선택론은 더 이상 가설(hypothesis)이 아닌 엄연한 이론(theory)이다. 또 위에 열거한 네 가지 조건만 갖춰지면 진화가 반드시 일어날 수밖에 없다는 점에서 보면 자연선택은 사물이 근거하여 성립하는 근본 법칙, 즉 '원리(principle)'이다.

2.2. 진화의 단위는 유전자

1960년대에 접어들며 진화생물학은 커다란 개념적 혁신을 맞게 된다. 진화생물학이 그 논리적 기초를 다윈의 자연선택론에 둔다고는 했으나 많은 생물학자들은 자연선택의 단위 및 대상에 관해 제대로 이해하지 못하고 있었다. 이를테면 생물은 모두 자기가 속해 있는 집단이나 종의 보전을 위해 자신을 희생하도록 진화했다고 믿었다. 이 같은

'집단의 이익을 위하여(for the good of group)' 식의 논리는 스스로 번식을 자제하는 집단조절기능을 가진 종들만이 이 지구상에 남아 있고 그렇지 못한 종들은 자원고갈로 인해 멸종했다는 이른바 집단선택(group selection)설에 입각한 것이다. 이 같은 집단선택설적 자연선택 이론은 다윈의 개체 중심적 이론에 어긋나는 것으로 특수한 조건이 갖춰지지 않는 한 실제에 적용되기 어렵다(Williams, 1966).

가상적인 예를 하나 들어보자. 바닷가 벼랑 위에 서식하고 있는 어떤 갈매기 집단을 상상해보자. 갈매기는 대개 암수가 한번 짝을 지면 평생토록 같이 사는 전형적인 일부일처제 동물이다. 이 갈매기들은 암수 한 쌍이 해마다 알을 둘만 낳아 기른다고 가정하자. 따라서 자원을 지나치게 고갈시키는 일도 없다고 하자. 그리고 이러한 성향은 대대로 유전된다고 하자. 어느 날 이 집단에 세 개의 알을 낳는 돌연변이가 발생했다고 하자. 자원을 고갈시키지 않는 집단이므로 먹이가 부족할 것도 없으니 알을 셋이나 낳은 쌍도 세 마리의 새끼를 키우는 데 별 어려움이 없을 것이다. 이 새끼들이 다 잘 자라 각자 또 번식을 하게 되고, 또 그 새끼들이 또 번식하고 하는 식으로 몇 세대를 지나게 되면, 이 집단엔 세 알 유전형(genotype)이 원래의 두 알 유전형보다 훨씬 많게 될 것이다.

시간이 더 지나면 네 알 유전형도 생겨날 것이다. 알을 더 많이 낳으면 낳을수록 더 많은 새끼들을 키워낼 수 있다면 갈매기들은 세대를 거듭하면서 점점 더 많은 알을 낳게 될 것이다. 그러나 결국 알의 수는 부모가 키울 수 있는 한도 내에서 조절될 것이다. 따라서 우리가 자연에서 관찰하는 알의 수는 부모의 부양능력과 여러 환경요인의 영향 아래 가장 많은 새끼들을 배출하도록 자연선택된 적응의 결과이다. 개체가 집단의 존속을 위해 자발적으로 산아제한을 하는 체제는 결코 진화할 수 없다. 왜냐하면 자기만의 이익을 추구하는 개체들을 막을 길이 없기 때문이다.

미국의 만화가 라슨(Gary Larson)은 집단선택설의 모순을 만화 한 컷으로 기가 막히게 잘 표현했다. 설치류의 동물 레밍(lemming)은 오랫동안 자살을 하는 것으로 알려졌다. 그들이 자살을 하는 이유를 설명하기 위해 대부분의 사람들이 제시하는 이론은 철저하게 집단선택설의 관점을 지닌 것이었다. 자원은 한정되어 있는데 너도 나도 살려고 하면 모두가 살기 어려워지기 때문에 일부 숭고한 레밍들이 동료들을 위해 죽어준다는 설명이다. 하지만 라슨의 만화에서 보듯이 그 숭고한 레밍들 중 어느 날 구명대를 두르고 내려오는 돌연변이 개체가 나타났다고 가정하자. 만일 구명대를 두르고자 하는 이기적 성향이 유전하는 변이라면 이듬해 봄에는 구명대를 두르고 내려오는 레밍이 더 많아질 것이다. 남을 위해 자신을 희생하는 고귀한 유전자들은 숭고한 레밍들의 죽음과 함께 사라져버리고 말지만 이기적 유전자는 다음 세대에 전달되어 발현되기 때문이다. 이처럼 집단 수준의 선택은 개체 수준의 선택을 당할 수 없다. 집단선택은 그만큼 일어나기 어려울 수밖에 없다.

다윈에게도 몇 가지 풀기 어려운 고민들은 있었다(Cronin, 1991, Choe and Crespi, 1997a, b). 그 중에서도 가장 심각했던 문제는 바로 몇몇 사회성 동물들이 나타내는 자기희생(self-sacrifice) 또는 이타주의(altruism)였다. 다윈의 철저하리만치 개체중심적인 이론으로는 남을 돕기 위해 자신의 생존과 번식을 희생하는 행동이 어떻게 진화할 수 있었는지 설명할 수 없었다. 특히 개미나 벌과 같은 이른바 사회성 곤충(social insect)들의 집단에서 벌어지는 일개미나 일벌들의 번식 희생은 다윈을 무척이나 괴롭혔던 불가사의한 생명 현상이었다. 모든 생명체는 자신의 번식을 위해서 행동하도록 진화했다는 다윈의 이론으로는 각기 다른 생명체들로 태어나 스스로 번식을 억제하고 오로지 여왕으로 하여금 홀로 번식할 수 있도록 평생 봉사하는 일개미나 일벌들의 헌신적 행동을 이해할 수 없었다. 다윈은 끝내 이 문제에 관한 한 명확한 답을 얻지 못한 채 세상을 떠나고 말았다.

이타주의적 행동이 어떻게 기본적으로 이기적인 개체들로 구성된 사회에서 진화할 수 있는가에 대한 논리적인 설명을 처음으로 제공한 사람은 영국의 생물학자 윌리엄 해밀턴(William Hamilton)이었다. 두 편의 연속 논문(Hamilton, 1964)으로 발표된 그의 이론이 나온 것은 다윈의 『종의 기원』이 출간된 지 무려 100년이 넘게 흐른 뒤였다. '포괄적응도 이론(inclusive fitness theory)' 또는 '혈연선택론(kin selection theory)'으로 알려진 해밀턴의 이론은 개체 수준에서는 엄연한 이타주의적 행동이 유전자 수준에서 분석해보면 사실상 이기적인 행동에 지나지 않음을 보여준다.

해밀턴의 이론에 의하면 번식이란 결국 유전자들이 자신들의 복사체들을 퍼뜨리기 위한 수단이라는 것이다. 하버드대학의 사회생물학자 윌슨(Edward Wilson)은 영국 작가 버틀러(Samuel Butler)의 표현을 빌려 닭은 달걀이 더 많은 달걀을 얻기 위해 잠시 만들어낸 매개체에 불과하다고 설명했다. 나는 최근에 출간한 내 에세이집의 제목을 『알이 닭을 낳는다』(최재천, 2001)로 지었다. 같은 뜻을 보다 간략하게 표현했다고 생각한다. 도킨스(Richard Dawkins, 1976)에 의하면 긴 진화의 역사를 통해 볼 때 개체는 잠시 나타났다 사라지는 덧없는 존재이고 영원히 살아남을 수 있는 것은 바로 자손 대대로 물려주는 유전자라는 것이다. 유성생식을 하는 생물의 경우, 사실상 개체들이 직접 자신들의 복사체를 만드는 것은 아니다. 후손에 전달되는 실체는 다름 아닌 유전자이기 때문에 적응형질들은 집단을 위해서도 아니고 개체를 위해서도 아니라 유전자를 위해서 만들어지는 것이다. 이에 도킨스는 개체를 '생존기계(survival machine)'라 부르고, 끊임없이 복제되어 후세에 전달되는 유전자 즉 DNA를 '불멸의 나선(immortal coil)'이라고 일컫는다. 개체의 몸을 이루고 있는 물질은 수명을 다하면 사라지고 말지만 그 개체의 특성에 관한 정보는 영원히 살아남을 수 있다는 뜻이다.

그러나 결국 유전자도 개체의 번식을 통해야만 자신의 복사체들을 퍼뜨릴 수 있다. 한 개체 내의 유전자들의 운명은 그 개체에게 달려 있다. 다윈의 고민 두 가지에 대한 과학사학적 분석을 다룬 저서 『개미와 공작』(*The Ant and the Peacock*)에서 크로닌(Helena Cronin)은 다음과 같이 설명한다.

> "유전자들은 스스로 발가벗고 자연선택의 심판을 기다리지 않는다. 그들은 꼬리나 가죽, 또는 근육이나 껍질을 내세운다. 그들은 또 빨리 달릴 수 있는 능력이나 기막힌 위장술, 배우자를 매료시키는 힘, 훌륭한 둥지를 만드는 능력 등을 내세운다. 유전자들의 차이는 이러한 표현형(phenotype)의 차이로 나타난다. 자연선택은 표현형의 변이에 작용함으로써 유전자에 작용하게 되는 것이다 따라서 유전자들은 그들의 표현형 효과의 선택가치(selective value)에 비례하여 다음 세대에 전파된다." (Cronin, 1991)

자연선택은 유전자, 개체, 집단, 그리고 심지어는 종의 수준에서도 일어날 수 있지만 적응(adaptation)은 주로 개체, 즉 표현형 수준에서 형성되기 때문에 개체선택이 가장 강력한 진화적 요인이라고 간주해야 할 것이다. 자연선택은 표현형에 작용하고, 그 결과로 후세에 전달되는 것은 유전자이다.

2.3. 자연선택은 눈먼 시계공이다

생명의 기원을 연구하는 생물학자들에 의하면 지금으로부터 약 30 내지 40억 년 전 지구의 표면을 덮고 있던 원시바다 속에서 각종 유기물들이 태양으로부터 내리쬐는 자외선 등의 에너지에 의해 점점 더 커다란 분자들로 결합되는 과정에서 우연히 자신의 복사체들을 만들어내는 능력을 지닌 분자, 즉 DNA가 탄생함으로써 이 지구상에 생명현상이 시작되었다. 그 후 DNA는 자기 복제를 더욱 효과적으로 수행해줄 근육, 심장, 눈 등의 생존기계들을 만드는 데 성공한다. 태초에는 보잘 것 없이 단순한 화학물질에 지나지 않았지만 단세포생물을 거쳐 급기야는 인간을 비롯한 복잡한 다세포생물들이 분화되어 나온 것이다.

도킨스의 표현을 빌면 진화란 자연선택이라는 눈이 먼 시계공에게 맡겨진 시계의 운명과도 같은 것이다(Dawkins, 1986). 늘 차고 다니던 시계가 고장이 나서 시계방에 가지고 갔는데 시계를 고쳐 주겠다는 시계공이 눈먼 장님이라고 상상해보라. 그 시계가 제대로 고쳐지리라고 기대하기는 어려울 것이다. 지금 지구상에 현존하는 엄청난 생물다양성이 그 동안 이 지구에 살았다 멸종한 모든 종들에 비하면 극소수에 지나지 않는 것도 바로 이런 연유 때문이다. 하지만 자연선택은 비록 눈은 멀었으나 매우 끈질긴 시계공이다. 지금 지구상에 현존하는 종들 중에는 이 눈먼 시계공의 실수로 멸종의 길을 걷고 있는 것들도 있지만 그 눈먼 시계공이 어쩌다 운 좋게 조금이나마 기능을 향상시킨 후 끈질기게 붙들고 고친 덕분에 변화하는 환경에도 비교적 잘 적응하며 살고 있는 종들도 적지 않다.

생물체의 여러 적응 현상들은 물론 자연선택의 결과이지만 그렇다고 해서 자연선택이 궁극적으로 생물체를 완벽하게 만들어주는 것은 아니다. 우선 자연선택이 제 기능을 제대로 발휘하려면 충분한 유전적 변이가 있어야만 한다. 노천명 시인은 사슴을 가리켜 목이 길어서 슬픈 짐승이라 했지만 그들이 기린만큼 목이 길어지지 않은 이유는 자연선택이 지속적으로 벌어질 수 있을 만큼 충분한 변이가 항상 존재하지 않았을 가능성이 크기 때문이다. 변이가 없는 상황에서는 선택의 여지도 없다. 필요는 발명의 어머니라 했지만 그저 필요하다는 것만으로 진화가 일어나는 것은 아니다.

모든 유전자가 제각기 한 가지 일에만 관여하는 것도 아니다. 분자유전학의 발달과 더불어 명확하게 밝혀지고 있는 사실이지만 실제로 많은 유전자들은 여러 가지 기능을 수행한다. 이른바 다면발현(pleiotropy) 현상의 대표적인 예로 뼈가 부러졌을 때 칼슘의 대사를 왕성하게 하여 뼈가 빨리 붙도록 도와주는 유전자를 상상해보자. 그러나 이렇듯 뼈의 생장에 기여하는 유전자가 한편으로는 동맥 내벽에 칼슘을 축적하는 일에 관여할 수도 있다. 한 몸으로 서로 상반된 결과를 가져오는 유전자들을 가지고 어떻게 자연선택이 생물체를 완벽하게 만들 수 있겠는가?

설령 자연선택이 변이도 많고 그 효과도 일정한 유전자들만 다룬다고 하더라도 환경이 계속 변한다면 그 모든 환경에 다 적합한 생물체를 만들어낼 수는 없다. 생물체를 둘러싸고 있는 물리적인 환경 요인들은 늘 변하기 마련이고 지구의 역사를 통해 늘 변해왔다. 어느 특정한 환경에 완벽하게 적응한 개체가 전혀 다른 환경에도 완벽하게 적응한다는 것은 실제는 물론 개념적으로도 불가능한 일이다.

환경에는 기후조건이나 서식지 등의 물리적 환경 외에도 생물적 환경이 있다. 생물은 누구나 다른 생물들과 관계를 맺으며 살기 때문에 생물적 환경도 진화에 직접적인 영향을 미친다. 그런데 생물적 환경은 물리적 환경과 달라서 그 자체 또한 끝없이 변화하기 때문에 어느 종의 진화든 같은 생태계에 공존하는 다른 종들의 진화와 뗄래야 뗄 수 없는 밀접한 관계를 갖고 있다. 육상동물 중 가장 빠른 동물로 아프리카 초원에 사는 치타를 꼽지만 그들이 주로 잡아먹고 사는 영양들의 속력도 사실 만만치 않다. 오랜 세월 동안 치타는 영양을 더 잘 잡을 수 있도록 진화해왔고 영양은 나름대로 치타로부터 더 잘 피할 수 있도록 끊임없이 진화해왔기 때문이다. 마치 구 소련과 미국이 오랜 냉전시대를 걸쳐 벌였던 군비경쟁과도 같이 자연계에는 치타와 영양 간의 관계, 즉 포식자와 피식자의 관계 외에도 식물과 그들을 먹고 사는 초식동물, 숙주와 기생충간의 관계 등 여러 모습의 진화적 군비경쟁(evolutionary arms race)이 벌어지고 있다.

이와 같이 쫓고 쫓기는 진화적 군비경쟁을 시카고대학의 진화학자 밴 베일른(Leigh Van Valen)은 '붉은 여왕 효과(Red queen effect)' 라고 부른다(Ridley, 1993). 우리에겐 『이상한 나라의 앨리스』(*Alice in Wonderland*)로 번역되어 알려진 루이스 캐럴(Lewis Carroll)의 소설에는 앨리스가 붉은 여왕을 만나 그에게 손목을 붙잡힌 채 정신없이 시골길을 달리는 대목이 있다. 그러나 그들은 아무리 빨리 달려도 제자리걸음을 할 뿐이었다. 의아해 하는 앨리스에게 여왕은 이곳에선 있는 힘을 다해 달려야만 제자리에 머물 수 있다고 설명한다. 이처럼 생물들은 더 나은 미래를 위해 끊임없이 진보하는 것이 아니라 현재 상태에서 도태되지 않으려고 안간힘을 다하고 있다는 것이다. 태초부터 지금까지 이 지구상에 존재했다 멸종한 그 모든 생물들은 다 가쁜 숨을 몰아쉬다 붉은 여왕의 손을 놓아버린 것들이다.

이처럼 자연선택에 의한 진화란 철저하게 상대적인 개념이다. 생물은 결코 절대적인 수준에서 미래지향적인 진보를 거듭하는 것이 아니라 주어진 환경 속에서 제한된 자원을 놓고 경쟁하고 있는 다른 개체들보다 조금이라도 낫기만 하면 선택 받는다는 다분히 상대적인 개념이 진화의 기본원리다. 친구와 함께 곰을 피해 달아나던 한 철학자의 이야기가 좋은 비유가 될 것이다. "다 쓸데없는 일일세. 우린 결코 저 곰보다 빨리 달릴 수 없네"라고 말하는 친구에게 그는 "나는 저 곰보다 빨리 달릴 필요는 없네. 그저 자네보다 빨리 달리기만 하면 되니까"라고 대답했다고 한다.

다윈의 자연선택 메커니즘을 설명할 때 흔히 '적자생존(survival of the fittest)'이라는 표현을 쓴다. 그런데 이 표현은 다윈 자신은 한 번도 사용한 일이 없다. 스펜서(Herbert Spencer, 1864)가 만들어 널리 알려진 이 말은 영어 표현 그대로 '최적자의 생존'이라 해석해서는 옳지 않을 듯싶다. 주어진 상황에서 최선을 다한다는 의미는 될 수 있으나, 상대적으로 더 적자인 개체가 생존하리라는 의미에서 survival of the fitter라는 비교급의 개념으로 이해해야 할 것이다.

생물의 설계가 근본적으로 완벽할 수 없는 또 하나의 이유는 그 종의 역사적 배경, 즉 고유한 진화의 경로 때문이다. 사람의 눈을 예로 들어보자. 사람과 오징어는 진화적으로 별로 가까운 관계가 아니지만 매우 비슷한 눈의 구조를 지니고 있다. 사람은 포유류에 속하는 척추동물이고 오징어는 연체동물문(Phylum Mollusca)에 속하는 무척추동물이지만 진화의 역사를 통해 대단히 비슷한 시각기관을 갖게 되었다. 그러나 사람의 눈과 오징어의 눈은 시신경의 연결 면에서 결정적으로 다른 구조를 갖고 있다. 오징어의 시신경들은 망막(retina)의 뒷면에 자연스레 연결되어 있는 데 비해 우리 인간의 시신경과 그에 관련된 혈관들은 다발로 묶인 후 눈의 내부로 들어가 망막의 앞면에 연결되어 있다. 이런 묘한 설계가 가져오는 기능적인 불합리를 몇 가지만 살펴보자.

인간은 누구나 시각적 맹점을 갖고 있는데 그 이유가 바로 시신경 다발이 눈 속으로 들어가기 위해 뚫어 놓은 구멍에 간상세포와 원추세포들이 존재할 수 없기 때문이다. 지우개가 달린 연필을 눈높이에 들고 왼쪽 눈을 감고 오른쪽 눈으로만 지우개 끝에 초점을 맞춘 다음 눈의 방향을 고정시킨 채 연필을 서서히 오른쪽으로 움직여 보라. 연필이 시선 방향으로부터 약 20도 정도 움직인 시점에서 지우개가 보이지 않을 것이다. 왼쪽 눈도 마찬가지로 중앙선에서 약 20도 왼쪽 지점에 맹점을 가지고 있다.

망막 위에 분포하는 혈관들도 그들의 그림자 때문에 여러 작은 맹점들을 만든다. 이 문제를 해결하기 위해 우리 눈은 매순간 조금씩 다른 각도를 보려고 끊임없이 가볍게 흔들리고 있다. 이같이 엄청난 양의 정보가 두뇌에 전달되어 끊임없이 분석 종합되는 덕분에 우리는 우리 시야에 있는 영상을 지속적으로 보고 있다고 느낄 뿐이다. 물론 우리가 느끼지 못할 정도로 가볍게 떨리고 있는 것이지만 잘못된 설계를 근본적으로 뜯어고치진 못하고 그저 보완책을 강구한 것이다.

이 같은 이른바 역망막(inverted retina) 현상은 단순한 시각감손은 물론이고 각종의 심각한 임상적 문제들을 일으킨다. 대수롭지 않은 출혈도 망막에 커다란 그림자를 만들 수 있어 심각한 시각장애를 일으킬 수 있다. 또 간상세포와 원추세포들이 망막으로부터 쉽게 분리되어 눈 안으로 떨어지도록 설계되어 있다. 일단 이런 증상이 발생하면 그 진행속도가 점진적으로 증가하기 때문에 빠른 시일 내에 수술을 받지 않으면 시력을 완전히 잃을 수도 있다. 이런 여러 설계상의 문제점을 고려해볼 때 오징어의 눈은 인간의 눈보다 훨씬 더 합리적으로 설계되어 있는 셈이다.

왜 인간의 눈은 이렇게도 불합리하게 만들어졌는가? 자연선택은 왜 좀 더 완벽한 설계를 만들어내지 못했는가? 문제는 바로 인류가 거쳐 온 진화의 역사에 있다. 뒤집힌 망막의 설계는 인간만의 문제가 아니라 거의 모든 척추동물들이 공통적으로 가지고 있는 문제이다. 척추동물의 눈은 작은 조상 동물들의 투명한 피부 밑에 있었던 빛에 민감한 세포들로부터 발달되었다. 이 세포들에 자연스레 혈관과 신경들이 연결되어 있었는데 그 상태에서는 다분히 합리적이었던 설계였을 것이다. 하지만 수억 년이 흐른 오늘에도 빛은 어쩔 수 없이 혈관과 신경들을 지나쳐야만 시각세포에 도달할 수 있다.

인간의 눈은 아무리 정교하게 제작된 그 어느 사진기와 비교해도 월등한 기능을 갖춘 기계임에 틀림이 없다. 사진기는 찍으려는 대상이 바뀔 때마다 번번이 새롭게 초점을 맞춰야 하고, 일단 한 곳에 초점을 맞추면 그 밖의 물체들은 모두 흐릿하게 보인다. 기독교인들은 우리 눈을 오로지 전지전능하신 하느님만이 만들어낼 수 있는 걸작품이라 믿는다. 생리학자들도 또 나름대로 오랜 세월 동안 자연선택에 의해 다듬어진 우리 눈의 기가 막힌 성능에 감탄을 금치 못한다. 하지만 우리들 중 대부분이 근시로 고통을 겪는 것만 보아도 쉽게 알 수 있듯이 인간의 눈은 불완전한 걸작품이다. 경제적인 문제를 고려할 필요가 없다면 무슨 재료라도 사용하여 가장 합리적이고 효율적인 기계를 만들 수 있는 공학자와는 달리 자연선택은 이처럼 주어진 재료만을 가지고 새로운 조합을 만들어내야 한다(Nesse and Williams, 1994).

2.4. 자연선택은 중용의 덕을 행한다

미국 자동차 산업의 선구자 격인 헨리 포드(Henry Ford)에게는 다음과 같은 이야기가 전해진다. 포드 회사가 만들어낸 차 중 가장 성공한 것은 아마도 모델-T일 것이다. 포드 회사는 19년 동안 무려 1천5백만 대의 모델-T를 만들어냈다. 얘기인즉슨 어느 날 포드는 자기 회사의 기술자들에게 폐차장에 버려진 모델-T를 모두 점검하여 그 부품 중에 전혀 망가지지 않는 것이 있는지 찾아보도록 했다. 조사를 마친 기술자들이 거의 모든 부품들은 다 고장이 나 있었으나 핸들의 중심 핀인 킹 핀(king pin)만큼은 절대 망가지지 않는다고 보고하자 포드는 "그렇다면 우리는 킹 핀을 만드는 데 지나치게 많은 돈을 쓰고 있네. 다른 부품들처럼 적당히 망가지도록 다시 만들도록 하게"라고 지시했다고 한다.

자연선택도 마찬가지 방식으로 일어난다. 만일 우리가 제주도 조랑말의 사체들을 해부하여 몸의 여러 기관과 조직들의 노후 정도를 조사했다고 가정하자. 그런데 조랑말의 거의 모든 기관과 조직들이 고르게 노화한 데 비해 유독 허벅다리의 뼈인 대퇴골만 전혀 노화의 징후를 보이지 않는다는 결과가 나왔다고 하자. 헨리 포드가 만일 자연선택을 총괄하는 임무를 맡고 있다면 조금도 주저 않고 대퇴골을 약하게 만들도록 지시했을 것이다. 자연계에서도 만일 대퇴골이 다른 부위와 같은 속도로 노화하는 돌연변이 조랑말이 탄생한다면 대퇴골에 투자했던 과잉 에너지를 다른 부위에 투자할 수 있는 이점 때문에 훨씬 더 유리할 것이다.

포드의 이론은 사실 자동차 부품보다 생물체의 구조에 더 잘 적용된다. 차를 운전하는 사람이면 누구나 아는 사실이지만 자동차의 부속 중 가장 먼저 고장이 나는 것은 아마도 머플러일 것이다. 그러나 머플러는 비용이 드는 것을 제외하고는 간단히 새 것으로 교체할 수 있다. 물론 요사이는 의학의 발달로 인해 우리 몸의 많은 부위에 다른 사람의 조직이나 기관 또 심지어는 인공으로 제작된 부품을 이식할 수 있지만 자동차의 부품을 가는 것만큼 간단하지는 않다. 자연선택은 인간이 자동차를 만들어온 역사와는 비교도 되지 않는 오랜 세월 동안 몸의 모든 부분이 고른 효율성을 지니도록 조율해왔다. 어느 쪽에도 치우침이 없이 바르게 중용의 덕을 행해온 셈이다.

자연선택이 중용의 덕을 행한다는 것은 늘 산술적 평균을 취한다는 뜻은 결코 아니다. 행위자가 처한 상황에서 가장 올바르고 적절한 길을 택하는 것이 동양 철학에서 말하는 중용의 진정한 의미인 것처럼 자연선택도 무조건 적당히 중간을 택하는 것이 아니라 주어진 환경조건에서 좀 더 효율적으로 유전자를 후세에 퍼뜨릴 수 있도록 여러 요인들의 타협의 결과로 나타난다.

2.5. 진화생물학과 인간의 정체성

화석 증거에 의하면 지구상에 태어나 지금까지 살고 있거나 이미 사라져간 모든 생물들 중 인간은 매우 어린 편이다. 분자유전학적 분석결과에 따르면 인류와 침팬지가 하나의 공동조상으로부터 분화된 것은 지금으로부터 불과 600만 년 전의 일이다. 600만년이란 시간은 진화사의 관점에서 보면 그리 긴 시간이 아니다. 46억 년 지구의 역사를 12시간에 비유한다면 1분도 채 되지 않는 지극히 짧은 시간이다. 현생 인류가 탄생한 것은 그보다도 훨씬 최근인 15만 내지 23만 년 전의 일이고 보면, 인간은 그야말로 순간에 창조된 동물이라 해도 과언이 아니다.

그리고 현재 우리 인류가 저지르고 있는 환경파괴 및 온갖 행동들을 보면 어쩌면 우리는 또 순간에 사라지고 말 동물처럼 보인다. 셰익스피어의 표현을 빌리자면 인간은 역사의 무대에 잠깐 등장하여 충분히 이해하지도 못하는 역할을 하다가 사라진다. 먼 훗날 이 지구상에 인간에 버금가거나 능가하는 생명체가 탄생하여 지구의 역사를 재정리한다면 과연 우리 인간을 어떻게 평가할 것인가? 우선 그들의 역사책에 거의 언급조차 되지 않을 확률도 매우 높다고 본다. 워낙 짧게 살다가 절멸한 종이기 때문이다. 하지만 달리 보면 워낙 저질러놓은 일들이 엄청나 비록 그리 긴 세월을 생존하지 못했다 하더라도 꽤 중요했던 종으로 기록될 가능성 역시 높다. 아마도 우리는 짧고 굵게 살다 간 동물로 기록될 것 같은 생각이 든다.

인간의 본성, 의식, 문화 등 우리가 특별히 인간적인 특성으로 간주하는 그 모든 면도 다 궁극적으로는 다윈주의적 진화과정에 의한 설계에 따라 만들어진 것이다. 그리고 유전자란 도덕이나 윤리의식을 가진 주체가 아니라 오로지 자기복제를 하기 위해 끊임없이 노력하는 이기적인 존재일 뿐이다. 생명은 지극히 낭비적이고 기계적이며 미래지향적이지도 못하고 다분히 비인간적인 과정에 의해 창조되었다(Dennett, 1995). 이것이 바로 자연선택이 비도덕적(더 정확히 말하면 무도덕적)인 과정일 수밖에 없는 이유다. 진화는 결코 우리 인류를 탄생시키기 위해 만들어진 과정이 아니다. 자연선택은 근본적으로 지극히 단순하고 기계적인 과정이지만 이 엄청난 생명의 다양성을 탄생시킨, '자연이 선택한' 가장 강력한 메커니즘일 뿐이다.

3. 진화에 대한 가장 빈번한 오해들

3.1. 변이

다윈의 자연선택론에 대한 오해 중 가장 뿌리 깊은 것은 아마도 변이의 생성과 소멸에 관한 의문일 것이다. 자연선택이 여러 변이 중 가장 좋은 것만 선택하는 과정이라면, 그런 과정이 여러 번에 걸쳐 거듭됨에 따라 그 개체군에는 궁극적으로 나쁜 변이들은 다 사라지고 좋은 변이들만 남으리라고 생각할 수 있다. 진정 모두 좋은 변이들만 남는다면 그들을 가지고 무슨 선택이 가능할 것인가? 이처럼 자연선택은 오랫동안 개체군에서 변이를 제거하는 과정이라는 비난을 받아왔다. 이러한 공격은 실제로 다윈의 진화론에 새로운 종합(evolutionary synthesis)을 가능하게 했던 학문인 집단유전학으로부터 쏟아져 들어왔다. 수학적 모델을 앞세우고 거세게 몰아친 이 같은 비판은 전통적인 진화생물학자들을 상당히 곤혹스럽게 만들었다.

그러나 집단유전학자들의 가정(assumption)에는 결정적인 오류가 있었다. 그들의 모델에서 환경은 '변수(variable)'가 아니라 이를 테면 '상수(constant)'로 취급되었다. 만일 환경이 항상 일정하게 유지된다고 가정할 수 있다면 자연선택에 의한 진화도 한 방향으로 일어날 수 있을 것이다. 그러나 지질학 연구에 의해 명백하게 밝혀진 대로 지구의 환경은 늘 변화해왔다. 생물의 환경은 매 세대마다 급변하는 것은 아니더라도 얼마간 비교적 일정하게 유지되다가 갑자기 예기치 못한 방향으로 변화하곤 한다. 여기서 말하는 변화란 반드시 천재지변 수준의 큰 변화만을 의미하는 것은 아니다. 어떤 생물들에게는 그다지 큰 변화가 아닌 작은 환경 변화들도 다른 생물들에게는 엄청난 도전이 될 수 있다.

만일 이 같은 변화들을 예측할 수 있다면 진화의 방향도 능동적으로 조정할 수 있을지 모른다. 번식을 하는 부모의 입장에서 자기 자식들이 살아갈 다음 세대의 환경을 정확하게 예측할 수 있다면 그 환경에 더욱 훌륭하게 적응할 수 있는 자식을 낳을 수도 있을 것이다. 하지만 거대한 슈퍼컴퓨터들을 다 동원해서도 당장 내일의 날씨조차 정확하게 예측하기 어려운 것만 보더라도 생물들에게 세대를 넘나들며 환경 변화를 예측할 수 있는 능력이 있다고 보기는 어렵다. 이 같은 이른바 시간차(time lag) 현상만 보더라도 진화에는 어떤 방향성을 기대하기 어렵다.

앞에서도 언급했지만 생물의 환경에는 물리적인 환경뿐만 아니라 같은 생태계 내에서 함께 사는 다른 생물들도 포함되어 있다. 많은 이들은 흔히 다윈 이래 가장 위대한 생물학자라고 칭송 받는 해밀턴의 업적이 유전자의 관점에서 진화를 분석하는 새로운 개념을 제시한 혈연선택론에 국한되는 줄 생각하지만, 변이의 생성과 유지에 관한 메커니즘으로 제시한 그의 이른바 기생충 이론(Hamilton, 1980, 1982)이 진화생물학 전반에 끼친 영향 역시 괄목할만하다. 여기서 기생충이란 회충, 촌충, 이, 빈대, 벼룩 등 누구나 쉽게 생각할 수 있는 기생충(parasite)은 물론 균, 세균, 바이러스 등 다른 생물에 질병을 유발하는 모든 병원체(pathogen)를 포함한다. 기생생물들은 숙주에 비해 수명이 훨씬 짧기 때문에 자연히 진화의 속도 역시 훨씬 빠르다. 따라서 기생생물들은 늘 유전적으로 새로운 무기를 들고 숙주를 공격한다. 숙주 역시 이러한 기생생물들의 공격을 이겨내기 위해 여러 가지 방법으로 새로운 유전자 조합을 만들어내야 한다. 그 대표적인 전략이 바로 유성생식, 즉 성(sex)이라고 해밀턴은 설명한다(Hamilton et al., 1981). 물론 "기생충을 물리치자"라고 부르짖으며 성행위를 하는 이가 있겠냐만은 성의 기원에는 기생충이 있었다는 말이다.

그렇다면 변이는 어떻게 생성되는 것인가? 학창시절 생물학을 조금이라도 배워본 사람이라면 누구나 우선 '돌연변이(mutation)'이라고 답할 것이다. 돌연변이란 유전물질에 나타나는 무작위적이고 유전 가능한 변화를 말한다. 돌연변이가 전에는 존재하지 않았던 새로운 유전적 변이를 제공하는 것은 사실이지만 개체군에 변이를 제공하는 유일한 원인은 아니다. 그러나 이처럼 무작위적으로 일어나는 돌연변이가 언제나 생명체에게 유리한 방향으로 발생하리라고 기대하기는 대단히 어렵다. 실제로 돌연변이의 대부분은 전혀 적응적이지 않다. 아주 드물게 생명체의 생존이나 번식을 도와주는 돌연변이가 나타나 개체군 내에 어렵사리 자리를 잡는 것이다.

돌연변이와 함께 개체군에 새로운 변이를 제공하는 메커니즘으로 '유전자 재조합(genetic recombination)'이 있다. 세포가 분열을 하려면 먼저 핵(nucleus)이 둘로 갈라져야 한다. 핵분열은 우선 휴지기(resting stage) 동안 자기복제 과정을 통해 두 배로 는 유전물질이 서로 응집하여 염색체(chromosome)를 형성하여 서로 짝을 찾는 전기와 그들이 적도면에 나란히 늘어서는 중기를 거쳐 후기에 이르면 서로 마주 보던 한 쌍의 염색체들이 양쪽으로 끌려간다. 그러면 각기 한 벌씩의 염색체들을 지닌 두 개의 핵이 생성되는 말기를 맞게 되고 곧 이어 세포질(cytoplasm)의 분열이 일어나면 두 개의 세포가 만들어진다. 이 과정 중 특히 전기 동안에는 서로 짝을 이룬 염색체들에 종종 유전물질의 교환이 일어나는 경우가 있다. 서로 같은 좌위(locus)에 있는 대립유전자(allele)를 맞바꾸는 것이다. 이른바 교차(crossing over)라고 부르는 이 과정을 통해 상당한 양의 유전적 변이가 발생한다.

핵분열 중기에 염색체들이 두 줄로 늘어서는 과정에서 일어나는 다분히 무작위적인 배열(random alignment)로 인해 발생하는 염색체 재구성 역시 많은 유전적 변이를 일으킨다. 이 과정에서 각기 어머니와 아버지로부터 온 염색체들이 언제나 자기들끼리 정연하게 한 줄로 늘어서는 것이 아니다. 다분히 무작위적으로 서로 섞인 채 두 줄로 늘어선다. 운동장에서 뛰놀고 있는 아이들에게 갑자기 자기 짝꿍을 찾아 나란히 두 줄로 서라고 했을 때 각각의 줄에 늘어선 아이들의 구성이 언제나 똑같을 확률이 매우 낮은 것처럼 이렇게 재구성된 염색체 조합들은 원래의 조합과 사뭇 다르다. 유성생식, 즉 어떤 형태로든 섹스를 통해 번식을 하는 생물들은 이처럼 간단한 방법으로 자손의 유전적 변이를 늘일 수 있다.

유성생식을 하는 생물들은 무성생식을 하는 생물들에 비해 이중으로 손해를 본다. 자손에게 자기 유전자의 절반밖에 물려주지 못하는 것은 물론 자식 둘 중의 하나는 평균적으로 큰 도움이 되지 않는 수컷을 만들어야 하기 때문이다. 이 같은 유전적 손해와 더불어 서로 번식 상대를 찾는 데 드는 시간과 에너지의 손해 또한 만만치 않다. 그러나 유성생식을 하는 생물들은 그저 아무나 부딪히면 짝짓기를 하는 것이 아니라 다분히 비무작위적인 짝짓기(nonrandom mating)를 한다. 시간과 에너지를 소모하면서라도 서로 마음에 맞는 배우자를 선택하여 유전자를 섞는다. 바로 이 선택 과정의 메커니즘을 설명하는 것이 다윈의 성 선택론(theory of sexual selection)이다(Darwin, 1871).

전 세계에 서식하는 모든 개체들이 일 년에 한 번씩 남태평양 어느 특정한 지역에 모여들어 거의 무작위적인 짝짓기를 한다고 추측되는 뱀장어를 제외한 이 세상의 모든 생물들은 죄다 크고 작은 개체군들로 묶여 그 속에서 번식하며 산다. 또한 이런 개체군들 사이에는 주기적이나 간헐적으로 개체 또는 배우체(gamete)들의 이입과 이출이 있다. 이것을 유전자 이동(gene flow)이라 부르는데 유전자군(gene pool)

내의 유전자들의 상대빈도를 변화시키는 가장 손쉬운 방법이다. 진화는 전지구적으로 일어나는 현상이 아니다. 언제나 개체군 단위로 일어난다. 우리 주변에서 흔히 볼 수 있는 까치는 북반구 전역에 걸쳐 분포하는 새지만 유럽에 서식하는 까치들과 우리나라에 사는 까치들이 함께 진화하는 것이 아니다. 적절히 격리되어 있는 지역에 따라 제가끔 다른 방향으로 다른 속도를 가지고 진화한다. 그러다가 서로 분리되어 있던 개체군들끼리 합쳐지게 되면 그 동안 독립적으로 일어난 변화들이 상쇄되기도 한다.

개체군이 클수록 대체로 진화의 속도가 느린 편이다. 무작위적인 돌연변이가 일어나 대립유전자의 빈도가 한 방향으로 바뀌는 듯하다가도 이내 다른 방향으로 이끄는 돌연변이가 발생하여 그 영향을 상쇄시키기 때문이다. 개체군에서 자연선택에 의해 발생하는 유전자 빈도의 변화를 제외한 모든 무작위적 변화를 '유전적 부동(genetic drift)'이라고 하는데 이런 현상은 특히 작은 개체군에서 빈번히 일어난다. 대체로 개체군들이 크거나 개체군들의 이동이 빈번한 대륙에 비해 섬에 서식하는 개체군들에서 때로 훨씬 빠른 속도로 진화가 일어난 경우들이 종종 관찰되었다. 작은 개체군들은 창시자들의 유전자 구성에 따라 제가끔 현저하게 다른 방향으로 진화할 수 있다. 이를 흔히 '창시자 효과(founder effect)'라고 부르는데 통계학에서 말하는 표본추출 오차(sampling error)와 비슷한 현상이다. 남미 대륙에 비해 갈라파고스 제도의 여러 섬에서 훨씬 더 다양하게 진화한 다윈 방울새(Darwins finch)들은 이 같은 현상을 잘 보여준다(Grant, 1986).

3.2. 진화의 속도

몸을 사각으로 꼿꼿이 세운 채 나뭇가지에 붙어 있는 자벌레나 마치 살아 있는 나뭇잎과 구별하기 힘들 정도의 날개를 지닌 베짱이를 보며 사람들은 종종 진화의 속도에 대한 의구심을 표한다. 과연 그와 같이 정교한 의태(mimicry)를 만들어낼 수 있을 만큼 충분한 시간이 있었는가 하는 의문이다. 인간의 진화를 놓고도 비슷한 의문들을 내놓는다. 침팬지와 공통조상으로부터 인류가 분화되어 나온 것은 지금으로부터 약 6백만 년 전으로 추정된다. 현생인류가 분화된 것은 그보다 훨씬 최근인 15만 내지 23만 년 전으로 보고 있다. 어떻게 이처럼 짧은 시간 동안에 지구상에 그 유래를 찾기 어려울 정도로 고도의 지능을 갖춘 두뇌가 발달할 수 있었는가 많은 사람들이 의문을 제기한다.

오랜 시간에 걸쳐 점진적인 변화가 쌓여 진화가 일어난다는 다윈의 이론으로 과연 이 같은 변화들을 설명할 수 있을까? 일찍이 다윈의 이론에 의해 철저하게 기각된 라마르크의 이론을 부활시키려는 노력이 지금도 계속되고 있다. 만일 당대에 획득한 형질이 유전될 수 있다는 가능성이 확인된다면 엄청나게 많은 적응 현상들이 쉽게 설명될 수 있으리라는 기대 때문이다. 하지만 도킨스는 구태여 라마르크의 이론을 들먹이지 않더라도 다윈의 자연선택론만으로도 이 같은 적응적 진화는 충분히 설명할 수 있다고 주장한다(Dawkins, 1996). 한쪽 면은 상당히 가파르지만 다른 면은 비교적 완만한 산을 가정해보자. 우리나라에서 가장 높은 산인 백두산이 좋은 예가 될 것이다. 백두산은 한반도에서 올려다볼 때 감히 오르지 못할 것처럼 보이는 높은 산이지만 중국 쪽에서 오르려면 비교적 완만한 경사를 오랫동안 달려야 한다. 우리가 늘 주변에서 손쉽게 볼 수 있는 평범한 베짱이로부터 흡사 벌레가 파먹은 듯한 이파리 모양의 날개를 가진 베짱이의 진화를 설명하는 일은 마치 한반도 쪽에서 단숨에 백두산 정상으로 뛰어오르는 것처럼 불가능해 보일 것이다. 하지만 중국 쪽으로 해서 서서히 백두산 정상에 오를 수 있는 것처럼 점진적인 변화의 축적에 의한 진화는 충분히 가능한 일이다.

미시건 대학 의과대학 정신과 교수이자 탁월한 진화생물학자인 네쓰(Randolph Nesse)는 진화의 속도에 대해 다음과 같은 설명을 제시한다. 만일 1년에 1mm 두께의 먼지가 쌓인다고 가정해보자. 며칠만 청소를 하지 않아도 뽀얗게 먼지가 쌓이는 걸 보아온 이들은 상상하기 그리 어렵지 않은 일이다. 1년에 1mm가 쌓인다면 1천년이면 1m 즉 우리 허리께까지 먼지가 쌓이고 1만 년이면 10m 깊이의 먼지가 쌓여 우리들 대부분은 다 죽어 사라지고 만다. 백만 년 또는 천만 년의 시간 동안 일어날 수 있는 진화적 변화는 가히 엄청날 수 있다.

흔히 진화란 우리 눈으로 확인할 수 없다고 생각하지만 그건 이른 바 '대진화(macroevolution)'의 경우를 말하는 것이다. 대진화란 종 수준이나 그 이상에서 벌어지는 진화를 말하는데 기껏해야 그저 1백 년 남짓 살 수 있는 인간으로서는 그리 쉽게 확인할 수 있는 문제가 아니다. 특별히 세대가 짧은 미생물들의 경우에는 한 종에서 다른 종으로 변화하는 것이나 한 종에서 두 종이 분화하는 것을 충분히 관찰할 수 있다. 하지만 진화란 이렇게 거창한 수준의 변화만 의미하는 것이 아니다. 집단유전학자들의 정의에 따르면 진화란 시간에 따른 개체군 내의 유전자 빈도의 변화를 의미한다. 이른바 '소진화(microevolution)'를 의미하는 것인데, 그렇다면 진화란 지금 이 순간에도 계속 일어나고 있는 현상이다. 진화가 멈추려면 앞에서 언급한 바 있는 진화의 필요충분조건 네 가지 중 어느 것 하나라도 일어나지 말아야 한다. 모든 형질에 일체 변이가 존재하지 않아야 하거나 변이가 있더라도 유전적 변이가 아니어야 한다. 또 자원이 무한정으로 있어 경쟁할 필요가 없고 모두 정확하게 동일한 숫자의 자식을 낳아야 한다. 인간 사회는 물론 그 어느 생물에서도 좀처럼 일어나기 어려운 조건들이다.

3.3. 진보의 개념

종의 기원의 충격에도 불구하고 다윈에게 주어진 종교적 또는 사회적 탄압은 사실 그리 심하지 않았다. 그의 이론이 기본적으로 진보의 개념으로 이해되었기 때문이다. 더 나은 형질이 자연적으로 선택되는 것이 진화의 메커니즘이라면 자연선택의 궁극적인 결과로 신의 선택을 받은 완벽한 종인 인간이 진화한 것은 너무나 당연한 일이라고 생각한 것이다. 그의 주검이 곧바로 웨스트민스터 사원에 안치된 것은 당시 영국 종교계가 다윈의 이론을 신의 인간 창조를 뒷받침한다고 믿었다는 증거이다.

생명의 역사를 돌이켜 보면 복잡한 생물들이 좀 더 단순한 생물들로부터 진화한 것은 사실이나 모든 단순한 생물들의 구조가 다 복잡해지는 방향으로 진화하는 것은 아니다. 시간이 흐름에 따라 전보다 복잡한 생물들도 등장한 것이지 모든 생물들이 좀 더 복잡하게 변화하는 방향성을 지니는 것은 결코 아니다. 단세포생물 중에도 태초에서 지금까지 이렇다 할 변화도 겪지 않고 살아남은 것들이 있는가 하면 비교적 최근에 분화된 것들도 있다. 이렇듯 진화에는 방향성이 없다. 얼마 전에 타계한 하버드 대학의 고생물학자 굴드(Stephen Jay Gould)는 그의 저서 『훌륭한 세상』(Wonderful Life, 1989)에서 만일 우리가 지구의 역사를 담은 영화를 다시 돌린다고 할 때 마지막 장면에 우리 인간이 또다시 등장할 확률은 거의 영에 가깝다고 설명한다.

다윈의 자연선택론이 보편적으로 받아들여지기 전까지 서양의 자연관은 기본적으로 아리스토텔레스의 Scala Naturae, 즉 존재의 대연

쇄(Great Chain of Being) 개념이었다. 물론 사다리의 맨 꼭대기에는 인간이 서 있었다. 다윈 자신은 원래 미리 예정되어 있는 것을 펼쳐 보인다는 의미를 지닌 그리스어 evelovere에서 파생되어 나온 evolution이란 용어의 사용을 꺼려했다. 그 대신 그는 변성(transmutation) 또는 '수정된 상속(descent with modification)'이라는 표현을 주로 썼다. 그러면서도 다윈은 때로 진화의 역사를 궁극적으로 인류의 출현을 향하여 점점 더 고등한 생물로 진보해가는 과정이라고 적기도 했다. "인간은 만물의 척도다"라고 말했던 그리스의 철학자 프로타고라스처럼 지금도 일부 진화생물학자들은 지성이나 감정이입 등 우리 스스로 가장 특별하게 생각하는 인간의 속성들은 진보적 진화의 결과일 수밖에 없다고 주장한다. 진보라는 말 속에는 목적(goal)의 개념이 내포되어 있다(Nitecki, 1988). 하지만 진화에는 목적성이 없다. 만일 진보가 향상이라는 개념으로 쓰인 것이라면 거의 모든 생물들이 나타내 보이는 모든 적응 현상들은 다 나름대로 예전 상태보다 향상된 상태를 의미한다. 개선이나 효율의 관점에서 진보를 얘기하려면 각각의 생물이 처해 있는 환경 내에서 분석해야 한다. 인간의 지능이라는 잣대에 맞춰 다른 동물들의 능력을 비교할 수는 없다. 어둠 속에서 방향을 잡는 능력을 비교하면 초음파를 보낸 후 그것이 물체에 부딪혀 되돌아오는 것을 분석하는 방법을 개발한 박쥐들이 한 치 앞도 분간할 수 없는 인간보다 훨씬 진보했다고 평가해야 옳은 일이다. 따라서 진화의 역사에서 객관적인 진보의 흔적을 찾을 수 없다는 것이 현대 진화생물학의 관점이다.

이 같은 진보의 개념을 인간 사회에 직접적으로 적용한 것이 바로 '사회진화론(social evolution)'이다. 스펜서의 '사회철학(social philosophy)'이나 골턴(Francis Galton)의 '우생학(eugenics)'은 사실

언명만으로 당위언명을 이끌어내는 이른바 '자연주의적 오류(naturalistic fallacy)'의 언저리를 위험하게 넘나들었다(Bowler, 1989). 하지만 윌슨(Wilson, 1975)의 사회생물학에 똑 같은 비난을 퍼붓는 것은 비판을 하는 이들이 오히려 더 명확하게 자연주의적 오류를 범하고 있는 것만 보아도 사뭇 부당해 보인다. 다윈 자신은 그의 이론을 인간사에 적용시키는 일보다 진화의 메커니즘 자체에 훨씬 더 집중했음에도 불구하고 어떤 의미에서는 지나치게 의욕적이었던 그의 전도사들의 성급한 진보주의로 인해 뜻하지 않게 이데올로기와 가치 논쟁에 휘말린 것은 안타까운 일이다.

4. 멋진 신세계를 위한 진화생물학

복제인간의 탄생이 이제 거의 현실로 다가섰다. 지난 세기말 영국의 윌머트(Ian Wilmut) 박사가 복제양을 만든 것을 시작으로 세계는 마치 경쟁이라도 하듯 인간 복제를 향한 발걸음을 재촉해왔다. 우리는 바야흐로 우리 자신을 복제할 수 있는 시대에 살게 되었다. 기형인간이 만들어질 확률을 배제할 길은 결코 없지만 기술적으로는 더 이상 큰 어려움이 없다. 그래서인지 종교계는 신성(神聖)을 훼손하는 일이라며 엄청나게 술렁이고 있다.

과학이 우리 인류의 삶을 풍요롭게 만들어줬다는 사실을 부인할 수 있는 사람은 없다. 그러나 한편으로는 과학의 발전이 우리를 점점 더 엄청난 공포의 수렁으로 우리를 몰아넣고 있다는 느낌 역시 지울 수 없다. 발전의 속도가 빠르면 빠를수록 공포의 강도 역시 더 클 수밖에 없다. 인류의 역사를 돌이켜보면 새로운 과학적 지식의 등장은 늘 우리를 불안하게 만들었다. 코페르니쿠스, 뷜러, 다윈, 아인슈타인의 발견들은 훗날 과학의 발전에 결정적인 공헌을 했지만 처음 등장했던 당시에는 한결같이 적지 않은 도전이었다. 생명과학의 발전은 일찍이 그 유래를 찾기 어려울 정도로 빠르게 일어나고 있다. 우리를 엄습하는 도전도 그만큼 크다는 말이다.

하지만 복제인간은 출산시간이 좀 많이 벌어진 쌍둥이에 불과하다. 나는 쌍둥이로 태어나지 않았지만 내가 만일 지금 나를 복제한다면 무슨 이유에선지 어머니의 뱃속에서 몇 십 년을 더 있다가 나온 쌍둥이 동생이라 생각하면 될 것이다. 몇 초 간격으로 태어난 쌍둥이 형제들이 결코 똑같은 사람으로 자라지 않는 것과 마찬가지로 그 늦둥이 쌍둥이 동생이 나와 완벽하게 똑같은 인간이 될 리는 절대 없다. 유전자는 나와 완벽하게 같을지라도 그 유전자들이 발현되는 환경이 나와 다르기 때문에 전혀 다른 인간으로 성장하게 될 것이다. 그렇다면 세상에 쌍둥이들이 좀 많아진다는 것이 그렇게도 끔찍한 일인가?

유전자 복제보다 우리가 더 심각하게 고민해야 할 것은 유전자 조작의 문제이다. 복제인간은 한 둘 만들어보다 시들해질 가능성이 크지만 유전자 조작은 걷잡을 수 없는 방향으로 마구 뻗어나갈 것이다. 유전자의 기능들이 속속 밝혀지고 내가 가진 결함들이 어떤 유전자에 의해 발생하는 것인지를 알게 될 때 그 유전자를 더 훌륭한 유전자로 바꾸고 싶은 욕망이 왜 일지 않겠는가. 노화의 비밀이 밝혀져 단 몇 개의 유전자만 갈면 몇 십 년을 더 살 수 있게 된다면 누군들 마다하겠는가? 내 눈에는 벌써부터 유전자 클리닉 앞에 길게 늘어선 사람들의 행렬이 보인다.

곧 태어날 아기의 유전체 정보 전부가 적혀 있는 차트를 손에 든 의사가 예비 부모와 하는 대화를 상상해보라. 축하합니다. 예쁜 따님입니다. 그런데 저희가 조사한 유전체 정보에 따르면 바로 이 유전자 때문에 사십대 중반쯤 치명적인 질병에 걸릴 확률이 보통 사람들보다 다섯 배는 넘을 것 같습니다. 저희 병원에 그것과 대체시킬 유전자가 있기는 합니다만……. 이 세상 어느 부모가 그 소리를 듣고도 모른 체 할 수 있단 말인가.

더 훌륭한 유전자로 자신의 또는 후손의 유전체의 질을 향상시키려는 노력은 너무도 자연스런 일이다. 그간의 진화의 역사가 줄기차게 해온 일이 바로 그 일이 아니던가. 특히 성(sex)은 정확하게 유전체의 질적 향상을 위해 진화한 생물학적 현상이다. 문제는 우리들이 행할 유전자 치환이 그 동안의 진화에 정확하게 역행하는 방향으로 움직일 것이라는 데 있다. 유성생식은 유전자의 다양성을 도모하기 위해 자연이 고안해낸 방법이다. 그런데 사회의 구성원 거의 전부가 똑같은 유전자들을 받아들이는 과정은 정확하게 유전자의 다양성을 줄이는 방향으로 일어난다는 데 문제의 심각성이 있다. 각각의 개인들은 유전적으로 우수해지지만 개체군 전체는 엄청나게 연약하게 변한다는 피할 수 없는 모순이 숨어 있다.

이러한 현상은 다분히 구호성인 기존의 사회진화론과는 전혀 다른 양상을 띤다. 순전히 개인중심적인 관점에서 출발한다는 점에서 어쩌면 '개인진화론(individualistic Darwinism)'이라 불러야 할지도 모른다. 하지만 이로 인한 병폐는 각자의 개성이 뚜렷한 사회보다 그렇지 못한 사회에서 더욱 심각하게 나타날 것이다. 나는 개인적으로 그 어느 나라에 비해 우리나라의 상황을 훨씬 더 우려한다. 극도의 준봉주의 사회(conformist society)인 우리 사회에서는 일단 훌륭한 유전자(hot gene)가 있다는 소문만 돌아도 거의 전 국민이 모두 그 유전자로 자신의 유전자를 갈아치울 것이다. 그렇다면 우리는 그 유전자에 관한 한 실질적으로 모두 클론이 되는 것이다. 이런 상황에서 만일 치명적인 병원균이라도 휩쓸고 지나가게 되면 한꺼번에 절멸할 수도 있다. 복제인간 몇 명이 거리를 활보하는 것에 비해 자칫 전국적인 규모로 벌어질 유전자 조작의 위험은 비교가 되지 않을 정도로 심각하다.

인류는 지금 스스로 저질러 놓은 온갖 문제들과 힘겨운 몸싸움을 하고 있다. 환경의 위기를 논하지만 실제로는 우리 자신의 존속을 심각하게 염려해야 할 때가 온 것이다. 다윈이 제안한 자연선택론의 의의 중 가장 중요한 것은 바로 인간을 모든 다른 생물체들로부터 분리시키는 이원론적 사고에 바탕을 둔 인본주의(humanism)의 허구와 오만으로부터 우리를 구원해주었다는 점이다. 인간과 원숭이가 그 옛날 공동 조상을 지녔다는 사실만큼 우리를 철저히 겸허하게 만드는 일은 또 없을 것이다. 인간이 참으로 특별한 종임을 부인할 수는 없으나, 인간도 엄연히 이 자연계의 한 구성원이며 진화의 역사를 가진 한 종의 동물에 불과하다. 다윈의 진화론은 생명 현상에 대한 모든 이론들 중 가장 포괄적이고 합리적인 설명을 제공하는 이론이다(Mayr, 1997). 그동안 다양하게 분화되어 발전해온 여러 생물학 분야들을 일관된 하나의 개념 체계로 통합하고 있는 진화생물학이 자연과학과 사회과학의 경계에서 지식의 캐러밴들에게 만남의 장소를 제공할 것이라는 윌슨(Wilson, 1998)의 기대에 나 또한 적지 않은 기대를 걸어본다.

5. 통합생물학의 시대

프랑스 전 대통령 지스카르 데스텡(Valry Giscard d' Estaing)은 20세기를 가리켜 생물학의 세기라 했지만 정작 진정한 생물학의 세기는

21세기가 될 것이다. 20세기 후반부에 들어서며 급속도로 발전하기 시작한 분자생물학적 방법론과 근래 들어 새롭게 재조명을 받고 있는 진화생물학 이론이 함께 만나 새로운 생물학의 시대를 열고 있다. 인간은 물론 인간에게 중요하다고 판단되는 많은 다른 생물들의 유전체(genome)의 전모가 속속 드러나고 있으며, 그를 바탕으로 생명현상을 포괄적으로 이해하려는 시도가 활발하게 이뤄지고 있다.

생물학은 지금 바야흐로 또 하나의 변혁기를 맞고 있다. 분자생물학 만능시대를 벗어나 이른바 통합생물학(integrative biology)의 시대로 접어들고 있다. 생물학의 역사는 한때 박물학이라 부르기도 했던 자연사(natural history)에 대한 연구에서 시작했다. 그러다가 19세기에 이르면 폰 베어(Karl Ernst von Baer)와 헥켈(Ernst Haeckel) 같은 탁월한 생물학자들의 연구에 힘입어 발생학(embryology)이 생물학의 중요한 한 축으로 자리를 잡는다. 물론 19세기 중반 멘델(Gregor Mendel)의 연구에서 그 기원을 찾아야 하지만, 유전학(genetics)은 20세기에 들어와 분자생물학적 방법론의 도움을 받은 후에야 비로소 급속도로 발전하게 된다. 자연사는 여전히 넓은 의미의 생태학(ecology) 또는 야외생물학(field biology)으로서 꾸준히 발전해왔다. 과학사학자에 따라, 그리고 자신의 전공분야에 대한 애착에 따라 사뭇 다른 견해를 갖고 있는 이들이 많겠지만 20세기 생물학은 크게 자연사, 유전학, 발생학(embryology 또는 developmental biology)의 세 분야로 나뉘어 발전했다고 보는 것이 타당할 것이다(Moore, 1993; Mayr, 1997).

이러던 것이 최근에 들어 '진화발생생물학(evolutionary developmental biology; 흔히 이보-디보[Evo-Devo]라는 애칭으로 불린다)'이라는 다분히 학제적이고 통합적인 성격을 띤 분야로 합쳐지기 시작했다. 표면적으로는 발생생물학과 진화생물학의 만남이지만 실제로는 유전학, 세포생물학, 생리학, 내분비학, 면역학, 신경생물학, 생화학, 생물물리학 등 생명 현상의 물리화학적 메커니즘을 밝히는 이른바 기능생물학(functional biology) 분야들과 행동생물학, 생태학, 진화학, 계통분류학, 고생물학, 집단유전학은 물론 곤충학, 어류학, 조류학, 세균학, 바이러스학 등의 각종 개체생물학(organismic biology)을 포함하는 진화생물학(evolutionary biology) 분야들은 물론 최근에 새롭게 등장한 생물정보학까지 총동원되어 생명현상을 포괄적으로 이해하려는 학문이다. 그 동안 환원주의(reductionism) 일변도로 나아가던 생물학이 드디어 종합(synthesis)의 차원에 진입한 것이다. 생물학은 다른 자연과학 분야와 달리 근본적으로 위계구조(hierarchical structure)를 가진 학문이기 때문에 언제까지나 환원주의적 분석으로만 일관할 수는 없었던 문제였다. 가능하면 모든 걸 단순한 시스템으로 만들어 분석하는 물리화학의 접근 방법과 생물학은 본질적으로 다를 수밖에 없다는 것을 이제야 깨달은 것이다.

통합생물학이 추구하는 방향에는 기본적으로 두 가지 개념이 포함되어 있다. 하나는 생물학이란 모름지기 궁극적으로 생명의 다양성(diversity of life)을 연구해야 한다는 것이다. 생명의 다양성이란 흔히 쉽게 생각하는 것처럼 종다양성(species diversity)만을 의미하는 것이 아니다. 각 생물종을 이루고 있는 유전자 다양성(genetic diversity)과 각각의 종들이 살아갈 수 있는 서식지의 다양성(habitat diversity)은 물론 그들의 삶 자체의 모든 다양한 모습들을 다 아우르는 개념이다(김진수 외, 2000). 학문 분야들을 단순히 평면적으로 나열하던 기존의 방식으로는 이처럼 광범위하고 복합적인 실체를 이해하는 데 한계가 있다. 생물계가 본래 위계구조로 이뤄져 있듯이 그를 연구하는 단위도 같은 구조를 지녀야 한다. 이것이 두 번째 개념이다. 물리화학을 기저에 두고 생화학, 세포학, 유전학, 생리학, 생태학 등 그 동안 평면적으로 나열되어 있던 모든 생물학 분야들을 수직적으로 쌓아올린 것이 바로 통합생물학이다. 한 세기 반 만에 다윈의 진화론이 또 다시 새로운 생물학의 혁명을 일으키고 있다. 진화론이 다른 학문들에 지식의 대통일(consilience) 체계를 제공하기에 앞서 뒤늦게나마 생물학 내에서 통합의 노력이 일고 있는 것은 여간 다행스러운 일이 아니다. 국내 생물학계도 머지않은 장래에 이 같은 세계적인 추세에 발맞춰 진화론을 중심으로 한 학문의 재정립이 이뤄질 것으로 믿는다.

6. 맺음말: 진화사회과학을 꿈꾸며

내 연구실은 현재 세 연구팀으로 구성되어 있다. 곤충-거미 연구팀, 까치 장기생태 연구팀, 인간행동 연구팀이 그들이다. 각 연구팀은 나름대로 연구대상 동물들의 행동생태학 내지는 사회생물학 연구를 수행하고 있다. 이 중 인간행동 연구팀은 전통적으로 사회과학이 다루던 주제들을 진화론의 관점에서 새롭게 분석하는 작업을 하고 있다. 현재 진행 중인 대표적인 연구 주제는 살인(homicide)의 진화생물학적 또는 사회생물학적 분석이다. 연구팀은 현재 시대적으로 다른 세 개의 자료들을 분석하고 있다. 하나는 현대 사회에서 벌어지고 있는 살인의 행태를 분석하기 위하여 연구팀은 현재 검찰청의 도움을 얻어 수사기록을 검토하고 있다. 연구팀은 또 서울대학교 규장각에서 각각 약 100년 전과 200년 전의 살인 사건 취조문을 확보하여 검토하고 있다. 아직 자료 분석이 다 끝난 것은 아니지만 경향성은 뚜렷하게 드러나고 있다. 아무리 시대가 달라도 살인의 동기와 행태는 진화론적 관점에서 예측이 가능한 것으로 나타나고 있다.

사회생물학이란 기존의 자연사 연구에 진화론적 체계와 개체군생물학(population biology) 및 유전학(genetics)의 연구방법론을 도입하여 재정립한 것이다. 같은 방법으로 사회과학에도 진화유전학적 사고와 개체군생물학적 정량화를 도입하면 이름하여 진화사회과학이 탄생할 수 있다. 진화사회과학은 전통적인 사회과학에 비해 훨씬 더 역사학적, 좀 더 정확히 말하면 진화사학적인 관점에서 정량적인 분석을 주로 하는 학문이라 할 수 있다. 이런 점에서 근래 새롭게 등장한 학문 분야인 진화심리학(evolutionary psychology)을 주목할 필요가 있다. 인간의 본성과 심리를 진화의 관점에서, 즉 이른바 진화적 적응 환경(environment of evolutionary adaptation, EEA) 속에서 분석하는 이 새로운 학문 분야는 지금 서양 학계에서 상당한 반향을 불러일으키고 있다. 진화심리학이 기존의 사회생물학과 과연 어떻게 다른 것인지에 대해서는 논란이 있다. 라이트(Robert Wright, 1994)와 윌슨(1998)은 두 학문이 같은 것으로 보고 있다. 어쨌든 나도 몇 년 전부터 이 흐름에 참여하여 외국의 동료 진화생물학자, 사회생물학자, 심리학자, 인류학자들과 Evolutionary Psychology라는 새로운 학술지를 창간하여 곧 창간호를 발간할 즈음에 있다. 교육면으로는 2002년 봄 학기부터 서울대학교에 '인간 본성의 과학적 이해'(Scientific Understanding of Human Nature)라는 제목의 교양과목을 개설하여 강의하고 있다.

또 한 가지 진화사회과학이 기존의 사회과학과 다른 점은 실험을 하여 가설을 검증할 수 있다는 것이다. 물론 인간을 대상으로 할 수 있는 실험에는 윤리적인 제약 때문에 한계가 있다. 그래서 사회생물학자들은 영장류 연구에 눈을 돌린다. 특히 우리 인간과 유전자의 거의 99%를 공유하는 침팬지에 관한 연구는 진화의 관점에서 우리 자신의 행동과 사회에 시사하는 바가 크다. 나는 오래 전부터 우리나라 최초의 침팬지 연구소를 만들기 위해 뛰어다녔다. 이제 그 꿈이 이뤄질 즈음에 온 것 같다. 곧 서울대학교 부설로 연구소가 골격을 갖추게 될 것 같고 경기도 과천시가 부지와 시설 지원을 위해 계획을 수립하고 있다. 이를 돕기 위해 세계적인 침팬지 연구자 제인 구달(Jane Goodall) 박사가 5월 10일부터 14일까지 우리나라를 방문한다. 이제 우리나라에도 침팬지 연구소가 세워지면 사회생물학, 진화심리학, 인지과학 같은 학문에 본격적인 실험 연구가 진행될 수 있다. 이에 발맞춰 사회과학자들의 적극적인 참여를 기대해본다.

참고문헌

Bowler, P. J.(1989), *The Invention of Progress: The Victorians and the Past*. Oxford: Basil Blackwell.
Bowler, P. J.(1993), *Darwinism*. New York: Twayne Publishers.
Choe, J. C. and B. J. Crespi, eds.(1997a), *The Evolution of Social Behavior in Insects and Arachnids*. Cambridge: Cambridge University Press.
Choe, J. C. and B. J. Crespi, eds.(1997b), *The Evolution of Mating Systems in Insects and Arachnids*. Cambridge: Cambridge University Press.
Cronin, H.(1991), *The Ant and the Peacock*. Cambridge: Cambridge University Press.
Darwin, C.(1859), *On the Origin of Species*. London: Murray.
Darwin, C.(1871), *The Descent of Man, and Selection in Relation to Sex*. New York: Appleton.
Dawkins, R.(1976), *The Selfish Gene*. Oxford: Oxford University Press.
Dawkins, R.(1986), *The Blind Watchmaker*. London: Longman.
Dawkins, R.(1996), *Climbing Mount Improbable*. New York: W. W. Norton.
Dennett, D. C.(1995), *Darwins Dangerous Idea*. New York: Touchstone.

Dobzhansky, Th.(1973), "Nothing in biology makes sense except in the light of evolution", *American Biology Teacher* 35:125-129.

Gould, S. J.(1989), *Wonderful Life*. New York: W. W. Norton.

Grant, P. R.(1986), *Ecology and Evolution of Darwins Finches*. Princeton: Princeton University Press.

Hamilton, W. D.(1964), "The genetical evolution of social behaviour", I & II. *Journal of Theoretical Biology* 7:1-52.

Hamilton, W. D.(1980), "Sex versus non-sex versus parasite", *Oikos* 35: 282-290.

Hamilton, W. D.(1982), "Pathogens as a cause of genetic diversity in their host populations", *Population Biology of Infectious Diseases*, edited by R. M. Anderson and R. M. May, pp. 269-296. New York: Springer-Verlag.

Hamilton, W. D., P. A. Henderson, and N. A. Moran.(1981), "Fluctuation of environment and coevolved antagonist polymorphism as factors in the maintenance of sex", *Natural Selection and Social Behavior*, edited by R. D. Alexander and D. W. Tinkle, pp. 363-381. New York: Chiron Press.

Jones, S.(1999), *Darwins Ghost*. New York: Random House.

Levine, G.(1987), *One Culture: Essays in Science and Literature*. Madison: The University of Wisconsin Press.

MacArthur, R. H.(1972), *Geographical Ecology: Patterns in the Distribution of Species*. New York: Harper & Row.

Malthus, T. R.(1798), *An Essay on the Principle of Population, As It Affects the Future Improvement of Society, with Remarks on the Speculations of Mr. Goodwin, M. Conderset and Other Writers*. London: J. Johnson.

Mayr, E.(1982), *The Growth of Biological Thought: Diversity, Evolution, and Inheritance*. Cambridge, Massachusetts: The Belknap Press of Harvard University Press.

Mayr, E.(1997), *This is Biology: The Science of the Living World*. Cambridge, Massachusetts: Harvard University Press (최재천 외 옮김(2002), 『이것이 생물학이다』, 서울: 몸과마음).

Moore, J. A.(1993), *Science As a Way of Knowing: The Foundation of Modern Biology*. Cambridge, Massachusetts: Harvard University Press.

Nesse, R. M. and G. C. Williams.(1994), *Why We Get Sick: The New Science of Darwinian Medicine*. New York: Random House (최재천 옮김(1999), 『인간은 왜 병에 걸리는가』, 서울: 사이언스북스).

Nitecki, M. H. ed.(1988), *Evolutionary Progress*. Chicago: University of Chicago Press.

Peters, T.(1997), Cloning shock: A theological reaction. In: *Human Cloning: Religious Responses*, ed. Ronald Cole-Turner. Louisville, Kentucky: Westminster John Knox Press.

Ridley, M.(1993), *The Red Queen: Sex and the Evolution of Human Nature*. New York: Viking (김윤택 옮김(2002), 『붉은 여왕』, 서울: 김영사).

Spencer, H.(1864), *Principles of Biology*. London: Williams and Norgate.

Williams, G. C.(1966), *Adaptation and Natural Selection*. Princeton: Princeton University Press.

Wilson, E. O.(1975), *Sociobiology: The New Synthesis*. Cambridge, Massachusetts: Harvard University Press (이병훈, 박시룡 옮김(1992), 『사회생물학』, 서울: 민음사).

Wilson, E. O.(1998), *Consilience: The Unity of Knowledge*. New York: Vintage Books (최재천, 장대익 옮김(2003), 『지식의 대통일』, 서울: 사이언스북스).

Wright, R.(1994), *The Moral Animal: Evolutionary Psychology and Everyday Life*. London: Little, Brown.

김진수, 손요한, 신준환, 이도원, 최재천, 리처드 프리맥(2000), 『보전생물학』 서울: 사이언스북스.

최재천(2001), 『알이 닭을 낳는다』, 서울: 도요새.

2 사회생물학의 발전과 인간 사회 연구의 장래 방법에 미칠 영향
— 한 동물행동학자의 견해

이토 요시아키

2장

사회생물학의 발전과
인간 사회 연구의 장래 방법에 미칠 영향
─한 동물행동학자의 견해[1]

이토 요시아키(伊藤嘉昭)

1. 혈연신택설 : 사회생물학의 탄생

생물은 다양한 사회 행동을 보여주며 또 다양한 사회 구조를 이루어 살고 있다. 그중에는 번식을 하는 개체와 번식을 하지 않고 먹이를 구하거나 집짓기 등 일만 하고 사는 일꾼(worker)으로 나뉘어져 있는 '사회성 곤충(social insects : 최근에는 번식 개체와 일꾼으로 분리되어 있는 사회를 가지는 종을 진사회성 종[eusocial species]이라 부른다)' 도 있거니와, 같은 종 내의 새끼나 형제를 예사로 죽이는 종마저 있다. 하지만 생물 사회의 진화론은 오늘날의 진화생물학의 틀과는 별개로 분리되어 논의되어왔다. 그 주된 이유는 이타 행위의 진화에 대한 설명이

---

[1] 이 글은 '민주공원 민주항쟁 기념관 민주주의사회연구소' 의 제17회(2004년) 정례연구발표회에서 발표되었음.

불가능했던 데서 연유한다. 이타 행위(altruism)란 자기가 남길 새끼의 수를 줄여가며 타 개체를 돕는 행위를 말한다.

현대의 진화론은 '돌연변이(mutation)'와 '자연선택(natural selection)'을 중심으로 성립되어 있다. 즉 남길 수 있는 새끼의 수(번식을 할 수 있을 때까지 살아남은 새끼의 수: 적응도[fitness])를 많게 하는 돌연변이가 세대를 거치며 우월해지는 것이 진화의 주원인이다. 그렇다면 새끼의 수를 줄이는 이타 행위는 왜 진화를 하였을까?

현대 진화 이론의 기초를 놓은 다윈은 『종의 기원』(*The Origin of Species by Means of Natural Selection*, 1859) 제7장에서 곤충에 붙임 일꾼 계급이 존재한다는 것은 "처음에는 도저히 극복 불가능한 문제로 느껴졌고, 사실상 나의 전 학설에 치명적인 것으로 보였다"고 적고 있다. 그러나 참으로 놀라운 것은 다윈이 이미 올바른 설명에 근접해 있었다는 사실이다. 그는 "선택이 개체뿐만 아니라 가족에도 작용할 수 있다"고 하면서, "소 육종가는 고기와 지방이 대리석 모양으로 되어 있는 것을 아주 좋다. 그런 특징을 지닌 한 동물이야 도살되고 말겠지만, 육종가들은 확신을 갖고 그것이 속한 가족에 주목한다"고 썼다.

그러나 그 후 100년 가까운 논의 속에서 생태학자들은 다윈의 이러한 통찰을 더 발전시키지 못하였다. "개체에는 나쁜 성질일지라도 그것이 종의 번영에 쓸모가 있으면 퍼진다"고 하는 '종의 번영'을 토대로 한 논의가 우월하였던 것이다. 그러나 이 가설은 성립하지 않는다. 예를 들면 개체군 밀도가 높아 먹이 부족이 우려될 때 새끼 낳는 수를 줄이는 유전자형(A형)을 가진 개체들로 이루어진 개체군에 그때도 역시 많은 새끼를 낳는 돌연변이(B형)가 생겼다면 어떻게 될까? 새끼의 수는 늘고 기아가 발생하겠지만, 기아는 A형의 새끼에게도 B형의 새끼에게도 똑같이 손해를 줄 것이다. 이 결과 B형의 새끼 비율은 세대를 거치며 늘어나고, A형은 줄어들 것이다.

이 문제를 훌륭하게 해결한 사람이 바로 해밀턴(W. D. Hamilton, 1964)이다. 해밀턴은 진정한 적응도란 남길 수 있는 새끼의 수가 아니라 남길 수 있는 유전자의 수라는 데 주목했다. 자기 새끼의 수를 줄여 가며 행하는 이타 행위에 의해, 도움을 받는 근친 개체의 새끼 수가 늘어난다고 가정해보자. 후자의 새끼들 속에는 자기와 동일한 유전자가 일정한 비율로 들어 있다. 해밀턴은 이타 행위에 의해 자기의 적응도는 감소하지만, 이타 행위를 받은 근친자의 적응도를 증대시킨다는 사실에 주목하였다. 이것을 식으로 나타내면 다음과 같이 될 것이다.

$$F_1 = F - C + Br \qquad (1)$$

여기서 C는 이타 행위에 의해 감소한 자기의 새끼 수, B는 그것에 의해 증가한 수익자의 새끼 수이다. r은 자기와 수익자의 유전자 공존률(혈연도, relatedness)이고, F는 통상의 적응도(자기가 이타 행위를 하지 않을 때 남길 수 있는 새끼 수)이다. F_1을 '포괄 적응도'(inclusive fitness)라 한다.

이 증가분 B에 자기와 수익 개체의 조상으로부터 물려받은 유전자 공존률 r을 곱한 값의 크기가 자기 적응도의 감소분 C보다 크면 즉,

$$Br > C \qquad (2)$$

이면, 이타 행위가 진화할 수 있다고 해밀턴은 말한다.

(2)식은 다음과 같이 바꾸어 쓸 수도 있다.

$$\frac{B}{C} > \frac{1}{r} \qquad (3)$$

돕는 상대가 같은 부모를 가진 형제자매라면, r은 0.5, 1/r = 1/0.5 = 2이고, B/C가 2이상이라면, 이타 행위 유전자는 자손에게 확산된다. 돕는 상대가 비혈연자라면, r = 0이므로 B/C 〉 ∞가 되어 이타행위는 진화할 수 없다. 이타 행위의 진화는 r(0~1)이 클수록, 즉 혈연이 가까울수록 용이하다. 이 설을 '포괄 적응도설' 또는 '혈연선택설(kin-selection theory)'이라 부른다.

이 혈연선택설에 의해 비로소 사회 진화를 현대 진화론의 틀 속에서 설명할 수 있는 길이 열린 것이다. 혈연선택설의 자극에 의해, 동물의 여타 사회 행동의 진화도 '종의 번영' 노선에 의한 것이 아니라, 각 개체가 스스로 포괄 적응도를 최대화할 수 있도록 행동해 온 결과라는 견해가 확립되었다. 돌연변이와 확장된 자연선택을 기본으로 하는 '사회 진화 이론'이 탄생한 것이다. 이 설에서 강한 자극을 받은 미국의 개미학자 윌슨(E. O. Wilson)은 주저 『사회생물학』(*Sociobiology: The New Synthesis*, 1975)에서 모든 생물의 사회 행동, 사회 형태를 통일적으로 검토하고, 이 새로운 분야를 사회생물학이라 부르자고 제안하였다. (영국인은 같은 분야를 '행동생태학[behavior ecology]'이라 부르기를 좋아한다. 그 이유는 후술하겠다.)

사회 진화를 발전시킨 메커니즘은 혈연선택만이 아니다. 부모가 먼저 난 새끼를 (먹이 조절이나 강제에 의해) 번식은 않고 일만 하도록 조작하여, 그 결과 뒤에 난 새끼의 생존율이 향상되어 자손의 수가 늘어난다면, 이런 부모의 조작에 관계되는 유전자 수는 증가할 것이다(부모의 조작설, parental manipulation theory). 또한 단독 내지 한 쌍으로 번식하는 것이 극히 곤란한 천적이 극히 많은 조건에서는 설사 자기 새끼의 수가 줄더라도 집단 번식에 참가하는 편이 더 나을 것이다(협동적 집합설, mutualistic aggregation theory). 그러나 이 두 가지는 혈연선택설과 모순되는 것이 아니다. 포괄 적응도의 상승 없이는 동물 개체간의 협동은 진화하지 않는다.

2. 사회생물학의 공적

생태학(ecology), 행동학(ethology)에서는 야외 관찰만이 중요하다고 말하는 사람들이 있다. 확실히 야외 관찰은 중요하다. 그러나 이론이 그때까지 주목하지 않았던 문제에 눈을 뜨게 하여 새로운 발견을 이끌어내는 일도 적지 않다. 사회생물학에 의한 발견을 몇 가지 열거해 보겠다.

2.1. 진사회성 동물의 발견

1964년 이전에는 번식자와 일꾼(worker) 계급이 공존하는 진사회성을 보이는 동물(眞社會性動物)은 곤충 가운데 2목(目), 벌목(膜翅目, Hymenoptera)과 흰개미목(等翅目, Isoptera)으로 한정되어 있었다. 흰개미목에서 일어난 진사회성 진화는 아마도 1회에 걸쳐 일어난 것으로 보이나, 벌목에서는 개미, 말벌의 일부, 꿀벌의 일부에서는 10회 이상 일어났던 것으로 생각된다. 벌목은 단수 · 배수성(haplo-diploidy)이라는 특별한 성 결정 시스템을 가지고 있어, 이 집단의 경우 어미와 새끼의 혈연도는 다른 동물과 마찬가지로 1/2이지만, 같은 부모에서 태어난 자매간의 혈연도는 3/4이 되어 어미와 자식 사이보다 높다. 이러한 조건이 벌목에서 진사회성의 진화가 일어나기 쉽도록 만들었다고 생각된다.

혈연선택설에 의해 열려진 새로운 분야 속에서 최근 30년 동안 5

개 목에서 진사회성이 발견되었다. 앞의 2개 목과 합하면 7개 목이나 된다.

(1) 흰개미목: 모든 종(일꾼은 집의 방위, 새끼의 보육, 일부에서는 먹이 구하기)
(2) 벌목: 일부의 종(일꾼은 집의 방위, 먹이 구하기, 새끼 보육)
(3) 노린재목(半翅目, Hemiptera): 진디의 일부(천적과 싸우는 불임의 병정을 가짐)
(4) 털날개목(Thysanoptera): 털날개의 일부(위와 같음)
(5) 딱정벌레목(Coleoptera): 암브로시아딱정벌레(ambrosia beetle)의 일부(새끼를 낳지 않는 개체가 집의 확대, 먹이 보장해 준다)
(6) 십각목(Decapoda): 딱총새우류(*Synalpheus spp.*, Gambarelloid)의 일부(새끼를 낳지 않는 개체가 생식 장소의 방위를 한다)
(7) 쥐목(Rodentia): 털 없는 두더쥐(naked mole-rat, *Heterocephalus glaber*, 새끼를 낳지 않는 개체가 집의 확대, 청소, 방위, 먹이 구하기를 한다)

위 가운데 진디는 식물에 혹(insect gall)을 만들어 그 속에 사는 종으로, 어미 한 마리가 무성생식을 하여 낳은 암컷 새끼들 중에서 병정이 생겨난다. 병정과 보통형 개체의 혈연도는 무성생식이므로 1이다. 털날개목은 단수・배수성이고, 딱정벌레목은 자웅배수성의 종이 대부분이나 암브로시아딱정벌레는 단수・배수성이어서 양자 모두 벌목과 조건이 같다. 흰개미목은 배수성이지만, 좁은 집 공간 내에 오랜 세월에 걸쳐 함께 삶으로써 근친 교배가 일어나 동일 군체(colony) 내의 개체 간 혈연도를 높이고 있다고 생각된다. 딱총새우도 배수성이지만,

그 중 진사회성에 달한 종은 해면의 내부 공생자(internal symbionts)이므로 이 또한 근친 교배에 의한 것으로 생각되고 있다(Duffy, 2003). 털 없는 두더쥐(naked mole-rat)는 땅속에 거대한 군체를 만드는데, 지중성 쥐 중에서는 이상하게도 군체의 수명이 길어 번식은 군체 내에서 근친 교배에 의해 행해지고 있으며 군체 구성원간의 혈연도는 높다고 예상된다(Honneycutt et al., 1991). 흰개미목에 가까운 조건이다. 위 모두를 살펴보면, 진사회성은 해밀턴의 예상대로 높은 혈연도를 가진 집단에서 진화하였음을 알 수 있다.

절족동물의 사회성에 대해서는 서울대학교 최재천 교수 등의 저서, *The Evolution of Social Behavior in Insects and Arachnids*(Choe and Crespi, 1997)를 참조하기 바란다.

2.2. 새의 조력자(helper)와 혼외 교미

90% 이상의 새는 일부일처제인 한 쌍으로 번식한다. 새끼에게 급식을 행하는 것은 어미, 아비 양쪽 함께 하거나 어미가 한다(극히 일부에서 아비만 행하는 일처다부의 종이 있다). 그런데 부, 모 이외의 개체가 급식을 하고 있는 예가 많이 발견되었다. 이러한 개체를 조력자(helper)라고 한다. 조사 결과, 보통 지난해에 태어난 개체가 그 다음해에 집짓기나 번식을 하지 않고 부모 집의 새끼에게 급식을 행하는 조력자의 경우가 많다는 것을 알게 되었다. 조력자는 자기의 번식을 늦추면서 혈연자에게 이타 행위를 하고 있는 것이다.

최근 일부일처로 새끼를 키우는 새들 가운데 암컷이 종종 혼외 교미(extra pair copulation)를 하는 것이 발견되고 있다. 그 이유로는 (1) 혼인 상대의 정자에 이상이 있을 경우에 대비한 보험, (2)더 나은 유전자의 획득, (3)근친 교배의 피해로부터 회피 등이 고려되고 있는데, 이 또한 자신의 포괄 적응도 최대화를 위한 암컷의 전략이라고 생각된다.

2.3. 새끼 살해

스기야마(Sugiyama, 1965)는 인도의 원숭이, 하누만랑구어(hanuman langur, *Presbytis entellus*)에서 새끼 살해(infanticide)를 발견하여 세계 동물학자들을 놀라게 하였다. 이 종은 수컷 한 마리에 암컷 몇 마리와 그 자식들로 이루어진 무리(하렘, harem)를 만들어 살아간다. 암컷과 새끼는 하렘에 남지만, 수컷인 새끼는 태어난 하렘을 떠나 수컷 집단에 참가한다. 수컷 집단 내의 수컷은 성장하면 하렘의 수컷과 싸우며, 이기면 하렘을 자기의 것으로 소유한다. 이때 새로운 지배자가 된 수컷은 하렘 속에 있는 어린 새끼(이전 수컷의 자식)들을 죽이는 것이다. 꼭 같은 새끼 살해가 사자에서도 발견되었다. 처음에는 이것이 무리의 이익, 먹이 부족의 회피 등의 이유에서 비롯한다고 생각하는 사람들이 많았다. 앞에서도 '종의 번영' 노선을 설명하는 자리에서 말했듯이 이러한 설명은 성립하지 않는다. 같은 종의 새끼 살해를 연구한 하르디(Sarah B. Hrdy, 1974)는 수컷이 자신의 적응도를 높이기 위하여, 암컷의 발정을 늦추는 어린 젖먹이들을 죽이는 것이라고 생각하였다. (암컷은 수유중인 새끼가 사라지면 발정한다.) 새끼 살해는 그 후 많은 원숭이들에게서 발견되었는데, 대부분은 일부다처제(一夫多妻制) 또는 소수부다처제(小數夫多妻制)의 무리를 만드는 종이었다. 새끼 살해에 의한 수컷 적응도를 최대화시켜 주는 것이 이러한 행동을 진화시킨 원동력이었다고 생각된다(상세한 내용은 Hiraiwa-Hasegawa, 1988 참조).

조류에서는 둥지 내에서 형제자매인 새끼들이 서로 싸워 1마리만 살아남고, 다른 것은 죽임을 당하는 형제 살해(siblicide)를 행하는 종이 있다. 예를 들면 검독수리(*Aquila chrysaëtes*)의 암컷은 보통 2개의 알을 낳는데, 부화 후 새끼들은 서로 싸우며, 싸움에서 진 새끼는 둥지에서 떨어지고 남은 한 마리가 부모의 급식을 전부 차지한다. 부모는 이 형제간 투쟁에 간섭하지 않는다. 형제 살해를 보이는 종은 먹이 구하기가 어려운, 따라서 소수의 새끼밖에 키울 수 없는 육식 조류에 많다. 형제 살해는 살아남은 새끼에 있어서는 자신의 생존율 상승에 도움이 되는 행위이고, 부모에게도 포괄 적응도 상승에 바람직하다고 생각되는 것이다. 처음에 왜 2개의 알을 낳는가 하면, 부화하지 않을 알이 존재할 가능성에 대비한 보험으로 생각되기 때문이다(Mock and Parker, 1977 참조).

2.4. 정자 경쟁

여자의 경우에 자기가 낳은 아기가 자기의 자식임은 의심할 필요가 없다. 그러나 남자에게는 아내가 낳은 아기가 정말로 자기의 자식인지는 의심이 갈 수도 있다.

인간의 경우는 월경과 월경 사이의 시기에 난자는 질(vagina) 내에 나와 있어(배란, ovulation), 교미를 하면 사출된 정자가 곧바로 난자로 뛰어드는 경우가 많다. 하지만 암컷 생식기 내에 주입된 정자를 한데 모아 두는 장소가 있어서 정자가 거기에서 몇 시간 또는 며칠이나 배란을 기다리는 종도 많다. 곤충에서는 정자가 암컷 체내의 정자저장낭 (貯精囊, spermatheca)에서 장기간 보존이 되며, 쥐 등에서는 교미의 자극에 의해 배란이 일어나므로 정자는 질 내에서 배란을 기다리지 않으면 안 된다. 이러한 종에서는 암컷이 복수의 수컷들과 교미를 하면, 정자 저장 부위에서 정자들이 서로 섞이게 된다. 이 경우 최초에 교미한 수컷의 정자가 아니라 나중에 교미한 수컷의 정자가 알에 도달할지도 모른다.

이러한 조건은 수컷으로 하여금 자기 정자의 수정을 우선시킬 여러 가지 방법을 진화시키게 하였다. 이것을 '정자 경쟁(sperm competition)'이라고 한다(정자 경쟁에 대해서는 Birkhead, 2000이 가장 훌륭한 소개서이다).

정자 경쟁에는 네 가지 주요 방법이 있다.

(1) 정조대(중세 유럽에서 십자군에 참가하는 귀족 남성이 부재 중 아내의 불륜을 막기 위해 씌웠다고 하는 기구)와 같은 교미의 물리적 저해―재교미 저해 플러그(mating plugs): 나비 중 어떤 종(*Laeudorfia* 와 *Parnasius*)의 수컷은 암컷과 교미하여 정액(semen)을 주입한 후, 생식기의 부속선(附屬腺, accessory gland)에서 나오는 끈적끈적한 액을 암컷의 교미 구멍에 발라 놓는다. 이것은 바로 굳어지므로 암컷은 재교미를 할 수 없게 된다. 많은 뱀과 날다람쥐의 수컷도 이러한 정조대를 암컷 생식기에 발라 놓는다.

(2) 암컷의 재교미를 억제하는 화학적 방법: 초파리(*Drosophila melanogaster*)의 수컷은 부속선에서 분비되는 펩타이드(peptide)를 정자 주입 후 암컷의 체내에 주입한다. 이 물질은 암컷의 재교미를 억제한다.

(3) 다른 수컷 정자의 물리적 제거: 잠자리 수컷 페니스(penis)의 맨 끝에는 뿔 모양의 부속기(horn-like appendages)가 붙어 있다. 교미 중의 수컷은 정자 주입 전에 이 뿔을 암컷의 수정낭(bursa copulatrix)에 찔러 넣어, 거기에 앞서 교미한 수컷의 정자가 있으면 이것을 긁어낸다. 정자의 대부분을 암컷 몸 밖으로 긁어낸 후 자기의 정자를 주입한다. 똑같은 방식의 정자 제거는 일본의 딱정벌레(*Psocothea hilaris*)에

게서도 발견되었다.

(4) 교미한 암컷의 방위: 잠자리 중 어떤 종의 수컷은 교미 후 암컷이 산란을 시작하면 그 위를 비행하면서 날아오는 다른 수컷을 공격하여 쫓아낸다. 행동을 통한 교미 저지이다.

이처럼 정자 경쟁도 수컷들의 적응도를 최대화하는 행동으로 작용한 자연선택의 산물이다.

3. 사회생물학의 인간론과 이에 대한 비판

월슨은 그의 저서『사회생물학』의 마지막 장을 '사람: 사회생물학에서 사회학으로(Man: from sociobiology to sociology)' 라고 붙이고, 인문사회과학도 사회생물학의 사상에 의해 재구성되지 않으면 안 된다고 말하였다. 그런데 이 장이 사회생물학과 사회학을 결합시키려는 월슨의 의도에 반하여 오히려 양자를 떼어놓는 역할을 하고 만 것이다.

인문사회 연구와 사회생물학의 관계는 어떠해야 할까? 이것이 많은 분들이 품고 있는 의문일 것이다. 나는 아래 다섯 가지 점을 말하고 싶다.

(1) 미국에서 있었던 비판의 개요
(2) 일본에서 있었던 사회생물학의 인문사회과학에 대한 악용—다케우치 구미코(竹內 久美子) 비판
(3) 인간의 동물적 과거에 오늘날 바람직하지 못한 것으로 여겨지는 것이 있다고 하더라도 법제, 교육 등에 의해 그것을 극복하는 것이 가능하다고 말하는 하르디 등의 의견

(4) 사회생물학에서 암컷의 위치에 대한 재인식
(5) 인간심리 연구와 사회생물학

먼저 (1)에 대해 살펴보자. 사회생물학에 대한 최초의 반응은 윌슨이 근무하던 하버드대학교가 있는 보스턴의 좌파 생태학자들과 생태학 애호 그룹에서 먼저 나타났다. 그들은 윌슨이 당·당파성(indoctorinability), 악의(spite), 가족우월사상(family chauvinism), 호전적·살육적 성질(genocide and warfare), 외지인공포증(xenophobia) 등을 포함하여 인간의 사회적 특성 중 어떤 것들이 유전자에 의해 이미 결정되어 있으며, 그것들은 적응도를 최대화하기 위한 선택의 산물이라고 주장한다고 말한다. 이것은 어느 정도 사실이다. 예를 들면 『사회생물학』 554~555쪽에서 부의 불평등한 분배가 고대 사회의 생존을 위해 불가피했다고 말하고 있고, 더욱이 일정한 사회 계급에 속하려는 유전적 경향도 아마 가지고 있을 것이라고 쓰고 있다. 이에 대하여 비판자들은 이것이 인간 사회의 나쁜 현 상황(status quo)을 합리화시키는 결정론(determinism)이고, 이미 폐기된 스펜서(Herbert Spencer)의 사회진화론(Social Evolutionalism)이며, 나아가 나치스의 인종차별론을 허용하는 사상이라고 공격하였다. 하버드대학교의 유명한 유전학자 르원틴(R. Lewontin)도 소속된 '시민을 위한 앤 아버 과학(The Ann Arbor Science for the People)'이란 단체가 만든 책, 『사회적 무기로서 생물학』(Biology as a Social Weapon, 1977) 속에는 '사회생물학스터디그룹(Sociobiology Study Group)'이 공동 집필한 글이 있다. 그들은 인간의 성질 대부분은 기아와 계급차별, 여성 억압, 전쟁 속에서 유전이 아니라 교육과 문화, 정치적 억압의 힘에 의해 형성되어 온 것인데, 윌슨이 이것을 보지 못하고 있다고 비판한다. 그들에 의하면 『사회생물학』은 유해한 책이다.

이에 대하여 당시 나는 이렇게 썼다(伊藤, 1979). "윌슨의 인간에 관한 장은 다른 장들에 비해 증거가 불충분하고 무리한 논의들을 많이 담고 있다. 더군다나 그 책에는 인간의 계급이나 성차 등을 적어도 최소한 합리적인 것이라고 윌슨이 간주하는 경향이 있음이 분명하다고 생각한다. ……그럼에도 불구하고 나는 그들의 비판 행태에도 의문을 느낀다." 저들의 비판은 "소련의 루이센코(Lysenko) 독재를 생각나게 한다." 보스턴 그룹의 비판 속에서 나는 "인간의 사회적 성질을 일절 논의하지 말라고 하는 공기마저 느끼는 것이다."

영국의 지도적 이론 생태학자 메이(May)는 윌슨 자신이 "인간 행동의 90%는 환경적인 것이며 10% 정도가 유전적일 것이다."라고 말하고 있으므로 "르원틴 등의 비판은 무례하다."라고 적고 있다. 나는 찬성한다(영국의 생태학·행동학자들 대부분은 사회생물학을 승인하고 있다. 그러나 그들은 이 분야를 '사회생물학'[Sociobiology]이라 부르지 않고 '행동생태학'[behavioural ecology]이라 부르기를 좋아하는데, 그 이유 중 하나가 일단 인간 행동을 제외한다는 데 있을 것이다).

최근 미국의 곤충행동학자 알콕(J. Alcock)이 그의 저서, 『사회생물학의 승리』(*The Triumph of Sociobiology*, 2001)에서 사회생물학에 대한 인문사회학자들로부터의 비판에 대해 반론을 폈다. 그는 사회 행동을 결정하는 유전자란 아직 발견되어 있지 않다는 르원틴의 견해는 1990년대 이후 많은 생물에서 이것이 발견되고 있으므로 틀렸다고 말한다(물론 인간의 행동이 유전자에 의해서만 결정되는 것이 아니라 환경과의 상호 작용에 의한 것임을 명기하고 있다). "자선 행동은 진화적으로 설명할 수 없다."고 하는 비판에 대해서도 이타자에게 숨겨진 이익이 있어 자연 선택 속에서도 도움이 된다면, 자선 행동의 사회생물학적 진화가 있을 수 있다고 말한다. 나는 알콕이 다시 비판한 많은 부분에 찬성한다. 그러나 그는 사회생물학의 악용에 대해서는 거의 쓰고 있지 않았다. 그는 남부침례교도협회(Southern Baptists)가 1998년에 발표한 교시에 "여자는 남편을 주인으로 섬겨야 한다"고 적혀 있는 것을 인용하며, "이러한 사회 구축을 목표로 하는 인간들이 남성과 여성의 욕망의 진화적 기초에 관한 사회생물학의 논문을 읽게 될 때 그것을 일하는 여성에 대한 공격 재료로 사용하지 않으리라 말할 수는 없다고 본다."고 썼다. 그러나 필자는 그에 이어 "다행스럽게도 아직 그러한 일은 일어나지 않았다고 본다."고 썼다. 적어도 일본에서만큼은 사정이 이와 같지 않다는 것을 다음 절에서 밝히겠지만, 아마 미국에서도 이러한 일은 적잖이 일어나고 있을 것으로 나는 믿고 있다.

4. 인간 사회에 대한 사회생물학의 악용

세계에서 가장 대담하다고 할만할 사회생물학의 악용 사례가 일본인에 의해 행해지고 있다. 바로 그 사람이 다케우치 구미코(竹內久美子)이다. 다케우치는 많은 책을 내었는데, 오늘 논의에서 특히 중요한 것들을 들면, 『바람기 인류 진화론』(浮氣人類進化論, 1988), 『그런 바보가 있나!』(そんなバカな!, 1991), 『도박과 국가와 남과 여』(賭博と國家と男と女, 1992) 등이다. 『바람기 인류 진화론』은 출판된 지 4년 만에 15판을 찍었고, 『그런 바보가 있나!』는 1년 만에 11판 이상을 기록하였다. 한국에도 영향을 받은 사람이 아마 있을 것이다.

다케우치는 교토 대학 이학부 동물행동학 연구실을 졸업했고, 스스로를 '동물행동학의 한 학도'라고 칭한다. 그러나 다케우치는 출신 연

구실의 다른 학생들이 4학년이 되면 거의 빠짐없이 참석하고 연구 발표도 가끔 하는 일본 동물행동학회의 대회에 연구 발표는커녕 얼굴도 한번 내비치지 않았다. 그녀는 사회생물학의 보급에 공로가 많은 영국의 이론가 도킨스(R. Dawkins)의 설(*The Selfish Gene*, 1975 등)을 빌려 (1)남자의 바람기는 생물학적으로 보아 당연한 것이므로, "정부의 높으신 분들께 복혼(複婚, 특히 일부다처)의 합법화를 제안해 달라고 하자"(『그런 바보가 있나!』 167쪽)라든가, (2)복지는 "아이를 많이 낳는 …… (가난한 사람들의) 유전자를 늘릴" 뿐이므로 악이라고(같은 책, 166쪽) 말하거나, (3)"특권 계급은 …… 가장 선의의 사고방지시스템" (『남자와 여자의 진화론』 男と女の進化論, 182쪽)이므로 "군주제가 절대 올바르다고 나는 생각한다. …… 그것도 입헌 군주제 따위 어중간한 것이 아니라, 옛날 그대로의 전제 군주를 동경한다."(『도박과 국가와 남과 여』 150쪽)는 등의 주장을 편다.

다케우치에 대한 비판: 탁월한 사회생물학 이론가인 규슈(九州) 대학의 가스야 에이이치(粕谷榮一)는 다케우치가 1992년에 낸 『'이과계 남자' '문과계 남자' 론』을 예로 들어 다음과 같이 비판한다.

다케우치는 인간의 남성에는 성실하고 근면한 '이과계' 형과 온건파이자 말 잘하는 '문과계' 형의 두 가지 타입이 있는데, 수렵이나 전쟁을 할 때는 '이과계' 남자가 자식을 남기는 데 유리하고, 전쟁이 없을 때는 거꾸로 '문과계' 남자가 유리하다고 말한다. 또 '이과계' 남자는 자기 자신의 아이뿐만 아니라 혈연자를 통해서도 자기 유전자를 다음 세대에 남긴다고 한다. 일본이 수렵이나 전쟁의 본고장이 아님에도 '이과계' 남자의 비중이 높은 것은 중매 결혼 제도 때문이라는 말도 한다(『바람기 인류 진화론』 39~46쪽, 『그런 바보가 있나!』 150쪽 등).

이러한 논리 구조를 정리해보면,

(1) 인간의 어떤 특정한 행동이나 성질에 주목한다—남자의 말하는 방식에 차이가 있다
(2) 행동이나 성질과 유전 사이의 관계—'이과계' 남자와 '문과계' 남자의 차이는 유전적이다
(3) 행동이나 성질의 유리함과 불리함을 설정한다—수렵이나 전쟁 시에는 '이과계' 남자가 유리하다
(4) 그 행동이나 성질이 현재 나타나는 것은 진화적으로 볼 때 당연한 것이라고 결론 내릴 수 있다.

그러나 자연선택에 의한 사회적 성질의 진화에는 다음 세 가지가 필수불가결한 것이다.

(1) 변이: 생물의 어떤 성질에 대하여 같은 종의 개체 사이에 차이가 있다.
(2) 선택: 그 성질이 다르기 때문에 개체의 생존이나 번식에 차이가 있다.
(3) 유전: 문제의 성질 차이가 다소라도 유전적이다.

이것에 대한 다케우치의 처리 방식은 우선 인간의 행동이나 성질의 차이에 주목한다는 점에서는 같으나, 그 행동이나 성질이 유전적이라고 말할 아무런 증거가 없는데도 마음대로 그렇게 결정을 해버린 것이다. 그리고 행동이나 성질의 차이에 따른 개체의 생존이나 번식상의 차이에 대한 증거가 전혀 없어도 이에 대해서도 적당히 결정을 내려버린 것이다. 그리고 그 행동이나 성질이 지금 보이는 것은 진화적으로 볼 때 당연하다고 말하는데, 그것은 (2)와 (3)을 적당히 결정짓고 보면 어

떤 결론이라도 이끌어낼 수 있는 법이다. 이쯤 되면, 다케우치의 논리는 '사이비 생물학'이라고밖에 달리 할 말이 없다고 가스야는 말한다.

이는 이과계 남자, 문과계 남자의 예에 불과하며 다른 예들도 모두 마찬가지이다. '자식 많기를 바라는 유전자'가 따로 있다고 말할 아무런 증거도 없을 뿐더러, 하물며 그것이 '가난한 사람'에게 많이 있다고 말할 증거란 더더욱 없다. 이런 방식이라면, 다케우치는 인간 사회에 대한 어떠한 메시지라도 마음대로 도출해낼 수 있을 법한데, 실은 지금까지 다케우치의 메시지는 단지 몇 가지로 일관하고 있다. 첫째, 군주제의 찬미이고, 둘째가 사회 복지의 불필요론이며, 셋째가 남성의 바람기 용인이다. 이기적 유전자나 혈연선택은 이 메시지를 전하기 위한 무대 장치에 불과한 것이다.

윌슨도 "인간 사회 내의 역할(role)이란 사회성 곤충의 카스트(caste)와 기본적으로 다르다"고 썼는데, 동물행농학의 '한 학도'인 다케우치가 어찌 태연하게 "계급은 얼핏 불공평하게 보이기 쉬우나 그렇지도 않다", "벌이나 개미의 …… 여왕과 일꾼들의 관계를 보라"(『남자와 여자의 진화론』 180쪽)며 전혀 다른 비교를 할 수 있는 것인지?

그러면 다케우치가 칭송하는 도킨스 쪽은 어떠할까? 확실히 도킨스의 책에는 복지 정책이 갖는 모순의 지적 등 인간의 자유·평등에 관한 어두운 이야기가 많이 나온다. 그러나 도킨스(1977)는 "인간의 뇌는 유전자의 지령에 반역할 수 있는 힘을 지니고 있다"고 말하며, "이 지상에서 우리들만이 이기적인 자기복제자들의 전제 지배에 반역할 수 있다"고도 썼다. 그는 이것을 '조건부 희망'이라고 하였다. 그러나 다케우치가 하듯 독재 제도나 남성의 바람기 찬미는 결코 하지 않았다.

일본에서 사회생물학을 논한 책을 썼던 사람들 중 유일한 인간 사회학자인, 도쿄 대학의 비교사회학자 마키 유스케(眞木 裕介, 필명)는

"다케우치의 논리는 조금도 '사회생물학'에 근거를 둔 논리가 아니며", "완전히 속론에 불과하다"고 썼다(『자아의 기원: 사랑과 이기주의의 동물사회학』自我の起源：愛とエゴイズムの動物社會學, 2001, 21쪽).

5. 인간의 동물적 유전과 인간 사회의 장래: 하르디와 나의 의견

사회생물학이 오늘날 인간 사회에 적합해 보이지 않는 인간의 여러 성질들, 예를 들면 호전주의, 당·당파성, 일부다처 경향 등을 인간이 동물적 과거로부터 지녀 온 성질로 생각한다는 것은 이미 말해두었다. 그러나 사회생물학의 이러한 승인이 장래의 인간 사회에 있어서도 그렇다고 승인하는 것을 의미하는 것은 아니며, 극복의 길을 닫아두려는 것도 아니다.

위에서도 언급했듯이, 미국의 영장류학자 하르디는 하누만 랑구어(hanuman langur)의 새끼 살해를 재확인하고, 그러한 성질의 기원을 수컷들의 적응도를 최대화하기 위한 전략이라고 주장한 학자이다. 하르디는 인간의 동물적 과거가 일부다처이었음을 인정한다. 그러나 그것을 다케우치처럼 올바르다고 생각하는 것이 아니라, 그러하기 때문에 더욱 더 여성의 권리 확립을 위한 강력한 투쟁이 필요하다고 주장한다. 저서, 『여자는 결코 진화하지 않았다』(The Woman That Never Evolved, 1980)에서 하르디는 "동등한 권리를 가진 여성은 결코 (자연적으로) 진화해온 것이 아니라 지성과 불굴의 의지와 용기를 통하여 겨우 출현할 수 있었던 것"이라고 말한다. 여기서는 동물 사회의 수컷 우위나 일부다처의 경향으로부터 남성의 바람기나 일부다처를 승인하는 것이 아니라, 오히려 동물적 과거가 있기 때문에 여성은 더욱 더 투쟁할 필요가 있다고 말하는 것이다.

나는 최근에 낸 『생태학과 사회: 경제·사회계 학생을 위한 생태학 입문』(生態學と社會: 經濟·社會系學生のための生態學入門, 1994)에서 다음과 같이 서술했다.

> 일본에 부자 2대에 걸친 정치가·경영자들이 많은 것은 물론이고 공산주의 나라에서도 본래 있을 수 없는, 혈족 왕제로밖에 볼 수 없는 정치가가 등장하는 것을 보면, 나는 인간도 다분히 동물적 과거를 가지고 있다고 생각한다. 그렇다고 하여 이를 긍정하는 것이 아니라, 오히려 이를 인식함으로써 억제하기 위한 법제·교육·문화적 방법을 정비하는 것이 가능할 것이다. …… 사실을 앎으로써 비로소 삼권분립, 소수 의견 발표권, 성직자의 정년제, 국가 원수 지위의 친족 상속 금지 등 불신의 논리에 기초한 사회 제도의 확립을 더욱 더 추진할 수가 있는 것이라고 생각한다(161쪽).

사실을 무시할 것이 아니라 사실을 인정한 다음에야 장래의 진정한 방향을 모색할 수 있는 것이다. 나는 인문사회학 연구자 여러분들이 이러한 입장에서 사회생물학을 공부해 주실 것을 기대하는 바이다.

6. '은밀한 암컷의 선택'과 사회생물학의 암컷 역할 재인식

위에서 소개한 보스턴 그룹의 비판과는 별도로, 미국이나 영국에서는 여성해방론자들이 사회생물학을 여성 억압 사상이라며 강한 비판을 해왔다. 이 절에서는 그것에 대항하는 사회생물학의 진보에 대해 말하겠다.

다윈이 『종의 기원』(1959)에서 곤충의 불임 일꾼 계급의 존재가 자연선택에 기초를 둔 자신의 진화학설을 위협할 난문이라고 생각하였고, 그럼에도 또 올바른 해결 방향을 시사하였던 점은 이미 말한 바 있다. 그 후에도 그는 자신의 문제점을 계속 생각하였다. 그중 하나가 공작 수컷의 아름답고 커다란 꼬리나 투구벌레 뿔의 진화이다. 어느 쪽도 덤으로 먹이 획득이 더 필요하고, 포식자에게 발견되기 더 쉬우며 또 도망가기는 더 어렵기 때문에, 이것들은 자연선택에서 불리한 성질이라고 생각되었다. 다윈은 그의 저서 『인간의 유래와 성 선택』(*The Descent of Man and Selection in Relation to Sex*, 1871)에서 이러한 성질은 교미 상대의 획득이라는 '성을 통한 선택'(성 선택, sexual selection)으로 설명할 수 있다고 하였다.

성 선택은 다음 두 가지로 나뉜다(Huxley, 1938).

(1) 동성 내의 선택(intrasexual selection)
(2) 이성 간의 선택(epigamic selection, intersexual selection)

(1)은 교배 상대(통상 암컷)를 둘러싼 싸움에서 이기기 위한 (통상 수컷이 가진) 뿔 등의 무기나 수컷 신체의 대형화를 진화시키는 선택이며, (2)는 그러한 성질을 가지면 교미 상대(통상 암컷)가 좋아하는 성질로서 공작 수컷의 꼬리 등이 이에 해당한다.

이 가운데 (1)은 생물학자들에 의해 일찍부터 승인되었으나, (2)는 오랫동안 인정받지 못하였다. 나는 『生態學と社會』(1994)에서 "실험

물리학의 흥륭 속에서 의인주의(anthropomorphism)를 배격하도록 훈련 받은 생물학자들이 '하등 동물의 암컷(females of lower animals)이 배우자를 그 형질을 갖고 선택하는 일 따위를 할 수 있을지' 의문을 품었던 것이다."라고 적었다. 그러나 (2)가 오랫동안 받아들여지지 않은 데에는 이것 말고도 또 다른 원인이 있었다.

증명 실험이 매우 어렵다는 점과 수컷이 아니라 암컷이 교배 상대를 결정한다는 사고방식 그 자체를 남성 중심의 가치관이 우월한 세계에서는 더 이상 받아들이기 어렵게 만들었던 것이다(Birkhead, 2000).

배우자 선택이라 할 때 보통은 교미 전의 행동, 즉 (통상 수컷의) 구애 행동에 대한 (통상 암컷의) 무반응, 구애자로부터 도망, 교미 거부 등을 가리킨다. 그러나 외관상으로는 알 수 없지만, 암컷은 교미 중이나 교미 후에도 배우자를 선택할 수 있다는 사실이 최근 밝혀졌다. 암컷은 마음에 들지 않는 수컷과의 교미를 충분한 정액 주입 이전에 중단하거나, 직후에 마음에 드는 다른 수컷과 다시 교미하거나, 재교미 저해 플러그(mating plug)를 제거하거나, 나아가 수정낭(spermathecae)에 들어 있는 두 마리 수컷의 정자 가운데 한 쪽만을 이용하거나 함으로써 정자 경쟁에 영향을 미칠 수 있는 것이다. 이것을 '은밀한 암컷의 선택(cryptic female choice)'이라 부른다.

코스타리카의 곤충학자 에버하드(W. G. Eberhard)는 대저, 『암컷의 통제』(*Female Control: Sexual Selection by Cryptic Female Choice*, 1996)에서 여러 동물들의 실례를 소개하면서, 성 행동이나 성적 다형의 진화에서 은밀한 암컷의 선택의 중요성을 강조한다.

은밀한 암컷 선택의 발견은 인간 사회학 연구에 중요한 문제를 던진다. 이를 상세하게 논한 중요한 책이 버크헤드(T. Birkhead)의 『난혼』(*Promiscuity: An Evolutionary History of Sperm Competition*, 2000)이

다. 그는 이렇게 썼다. "수컷은 복수의 상대와 교미함으로써 커다란 이익을 얻지만, 같은 행동을 한 암컷이 얻는 이익은 겨우 조금밖에 되지 않거나 전혀 없다는 것이 정자 경쟁의 짧은 역사 대부분에 걸쳐 기본적인 가설이 되었다. 이 가설은 분방한 수컷과 순종적인 암컷이라는 베이트만이 초기에 했던 초파리 실험에 대한 트리버스(R. Trivers)의 해석으로부터 생겨난 것이다." 이 견해를 듣고 "성 선택에 관심을 가졌던 페미니스트들은 남성 중심의 편향에 불만을 품고 광분하며 이를 갈았다."

그러나 은밀한 암컷 선택의 연구로부터 "첫째로 (복수의 수컷과) 난교함으로써 실제 무엇인가를 얻고 있음을 강하게 시사 받았고, 둘째로 만일 난교하는 암컷이 그렇지 않은 암컷보다 더 많은 자손을 남긴다면 암컷에 관련된 성 선택은 지금까지 생각했던 것보다 훨씬 더 중요한 것임에 틀림없다고 상상해볼 수가 있다."고 버크헤드는 말한다.

위에서 새에 관해 언급하였지만, 동물에 있어 암컷이 복수의 수컷과 교미하는 비율은 지금까지 생각해왔던 것보다 훨씬 더 높다. 정자 경쟁이란 지금까지 자신의 적응도를 높이기 위한 수컷의 전략이라고만 생각해왔다. 그러나 버크헤드는 암컷의 혼외 교미나 혼인 상대와 교미를 거부하는 것 등으로 정자경쟁에서 암컷의 역할은 이전에 생각했던 것보다 훨씬 더 중요하다고 주장한다.

야외에 있는 동물의 암컷과 수컷의 행동과 그것들이 남기는 유전자에 대한 연구가 사회생물학의 암컷에 대한 견해를 변화시켰다는 사실에 주목해주기 바란다.

7. 인간 심리학과 사회생물학

인간 심리학과 사회생물학 사이에는 예전에 전혀 교류가 없었지만, 미국에 본부를 둔 '인간행동진화학회(Human Behavior and Evolution Society)'의 설립을 계기로 인간 심리의 진화를 생물학과 사회학 양쪽의 관점을 결합시켜 연구하려는 움직임이 강하게 나타나고 있다. 뒤처져 있던 일본에서도 도쿄 대학 종합문화연구과 심리학 연구실(하세가와 도시카즈, 長谷川 壽一)을 중심으로 통합 시도가 시작되었고, 잡지 『科學』(岩皮書店)의 특집, "인간 마음의 진화(人間のこころの進化, 67권 4호, 1997년)"와 단행본 『마음의 진화: 인간성의 기원을 찾아서』(心の進化: 人間性の起源をもとめて, 松澤 哲郞·長谷川 壽一 編, 2000)가 발행되었다. 이들 속에서 인간의 사회 행동, 사회 심리에 대한 사회생물학적 견해가 새로운 분야를 개척하고 있음을 엿볼 수 있다. 몇 가지의 예를 들어본다.

가브라족(Gabbra)은 낙타를 끌고 생활하는 유목민이다. 낙타는 가족의 가장 중요한 재산으로 아들이 상속받는다. 따라서 낙타의 수로 가족의 재산 크기를 나타낼 수 있다. 가족은 원칙적으로 일부일처(monogamy)이다. 런던 대학(University College London)의 인류학과에 근무하는 메이스(R. Mace, 1996a)는 사회생물학의 국제지에 낸 논문에서 가족이 가진 낙타의 수가 많을수록 아내가 낳는 자식 수가 많다는 사실을 보고했다. 또한 자식의 수가 많아질수록 그 뒤에 낳는 자식의 수는 줄지만, 딸의 숫자는 영향을 거의 미치지 않는다는 것을 보여주었다. 또 메이스(1996b)는 이 민족에 있어서 자식이 몇 있는 부모가 아이를 더 낳을 것인지 말 것인지를 결정하는 과정을 조사했다. 진화 이론에 따르면 적응도 최대화는 번식 능력을 가진 새끼의 수에 의

존한다. 추가로 아이를 더 낳을 것인지 말 것인지 결정하는 데는 아이를 낳아 키우는 자금과 그 때까지 키운 아이를 결혼시키기 위한 자금 양쪽이 관계된다. 약 5,000 가족을 대상으로 한 연구에서 추가 아이를 더 낳을지 어떻게 할지를 결정하는 데는 이미 있는 아들의 수가 딸의 수보다 훨씬 더 많은 영향을 미친다는 사실을 알 수 있었다. 이는 낙타를 물려받는 자식이 아들이라는 사실을 볼 때 당연한 것이리라. 또 폐경한 아내를 가진 남자가 재혼을 할 것인지 말 것인지를 결정할 때도 최초의 아내가 낳은 자식 수에 강하게 의존하였다. 이들 사실로부터 메이스(1996b)는 진화 학설은 인간의 번식 전략 해명에 매우 유용한 이론 체계라고 결론짓는다.

멀더(M. B. Mulder, 1988)는 케냐의 킵시그족(Kipsig)을 대상으로 신랑의 아버지가 며느리의 아버지에게 지불하는 지참금을 267건의 결혼 사례에서 조사하였다. 이 부족은 농경·목축민으로 결혼 지참금은 소(평균 6마리), 산양(평균 6마리) 및 금(평균 450파운드)이었다. 결혼 지참금 액수는 며느리의 초경(최초의 월경 1~2년 후에 할례[circumcision]가 행해진다)이 이르거나 몸이 살쪘다면 많고, 며느리의 친정이 시가로부터 멀리 떨어져 있을수록 많다는 것을 알 수 있었다. 신랑의 집이 며느리의 집보다 부자이면 임신 경험이 있는 며느리에 대한 결혼 지참금은 적게 주지만, 며느리의 집이 부자이면 임신 경험이 있는 며느리라 하더라도 많은 지참금을 준다는 사실도 알게 되었다. 그러나 신랑 집과 며느리 집의 재산 차이는 며느리의 초경 연령이나 체격만큼 큰 영향을 미치지는 못했다. 며느리의 평생 번식 성공은 초경이 이를수록 더 크며, 살찐 며느리일수록 더 크다. 또 살찐 며느리는 노동력이 우수하고, 친정이 가까우면 친정어머니에게 노동 제공을 행하지만 친정이 멀면 그럴 일이 없으며, 시가를 위해서만 노동한다는 것을 이해할 수 있었다. 이상의 사실로부터 멀더는 킵시그족의 혼인에서는 평생의 번식 성공과 노동력 공급이 중요한 요인이라고 결론짓는다. 아프리카의 다른 인간 사회에 대한 비교 연구에 있어, 이전에는 민족 심리의 차이를 가장 중요시해왔으나, 이 연구를 보면 생물학적 적응도에 관여하는 요인의 차이 연구가 중요하다는 사실을 알 수 있다고 저자는 말하고 있다.

버스(D. M. Buss, 1989)는 세계 33개국의 37민족을 대상으로 배우자 선택의 요인을 조사했다(조사 대상인 수 10,047명). 조사한 것은 연령, 종교, 형제 또는 자매의 수, 결혼 연령, 가계, 동정인가 처녀인가 등이다. 그 결과 남미, 북미, 아시아에서는 서구보다 결혼 상대의 재산이나 돈벌이 능력이 중요하였고, 스페인인을 제외하고 모든 민족에 있어서 여자 쪽이 재력을 더 높게 평가하고 있었다. 근면함에 대해서는 아프리카, 남미의 대부분 민족과 중국인, 대만인에 있어서 양쪽 모두 높은 평가를 보였지만, 서구의 대다수 민족에서는 강한 관계를 보이지 않았다. 남자는 모든 민족에서 젊은 여자를 좋아하였지만, 여자는 약간 연상의 신랑(일부다처 경향이 강한 민족에서는 꽤 연상인 신랑)을 좋아하였다. 이것은 젊은 여자는 높은 번식 능력을 가진다는 사실에서 비롯한다. 또 많은 민족에서 남자 쪽이 상대의 정절을 크게 평가하였다. 전체적으로 보아 여자에게는 결혼 상대 선택상의 최고 문제가 남자의 재력 내지 돈벌이 능력이었으며, 남자에게는 번식 능력인 것으로 보였다.

버스는 사회생물학 이론가의 한 사람인 트리버스(1972)의 생각을 인용하고 있다. 트리버스에 의하면 성 선택은 수컷과 암컷이 자기 새끼들에 얼마만큼의 투자를 할 수 있는가와 관련되어 작동한다. 동물에서는 보통 수컷의 투자가 암컷의 투자보다 적지만 인간에서는 수컷이

가계를 담당하므로 이러한 남녀 차이란 다른 동물에서보다 적은 편이다. 이에 따르면 수컷의 배우자 선택에 관계되는 요인은 (1)배우자인 암컷과 새끼에 대한 물질적인 이익, (2)획득된 사회·경제적 이익에 의한 자손의 번식 능력의 향상, (3)유전적 이익인데, 인간에 있어서는 돈벌이 능력이 또한 중요하다고 말한다.

버스는 위 연구 결과가 트리버스의 예측과 일치하며, 인간의 심리, 행동, 사회 구조 등의 연구에 진화적 관점을 더 도입하는 것이 중요하다는 사실을 결론에 적고 있다.

물론 인간 사회학 연구에 사회생물학을 도입하는 것을 비판하는 사회학자들도 많이 있다. 이에 대해서는 *Behavioral Science*, Vol. 24(1979)에 실려 있는 캠벨(D. T. Campbell)과 부쉬(J. A. Busch), 브루트(M. Blute)의 논설을 참고해주기 바란다.

※ 감사의 글

이 세미나에서 나는 사회생물학의 최근 동향을 소개하고, 이를 인간 연구에 적용할 때 일어날 수 있는 문제점을 지적하였다. 나의 결론은 악용에 충분한 주의를 기울이면서 이 학문을 인간 사회의 연구에 도입해야 한다는 것이다. 물론 이 세미나의 참가자 가운데는 반대 의견도 많겠지만, 이 글에 든 문헌에 대해 충분한 검토를 해줄 것을 기대한다. 끝으로 이 세미나에 나를 초대해 주신 분들에게 깊은 감사를 드린다.

참고문헌

Alcock, J.(2001), *The Triumph of Sociobiology*, Oxford University Press, Oxford. 長谷川眞理子 譯『社會生物學の勝利: 批判者たちはどこで誤ったか』新曜社, 東京

Birkhead, T.(2000), *Promiscuity: An Evolutionary History of Sperm Competition*. Harvard University Press. 小田亮・松本雅子 譯『亂交の生物學: 精子競爭と性的葛藤の進化史』新思索社, 東京

Blute, M.(1979), "Sociocultural evolutionalism: An untried theory", *Behavioral Science*, 24: 46-59.

Busch, J. A.(1979), "Sociobiology and general systems theory: A critique of the new synthesis", *Behavioural Science*, 24: 60-71.

Buss, D. M.(1989), "Sex differences in human mate preferences: Evolutionary hypotheses tested in 37 cultures", *Behavioral and Brain Sciences*, 12: 1-14.

Campbell, D. T.(1979), "Comments on the sociobiology of ethics and moralizing", *Behavioral Science*, 24: 37-45.

Choe, J. C. and B. J. Crespi eds.(1997), *Social Behavior in Insects and Arachnids*. Cambridge University Press, Cambridge.

Darwin, C.(1859) *The Origin of Species by Means of Natural Selection*. John Murray, London.

Darwin, C.(1871), *The Descent of Man and Selection in Relation to Sex*. J. Murray, London.

Dawkins, R.(1977), *The Selfish Gene*. Oxford University Press, Oxford.

Duffy, J. E.(2003), "The ecology and evolution of eusociality in sponge-dwelling shrimp", In: T. Kikuchi, N. Azuma and S. Higashi (eds.) *Genes, Behaviors and Evolution of Social Insects*, pp. 217-252. Hokkaido University Press, Sapporo.

Eberhard, W. G.(1996) *Female Control: Sexual Selection by Cryptic Female Choice*. Princeton University Press, Princeton, NJ.

Hamilton, W. D.(1964), "The genetical evolution of social behaviour", I, II. *Journal of Theoretical Biology*, 7: 1-16, 17-52.

Honeycutt, R. L., M. W. Allard, S. V. Edwards and D. A. Schlitter(1991)

"Systematics and evolution of the Family Bathyergidae", In: P. W. Sherman, J. U. M. Jarvis and R. D. Alexander(eds.), *The Biology of the Naked Mole-Rat*, pp. 45-65. Princeton University Press, Princeton, N. J.

Hiraiwa-Hasegawa, M.(1988), "Adaptive significance of infanticide in primates.", *Trends in Ecology & Evolution*, 3: 102-105.

Hrdy, S. B.(1974), "Male-male competition and infanticide among the langurs (Presbytis entellus) on Abu, Rajasthan", *Folia Primatologia*, 22: 19-58.

Hrdy, S. B.(1981), *The Woman That Never Evolved*. Harvard University Press, Cambridge, MS. (加藤康建・松本亮三 譯 『女性は進化しなかったか』新思索社.

Huxley, J.(1938), "The present standing of the theory of sexual selection", In: G. R. de Beer (ed.), *Evolution: Essays on Aspects of Evolutionary Biology Presented to Professor E. S. Goodrich on His Seventieth Birthday*, pp. 11-47. Clarendon Press, Oxford.

Mace, R.(1996a), "Biased parental investment and reproductive success in Gabbra pastoralists", *Behavioral Ecology & Sociobiology*, 38: 75-81.

Mace R.(1996b), "When to have another baby: A Dynamic model of reproductive decision-making and evidence from Gabbra pastoralists", *Ethology and Sociobiology*, 17: 263-273.

Mock, D. W. and G. A. Parker(1997), *The Evolution of Sibling Rivalry*. Oxford University Press, Oxford.

Mulder, M. B.(1988), "Kipsigs bridewealth payments", In: L. Betzig, M. B. Mulder and P. Turke (eds.) *Human Reproductive Behaviour: A Darwinian Perspective*, pp. 65-82. Cambridge University Press, Cambridge.

Sociobiology Study Group(1977), "Sociobiology", In: The Ann Arbor Science for the People (ed.) *Biology as a Social Weapon*, pp. 131-149. Burgess Publishing Company, Minneapolis, Minnesota.

Sugiyama, Y.(1965), "On the social change of Hanuman langurs (*Presbytis entellus*) in their natural conditions", *Primates*, 6: 381-417.

Trivers, R. L.(1972), "Parental investment and sexual selection", In: B. Campbell (ed.) *Sexual Selection and the Descent of Man 1871-1971*, pp. 136-179. University of Chicago Press, Aldine.

Wilson, E. O.(1975), *Sociobiology: The New Synthesis*, Belknap Press of Harvard University Press, Cambridge, MS. (伊藤嘉昭 監譯『社會生物學』新思索社)

伊藤嘉昭(1979), "Sociobiology の波紋",『科學』, 49: 144-147.

伊藤嘉昭(1994),『生態學と社會: 經濟・社會系學生のための生態學入門』, 東海大學出版會. 東京.

粕谷榮一(1992), "社會生物學と新型のオールドタイプ人間論: 竹内久美子批判",『現代思想』, 20(5): 149-155.

眞木裕介(2001),『自我の起源: 愛とエゴイズムの動物社會學』岩波書店, 東京.

松澤哲郎・長谷川壽一(編, 2000),『心の進化: 人間性の起源をもとめて』岩波書店, 東京.

竹内久美子(1988),『浮氣人類進化論』晶文社.

竹内久美子(1990),『男と女の進化論』新潮社. 東京.

竹内久美子(1991),『そんな馬鹿な!』文芸春秋社. 東京.

竹内久美子(1992),『賭博と國家と男と女』日本經濟新聞社. 東京.

3 인간은 왜 사회적인가?

박만준

3장

인간은 왜 사회적인가?

박만준

1. 머리말

인간이란 무엇인가? 인간에 대한 규정 가운데 가장 널리 알려져 있고 오래된 것이 '사회적 존재'라는 규정이다. 일찍이 아리스토텔레스(Aristoteles)도 인간을 '공동체를 이루고 살려는 본성을 지닌 존재'로 보았다. 그래서 그는 인간을 '정치적 동물(zoon politicon)'로 규정했다.

물론 사람만이 사회를 이루고 있는 것은 아니다. 오늘날 우리는 대부분의 생물이 생태학적 집단의 구성원일 뿐 아니라 그 자체가 복잡한 생태계이며, 그 속에는 상당한 폭의 자율성을 갖지만 그보다 작은 무수한 유기체들이 전체 속에서 조화롭게 통일되어 있음을 잘 알고 있다. 그리고 그 전체의 특성은 그 부분들의 상호작용과 상호의존에 의해 발생한다. 그렇다면 과연 거기에는 어떤 특성이 발생하는 것일까? 프리초프 카프라(Fritjof Capra)는 시스템적 사고의 측면에서 이 물음에 대해 이렇게 대답한다.

> 한마디로 수십억 년에 걸친 진화과정 속에서 무수한 종들이 이렇 듯 단단하게 짜여진 집단을 형성했기 때문에 전체로서의 체계는 마치 다중으로 창조된 거대한 생물과도 같다(Capra, 1998).

대표적인 예가 꿀벌과 개미이다. 이들은 고립된 개체로는 생존할 수 없으며 구성원 개체의 능력을 훨씬 넘어서는 적응을 위해 엄청난 숫자가 함께 모여 살면서 각각의 개체는 복잡한 생물체의 세포와도 같은 역할을 하고 있는 것이다.

집단형성(Gruppenbildung)은 꿀벌과 개미에서 나타날 뿐만 아니라 '동물세계에서 사회성은 보편적 현상'(Wiketits, 1999)이라고 할 수 있다. 여기서 말하는 '사회성'이란 '사회적 존재에 관한 총체적 특징과 과정'(Wilson, 2000)을 말하며, 단순한 집합체[1]를 형성하고 있는 것과는 구별된다. 예컨대 흔히 짐승의 시체를 뜯어먹고 사는 동물들은 썩은 시체 주위에 모여들지만 그 자체가 곧 사회적 존재로서의 특징을 드러내는 것은 아니다. 그러므로 그러한 일시적 집단의 형태는 진정한 의미의 사회생활과는 차이가 있다고 할 수 있다.

아무튼 우리는 인간을 비롯한 많은 동물들이 집단생활을 영위하고 있다는 사실을 의심 없이 받아들이고 있으며, 우리 자신을 일컫는 사회적 인간(Homo sociologicus)이라는 명칭 역시 낯설지 않을 만큼 익

---

[1] 구애하는 수컷의 무리와 같은 생물의 단순한 집합체는 참된 의미의 사회라고 볼 수 없다. 흔히 이들은 상호 유인적인 자극에 의해 모이는 것이 보통이며, 이들 사이에 상호 협조적인 의사소통이 이루어지지 않는다면 그것은 단지 하나의 집합체에 불과한 것이다. 예컨대 겨울에 방울뱀이나 무당벌레들이 모여 있는 것은 이에 대한 좋은 예라고 할 수 있다.(Wilson, 2000, 7-8.)

숙해 있다. 그러나 이러한 명칭이나 사회적 존재라는 규정이 우리의 삶이나 사회적 행동을 이해하는 데 얼마나 도움을 주고 있을까? 사실 이 물음에 대해 우리는 무척 망설이지 않을 수 없다. 왜냐하면 사회화의 다양한 형태나 사회화 과정 전반에 대한 인과적 설명은 거의 전무하다시피 했기 때문이다. 그래서 우리는 언제나 인간의 사회성과 그 기원에 대해 강렬한 호기심을 우리 내면에 간직하고 있다. 인간이 사회적 존재로 존재해야 할 이유가 무엇일까?

다행히 이러한 사회성을 진화와 유전의 토대 위에서 연구하는 학문이 태동하여 큰 진전을 보이고 있다. 이른바 사회생물학이 바로 그것이다. 사회생물학은 인간에 대한 전통적 정의나 규정만으로는 사회적 존재로서 인간의 존재방식이나 삶의 양식을 이해하는 데 뭔가 부족하다는 문제의식에서 출발한다. 따라서 인간의 사회성을 '원리적으로' 이해하고 설명할 수 있는 이론적 토대가 새롭게 마련되어야 한다. 사회생물학의 태두라고 할 수 있는 에드워드 윌슨은 사회생물학을 '모든 사회 행동의 생물학적 기초에 관해서 체계적으로 연구하는 학문'(Wilson, 2000, 4, Wilson, 1978, 16)이라고 정의하면서, '인간의 사회적 진화를 포함한 모든 사회 진화의 국면들에 대한 통찰'을 시도하고 있다.

사회란 무엇인가? 그에 따르면, '한 쌍의 생물이 단순한 성적 활동을 넘어서서 상호 협조하는 방식으로 커뮤니케이션이 이루어질 때', 이것이 '사회' 혹은 '사회성'을 규정하는 기준이 된다(Wilson, 2000, 7).[2] 그렇다면 인간을 포함한 동물 세계에서 이러한 사회성을 출현시

---

2 커뮤니케이션(communication)은 '한 생물이 다른 생물의 행동의 확률적 패턴을 자신의 적응 방향으로 바꿔놓는 활동'을 가리키며, 협조(codrdination)는 '한 집단의 단위체들 사이에 상호작용이 일어나되 집단으로서의 전체적인 노력이 어떤 하나의 단위체에 의한 리더십에 지배당하지 않고 단위체들 사이에 고루 분담되는 것'을 말한다(Wilson, 2000, 10-11).

키는 가장 근원적인 이유는 무엇일까? 이 글은 바로 이 물음의 해답을 찾고자 한다. 다시 말해서 사회성의 출현을 생물학적 기호를 통해, 더 나아가 그런 기호로 표현되는 명제를 통해 '원리적으로' 이해하고자 한다.

2. 크로포트킨의 명제: 상호부조

사회생물학이 일반에게 알려진 것은 1970년대이다. 여기에 결정적인 기여를 한 것은 다름 아닌 에드워드 윌슨의 『사회생물학』이다. 생물학과 사회과학의 '새로운 종합'을 기약하고 있는 이 책은 동물들의 공동체 구조에 관해서 이미 알려진 지식들을 포괄적으로 망라하고, 나아가 생리학이나 생태학 등 생물학적 분과 학문의 도움을 받아 사회적 행동양식의 인과적 설명 가능성을 타진하는 데 많은 부분을 할애하고 있다. 따라서 사회생물학은 동물의 행동을 총체적으로 탐구하며, 이를 통해 발견된 풍부한 자료들로부터 보편적 법칙을 찾아냄과 아울러 이들을 인과적으로 설명하려는 비교행동학의 범주로 볼 수도 있을 것이다. 다만 사회생물학은 동물 행동의 어떤 특수한 측면, 즉 '사회적 행동'을 중점적으로 다루는 학문이다.

사회적 행동이란 무엇인가? 사회적 행동이란 '다른 모든 생물학적 반응과 마찬가지로 환경의 변화에 대응하기 위한 일련의 장치'(Wilson, 2000, 144)를 말한다. 그러므로 동물의 사회적 행동은 진화를 통해 형성되어왔다고 할 수 있다. 왜냐하면 환경의 변화에 적응하는 일련의 장치 그 자체가 바로 진화의 산물이기 때문이다. 사회생물학이 그 이론적 근거를 진화론 혹은 진화생물학(evolutionary biology)에 두고 있는 이유도 바로 여기에 있다(Wilson, 2000, 21). 진화란 무엇인가?

진화란 한마디로 변화를 의미한다. 그 중에서도 특히 세대 간에 일어나는 생물체의 형태와 행동의 변화를 뜻한다. DNA의 구조로부터 사회생활에 이르기까지 생물의 형질은 세대를 거치면서 조상의 형질로부터 변화한다.[3]

환경의 변화와 그에 대한 적응 장치를 염두에 두고 생물체를 하나의 기계에 비유한다면 '생물의 진화는 하나의 설계가 점차 완성되어 가는 과정'[4]이라고 할 수 있다. 그렇다고 해서 그 과정이 완결되기를 기대할 수는 없다. 다시 말해서 진화 과정이 완성된다는 것은 모든 환경에 완전한 적응을 보이는 생물이 존재한다는 것을 의미하는데, 그런 생물은 존재할 수 없다. 왜냐하면 환경에 관계되는 매개변수들은 끊임없이 변화하기 때문이다. 생명체를 둘러싸고 있는 물리적 환경 요인들은 늘 변하게 마련이며, 어떤 생명체가 어느 특정한 환경에 적응한다고 해서 전혀 다른 환경에도 완벽하게 적응할 수는 없다.[5] 기껏해야 자신의 생존이나 번식의 차원에서 대응할 따름이다. 더욱이 이들 매개변수들은 제각기 다른 속도로 독립적으로 변한다. 예를 들어 식물은 계절에 따라 나날이 불규칙적으로 변화하는 습도의 변동에 만족하나, 수

---

[3] 다윈의 진화론은 바로 이 변화의 메커니즘에 관한 이론이라고 보아야 한다(최재천, 2002, 25).
[4] 여기서 말하는 '완성'이란 목적론적 의미도 아니거니와 또한 '완결'의 의미도 아니다. 생물의 진화는 생명체가 생태적 압력에 대해 나타내는 유전적 반응의 결과이며, 따라서 완성이란 생명체가 생태적 환경에 대해 최적의 상태로 되어간다는 것을 말한다(Wilson, 2000, 22).
[5] 환경에는 기후조건이나 서식지 등의 물리적 환경 외에도 생물적 환경이 있다. 생물은 모두 다른 생물들과 관계를 맺으며 살기 때문에 생물적 환경도 생명체의 생존에 직접적인 영향을 미친다. 그리고 이러한 생물적 환경은 물리적 환경과는 별개로 그 자체 또한 끊임없이 변하기 때문에 어느 종이든 같은 생태계에 살아가는 다른 종들과 밀접한 관계를 맺

십 년 혹은 수백 년에 걸쳐 볼 때 그 종은 전체적으로 꾸준히 상승하거나 하강하는 강우량에 적응하지 않으면 안 된다. 또 진딧물은 매일 수적으로 크게 달라지는 포식자들을 방어해야 하는가 하면, 여러 해에 걸쳐서 볼 때에는 적의 수적 변화뿐만 아니라 종 구성상으로 나타나는 변화에 대해서도 대처하지 않으면 안 된다. 생물은 이러한 문제들을 '다단계 대응 시스템(multiple level tracking system)' (Wilson, 2000, 145)으로 해결하고 있다. 그리고 생물학적 차원에서 일어나는 이 모든 반응들은 상승하는 하나의 계층구조를 이루고 있으므로 '다단계 대응 시스템'은 결국 '다단계 계층적 대응 시스템'이라고 할 수 있다.[6]

아메바에서 인간에 이르는 여러 가지 종들은 이러한 계층적 반응의 길이와 반응 능력의 정도에 따라 여러 가지 진화적 단계로 분류될 수 있다. 윌슨은 편의상 이를 세 단계로 나누고 있다(Wilson, 2000, 151-152). 첫째는 최하위단계로서 해면동물, 강장동물, 무체강의 편형동물, 그리고 단순하게 구성된 하등무척추동물 등이 이에 속한다. 이들은 몇 가지 기본 기능을 수행하는 자동제어장치와도 같이 완전히 본능에 따라 반사적 반응을 보이는 단계이다. 둘째는 중간단계로서 절지동

고 있다. 이러한 환경의 변화 가운데는 명암이나 계절의 변화처럼 주기적이고 예상이 가능한 것도 있으나 대부분은 우발적이고 변덕스럽다. 그러므로 생물들은 이러한 변화에 적응하기 위해 환경적 요소들을 매우 세밀하게 추적하지 않으면 안 된다. 물론 이렇게 하더라도 여러 가지 요인들에 의해 일어나는 갖가지 환경적 변화들에 대해 완벽하게 반응할 수 있는 것은 아니다.

6 개체의 반응은 일생 중에 검출 가능한 환경변화에 의해 일어나고 개체군(population)의 반응은 장기적인 변동에 의해 일어난다. 그리고 이러한 계층구조는 반응시간이 길어짐에 따라 상승한다. 하나하나의 반응들은 그보다 빠른 반응의 패턴을 바꿔주려는 경향을 보이는 바, 다시 말해서 완만한 변화들이 더 빠른 반응의 진행 스케줄을 짜주고 있는 것이다. 예를 들면 생활 순환상으로 더 발전된 단계로 이동하게 되면 새로운 행동과 생리학적 반응 프로그램이 나타나며, 어떤 호르몬이 방출되면 이는 일정한 자극원에 대해 학습 혹은 본능적 행동으로 반응할 준비태세에 변화를 가져온다. 이 두 가지 모두 느린 반응은 더 빠른 반응의 잠재적 가능성에 변화를 일으킨다.

물, 두족류, 냉혈척추동물, 조류 등이 이에 속한다. 이들의 행동은 최하위단계의 생물처럼 일부는 정형화되어 있고 완전히 프로그램화되어 있으나 환경의 특이성을 다루는 능력이 있다는 점에서 구별된다. 따라서 종에 따라서 일부 생물들은 어미와 서식장소를 기억하기도 한다. 셋째로 최상위단계의 생물들은 큰 뇌를 가지고 있어서 다양한 내용을 기억할 수 있다. 그리고 이들은 통찰학습(insight learning)도 기억할 수 있으며, 따라서 여러 가지 유형을 일반화할 수 있는 능력을 보이기도 하고 또 이 유형들을 적응상 유용한 방향으로 배열하기도 한다.

사회성 혹은 사회화 과정에 대한 논의는 대체로 이 마지막 단계와 관련이 있다. 그러나 이 단계에서 이루어지는 사회화 과정은 매우 길고 또 복잡하다. 그리고 그 과정의 상세한 내용들은 심지어 개체들 사이에도 차이가 있다. 그러나 이들에게 공통된 것은 세계에 대한 하나의 적응형태로서 사회적 행동을 보이고 있다는 점이다. 이러한 적응형태는 진화적 시간의 흐름에서 본다면 이상과 같은 계층들을 거쳐 학습, 놀이, 그리고 사회화로 진행되어간다. 그렇다면 이들에게 사회화(socialization)가 어째서 생존환경에 대한 대응 시스템으로서 작동할 수 있었을까? 대체로 이러한 사회화를 설명하기 위해 놀이와 학습을 예로 드는 경우가 많다. 놀이와 학습이 동물의 사회화에 중요한 구실을 하는 것은 분명하지만, 그 자체가 사회성 자체의 기원을 설명해주지는 못한다.

일반적으로 사회화란 매우 다의적인 의미를 내포하고 있다. 심리학에서 사회화는 기본적인 사회적 성질의 획득을 의미하고, 인류학에서는 문화의 전달을 뜻하는가 하면, 사회학에서는 사회적인 활동 수행을 위해 훈련되는 것을 말한다. 그리고 사회생물학에서는 사회화를 개체의 발달에 변화를 주는 모든 사회적 경험의 총합에 의한 결과로 본다.

그러므로 개념 규정상으로만 본다면 지금까지 인문사회과학에서 논의된 다의적인 의미들이 모두 생물학으로 포섭된 듯이 보인다. 그러나 문제의 소지는 여전히 남아 있다. 우선 인문사회과학자와 생물학자들이 공통으로 당면하는 난제는 생물이 성숙과정에서 학습과는 독립적으로 서서히 일어나는 신경근육의 발달에 따라 출현하는 행동요소 및 이들의 조합과 학습에 의해 형성되는 요소들을 어떻게 구분할 수 있는가, 그리고 둘째는 어떻게 해서 사회적 행동이 발달하게 되었는가 하는 점이다.

일찍이 다윈주의(Darwinism)와 사회과학의 관계에 관심을 가지고 이상과 같은 문제의식을 연구주제로 삼은 사람이 있었는데, 그가 바로 피터 크로포트킨(Peter Kropotkin)이었다. 그는 이렇게 말한다.

> 다윈과 월리스(Alfred Russel Wallace)가 과학으로서 확립한 진화의 한 요인으로서 생존경쟁(competition)이란 개념에 의하여 우리들은 매우 광대한 일련의 현상을 하나로 개괄할 수 있게 되었다. 그것은 단번에 우리들의 철학과 생물학과 사회학 고찰의 근거가 되었다 (Kropotkin, 1919, 11).

종래에는 환경에 대한 생물의 기능과 구조적 적응, 생리학적 및 해부학적 진화, 지적 진보, 도덕적 발달 등이 여러 가지 다른 근거로(혹은 기원이 다른 것으로) 설명되었으나, 이제 다윈에 의해 그것들이 하나의 일반개념으로 통합되었다. 그러나 크로포트킨은 다음과 같이 경고한다. 즉 이 개념을 좁은 의미로, 다시 말해서 단지 생존수단을 둘러싼 개별적인 개체간의 투쟁이라는 의미로만 사용한다면 다윈이 확립한 이 용어의 철학적인 참된 의미는 간과되고 말 것이다. 다윈 자신도 이미 이 점을 시사하고 있다. 다윈은 이렇게 말한다.

> 나는 '생존경쟁'이라는 개념을 다른 개체에 대한 한 개체의 의존성을 포함한, 그리고 더 중요하게는 개체가 생명을 유지하는 것뿐만 아니라 계속해서 자손을 남기는 일까지도 포함한 폭 넓고도 은유적인 의미로 사용하고 있다(Leakey, 100).

먹이를 얻기 위해 목숨을 걸고 싸우는 것만이 생존경쟁은 아니다. 그렇다면 경쟁적인 투쟁 이외 어떤 의미가 저 개념에 담겨 있단 말인가? 자연 상태에 대한 루소의 낙관주의와 헉슬리의 비관주의를 동시에 비판하면서 크로포트킨은 이렇게 말한다.

> 실험실이나 박물관이 아닌 깊은 숲속이나 대초원에서, 스텝이나 산야에서 동물을 살펴보면 당장 다음과 같은 사실을 알게 된다. 여러 종들 간에, 특히 여러 강의 동물들 간에 무수한 싸움과 살육이 있으나 동시에 그와 같은 정도이거나 그 이상으로 상호지지나 상호부조나 상호방어가 같은 종에 속한 동물, 적어도 같은 무리에 속한 동물들 사이에서 이루어지고 있다(Kropotkin, 1919, 14).

지금까지 동물학이나 인문사회과학들은 생존경쟁이라는 법칙을 강조해왔지만 그들은 상호부조의 법칙이라고 불러도 좋을, 이른바 또 다른 하나의 법칙이 존재한다는 사실을 잊어버리고 있었다.

동물의 사회를 보면 경쟁보다 상호부조가 훨씬 더 본질적이다(Kropotkin, 1919, 15). 독수리 매과에 속한 놈들은 대부분 아주 약탈을 잘 할 수 있는 몸매를 가지고 있음에도 불구하고 날로 그 수가 줄어들고 있는 반면에, 상호부조를 실행하는 독수리는 날로 번성할 뿐만 아니라, 사교적인 성격을 지닌 오리는 그 몸의 생김새가 매우 빈약하지만 지구 도처에 퍼져 있다.

물론 동물들의 집합체(aggregation)가 모두 사회적인 것은 아니다. 틴버겐(N. Tinbergen)의 말대로, 여름밤에 불을 켜놓은 램프 주위에 수많은 곤충들이 모여들지만 그들이 모두 사회적인 것은 아니다. 동물들의 사회성은 상호간의 반응을 바탕으로 형성되며, 그것이 서로에게 끼치는 영향은 단순한 친화(親和)가 아니다. 동물들이 사회를 이루는 것은 더 밀접한 협동을 하거나 무엇인가를 함께 하기 위한 전조이다. 그러므로 사회행동의 연구를 단순하게 말하면 '개체들 간의 협동(co-operation)에 관한 연구'(Tinbergen, 1994, 10)라고 할 수 있다.

예컨대 참새는 먹이를 발견하면 자기가 속한 무리의 모든 동료에게 꼭 나누어준다. 참새뿐만이 아니다. "공동의 수렵이나 식사는 조류의 세계에서는 일반적인 습관이다."(Kropotkin, 1919, 27) 이들이 이렇듯 서로 돕고 사는 까닭이 무엇인가? 한마디로 동물들은 이를 통해 생존을 위한 엄청난 힘을 얻고 있다. 염소나 사슴도 낚아챌 정도의 날카로운 발톱과 억센 다리를 가진 독수리조차도 그에 비해 무력하기 짝이 없는 솔개 떼 앞에서는 먹이를 포기하지 않을 수 없다. 솔개의 무리들은 독수리가 좋은 노획물을 가지고 있으면 반드시 추적하여 탈취한다. 하지만 그렇게 해서 빼앗은 먹이를 둘러싸고 저희들끼리 싸우는 법은 없다. 신장이 8인치도 채 못 되는 유럽 할미새(Motacilla alba)의 상호부조는 솔개 떼보다 더 감동적이다. 말똥가리나 사냥매의 덩치나 힘은 할미새와 비교가 안 될 정도로 큰 차이가 있다. 그렇지만 할미새들은 무리를 지어 이들의 공격을 막아낼 뿐만 아니라 때론 이들 맹금류를 오히려 공격하기도 한다.[7] 협동과 "상호부조는 상호투쟁과 마찬가지

로 자연의 법칙이다."(Kropotkin, 1919, 14, 31)[8]

3. 상호부조와 적자생존

다윈주의와 사회과학의 관계에 대해 관심을 기울인 것이나 혹은 철학과 생물학과 사회학의 공통된 학문적 근거를 탐색한 것을 보면 (Kropotkin, 1919, 11), 크로포트킨은 이미 반세기 이전에 사회생물학의 태동을 예견하고 있었다고 할 수 있을 것이다.[9] 그는 서로 돕고 사는 상호부조의 행위가 자연 전체를 통하여 행해지고 있는 것이 사실로 밝혀진다면 인간을 비롯한 동물의 사회성에 대해 우리가 가지고 있는 수많은 수수께끼가 풀릴 것이라고 보았다. 여기서 말하는 수수께끼란 바로 여러 학문 분과를 통괄할 수 있는 보편적 원리, 즉 생물들의 생존 원리를 설명할 수 있는 '일반법칙'을 뜻한다.

그러나 이러한 주제를 탐구하는 가운데 크로포트킨은 심각한 문제에 당면하게 된다. 비록 당시의 과학이 홉스의 사변보다 다소 우세한 입장에 있었다고는 하나 여전히 홉스 철학을 추종하는 사람들이 많았

---

7 틴버겐도 동물들의 사회적 협동은 아주 다양한 목적에 기여한다는 것을 보여주고 있다. Tinbergen(1994), 특히 제5장을 참조하라.
8 에드워드 윌슨도 적응의 형태로서 사회적 행동의 변화에 대해 여러 가지 사례들을 들면서 상세히 소개하고 있다(Wilson, 2000, 32-62). 그 적응의 범위에 대해 윌슨은 이렇게 말한다. "그것은 새로운 먹이 자원의 활용일 수도 있고, 재래의 먹이에 대한 더욱 철저한 이용일 수도 있으며, 어떤 종에 대해 월등한 경쟁력일 수도 있으며, 또 특수하게 효과적인 포식자에 대한 방어나 새로우면서도 활용이 어려운 어떤 서식처에 대한 침투일 수도 있다. 이런 식으로 취해진 적응은 그 종이 사회생활을 이루는 데 있어 어떤 행동을 선택하며 그리고 이 행동들이 어떻게 상호 작용하는가를 명백하게 보여준다."(Wilson, 2000, 32)
9 크로포트킨이 '상호부조'라는 주제로 집중적인 저술활동을 한 것은 1910년경이다 (Kropotkin, 2003, 662).

기 때문이다. 더욱이 19세기말에는 홉스의 철학에다 '과학적인 분장' (Kropotkin, 1919, 64)[10]을 시켜주는 데 성공한 학파까지 등장했다. 그 학파를 이끄는 대표적인 인물이 헉슬리였다. 헉슬리에 따른다면 자연이란 '이기적인 생명체들이 벌이는 냉혹한 싸움터'이다. 크로포트킨은 이러한 헉슬리의 논지에 대해 다음과 같이 말한다.

> 미개인들은 마음 내키는 대로 서로 싸우고 죽인다는 생각은 '피에 굶주린' 야만인이 존재한다는 생각과 마찬가지로 있을 수 없는 허상이다. 오히려 이와는 정반대이다. 실재하는 미개인은 무엇이 자신의 부족이나 연합에 유익하고 유해한가를 고려할 뿐 아니라, 그 고려의 결과인 광범위한 제도들 아래서 살아간다. 그리고 이 제도들은 운문과 가요, 속담, 격언, 교훈의 형태로 대를 이어 종교적으로 전해진다(Kropotkin, 1919, 102).

여기서 크로포트킨은 한걸음 더 나아가 이 문제를 '원리적인 면에서' 접근하기 위해 다음과 같이 묻는다. 즉 다윈의 진화론이 전개하고 있는 생존경쟁의 이론과 상호부조의 법칙이 어디까지 일치하는가?

> 인간을 비롯한 동물세계에서 경쟁이 상례가 되고 있는 것은 아니다. …… 자연선택(natural selection)은 훨씬 더 좋은 활동분야를 발견하고 있다. 상호부조(mutual aid)와 상호지지(mutual support)에 의한 경쟁의 배제를 통해서 더 나은 상태가 창출된다. 최소한의 에너지 소모로 최대한의 생명의 풍요와 충실을 추구하는 중대한 생존

---

10 여기서 말하는 '과학'이란 진화론을 말한다.

투쟁을 통해서 자연선택이 부단히 추구하는 것은 곧 가능한 한 경쟁을 피하는 것이다(Kropotkin, 1919, 61).

여기서 크로포트킨은 다윈의 『종의 기원』에서 다음의 말을 인용하고 있다(Kropotkin, 1919, 61, 주1).

자연선택이 행해질 경우 가장 흔히 드러나는 양식들 가운데 하나는 어떤 종의 개체의 일부분이 약간 다른 생활양식에 적응해 가는 것이다. 그렇게 함으로써 그들은 자연 가운데서 아직 점유되지 않은 장소를 확보할 수 있다(『종의 기원』, 145). 달리 말해서 경쟁을 피한다는 말이다.

자연 속에는 수많은 종들 간의 싸움이 벌어지며, 또 경우에 따라서는 힘이 강한 자가 약한 자를 죽이기도 한다. 그러나 이미 지적했듯이 이는 결코 필연이 아니다. 육체적으로 더 약한 종이 우세하게 되는 경우도 많다.[11] 하나의 개체가 아니라 하나의 종이 생존경쟁에서 패배하는 것은 다른 종에 의해서가 아니라 다른 종에 비해 환경에 적응하는 능력이 떨어지기 때문이다. 생존을 위한 최악의 상태를 가정할 때 자연 선택은 온갖 결핍을 잘 견뎌나가는 종을 선택한다. 그러므로 경쟁을 피하는 것은 '자연의 경향' 이자 자연의 선택이다.

---

[11] 대표적인 예가 바로 개미이다. "홀로 있는 개미는 마치 절단된 손가락처럼 연약하고 불운하다. 그러나 군체에 결합되면 그는 엄지손가락만큼이나 쓸모가 많다. 개미는 군체의 이익을 위해 헌신하고 군체의 대의를 위해 자신의 생식을 포기하며 군체를 지키기 위해 목숨을 바친다. "개미 사회는 인간 사회보다 조화로우며 공동선과 대의를 지향한다." 그리고 이런 점에서 "개미는 인간보다 우수하다."(Ridley, 2003, 23)

자연선택은 경쟁을 피하는 법을 아는 종을 선택한다. 다시 말해서 경쟁을 피하는 것은 적응의 형태로 변화된 사회적 행동 가운데 대표적인 것이다. 예를 들면, 많은 조류들은 겨울이 오면 남쪽으로 이동하거나 큰 무리를 지어 긴 여행을 한다. 그리고 설치류 가운데 대부분은 경쟁이 시작되는 계절이 다가오면 동면에 들어가거나, 그렇지 않은 설치류는 겨울을 대비하여 먹을 것을 저장한다. 사회성 동물들은 동면하거나 이주하거나 혹은 개미처럼 스스로 먹이를 사육함으로써 경쟁을 피하는 것이다(Kropotkin, 1919, 61-62). 역설적으로 말한다면 경쟁을 피하는 것이 최선의 경쟁이다. 다윈도 비록 상호부조가 어떻게 사회 속에 뿌리내리게 되었는지는 설명하지 못했지만, 사회성이 높은 종이나 집단이 그렇지 못한 종이나 집단과 벌이는 경쟁에서 적자로서 생존한다고 말했다(Ridley, 2003, 15).

이렇게 본다면 크로포트킨이 말하는 '상호부조의 법칙'과 다윈의 진화론의 핵심 개념인 '자연선택'은 별개의 것이 아니라 정확히 일치하는 것으로 볼 수 있다. 진화를 일으키는 메커니즘인 자연선택에서 진화가 일어나는 핵심적인 조건이 무엇인가? 주어진 환경에 잘 적응하도록 도와주는 형질을 지닌 개체들이 더 많이 살아남아 더 많은 자손을 남긴다는 것이다.[12] 크로포트킨은 이렇게 말한다.

동물세계를 보면 거의 대부분의 종이 무리를 지어 생활하고 있으

---

[12] 다윈과 월리스는 1858년 영국 린니언 학회(Linnean Society)에서 진화는 자연선택의 결과로 발생한다고 발표했다. 다윈과 월리스는 자연선택이 일어나기 위한 네 가지 조건을 들고 있다. 1) 자연계의 모든 개체군에는 각 개체들간에 변이가 존재한다. 2) 어떤 변이는 유전한다. 3) 생물은 환경이 뒷받침할 수 있는 이상으로 많은 자손을 남긴다. 4) 주어진 환경에 잘 적응하도록 도와주는 형질을 지닌 개체들이 좀 더 많이 살아남아 더 많은 자손을 남긴다는 것이다.(최재천, 앞의 글, 25-26쪽 참조)

며, 생존투쟁의 최상의 무기는 그 집단이다. 물론 여기서 말하는 생존투쟁은 다윈이 말하는 광의의 의미이며, 또한 종의 생존에 부적당한 온갖 자연적 조건에 대해 맞서는 투쟁을 의미한다(Kropotkin, 1919, 218).

집단이 '생존투쟁의 최상의 무기'라는 것은 무엇을 의미하는 것일까? 서로 돕고 함께 모여 사는 동물이 살아남는다는 말이다.[13] 그러므로 상호부조는 결국 '적자생존(survival of the fittest)'의 법칙이기도 하다. 상호부조가 생존투쟁의 최상의 무기라면 상호부조를 행하는 생물들이 다른 생물들에 비해 좀 더 많이 살아남아 더 많은 자손을 남기는 길이 될 것이고, 따라서 상호부조는 생존하기 위한 최적(the fittest)의 상태라고 해야 할 것이기 때문이다. 또한 이는 주어진 환경에 대한 최상의 '대응 시스템'이며 자연선택을 위한 가장 중요한 진화적 요인이다.

생존경쟁의 과정에서 몇 세대 동안 유용한 변이가 일어난다면, 사소한 것일지라도 다른 개체보다 유리한 점을 지닌 개체들이 생존과 번식에서 성공할 가능성이 가장 크리라는 것은 의심할 여지가 없다. 반면에 조금이라도 해로운 변이는 엄격하게 말살될 것이다. 개체간의 차이와 변이가 유익할 때는 보존되고 해로울 때는 말살되는 것, 이것을 '자연선택' 혹은 '최적자 생존'이라고 말한다(Leakey, 113).

---

[13] "동물은 경쟁하기 위해 협동한다"는 매트 리들리의 명제도 함께 음미해보는 것이 좋을 것이다(Ridley, 2003, 211).

자연선택은 "나쁜 것은 버리고 좋은 것은 모두 보존하고 보충한다." (Leakey, 116). 자연선택은 언제 어디서나 기회만 있으면 각 생물이 생활조건에 대해 잘 개선되도록 조용히 그리고 눈에 띄지 않게 일하고 있다. 그리고 자연 상태에서 자연선택은 어떤 시기든 그 시기에 유익한 변이를 누적시킴으로써 생물들을 변화시켜 나간다. 한마디로 "자연선택은 생물의 이익을 위해서만 작용한다." (Leakey, 117) 최적자의 생존이 곧 자연선택이다. 우리가 크로포트킨이 말하는 상호부조가 곧 적자생존의 법칙이자 자연선택의 원리와 일치한다고 한 이유가 바로 여기에 있다.

물론 다윈은 '적자생존' 이라는 표현을 한 번도 사용한 적이 없다고 한다. 이는 스펜서(Herbert Spencer)가 다윈의 자연선택 메커니즘을 설명하기 위해 만들어낸 말이다(최재천, 2002, 32). 주어진 환경 속에서 제한된 자원을 놓고 경쟁하고 있는 다른 개체들보다 나은 적응능력을 보이면 그것이 자연으로부터 선택된다는 점에서 '적자생존' 이라는 자연선택의 메커니즘을 설명하는 아주 적절한 용어라고 할 수 있다. 일부에서는 이런 표현에 이의를 제기하는 사람도 있다. 자연선택에 의한 진화란 상대적인 개념이므로 최상급인 'the fittest' 보다는 비교급 'the fitter' 로 쓰는 것이 옳다는 것이다. 그러나 상대적으로 더 적자인 개체가 살아남는다는 것은 주어진 상황에서 최선을 다하는 쪽이 자연선택된다는 것이므로 최상급을 쓰는 것이 오히려 나을 듯하다.[14]

상호부조는 '자연의 법칙이자 진화의 중요한 요인' (Kropotkin, 1919, 6, 14)이며, '적자생존의 법칙' 이다. 상호부조는 생존을 위한 최

---

14 다윈의 『종의 기원』을 새로 고쳐 쓴 리처드 리키도 최상급의 '최적자', 혹은 '최적자 생존' 이라는 표현을 사용하고 있다.

적의 조건이며, 사회성이 형성되는 근본적인 계기이다.

4. 인간의 사회성

4.1. 진화론에서 인간학으로

크로포트킨은 그의 『자서전』 말미에서 이렇게 말한다.

> 나의 관심을 집중시킨 커다란 문제가 또 하나 있었다. 다윈의 법칙이라고 알려진 '적자생존'이라는 결론은 사실상 그 후계자들이 개발한 것이다. 후계자들 가운데는 헉슬리 같은 지적인 인물도 있었다. …… 이 법칙에 따르면 문명사회에서 일어나는 파렴치한 일들, 백인과 소위 열등인종의 관계, 강자와 약자의 관계에서 구실을 찾지 못할 것이 없다(Kropotkin, 2003, 590).

그는 적자생존의 법칙 그 자체와 그 법칙을 인간에게 적용하는 것을 근본적으로 수정할 필요가 있다고 생각했다. 그에 따르면, 적자생존의 법칙을 단순히 강자와 약자의 관계로 해석한다면 이는 다윈의 사상을 엄청나게 왜곡하는 것이다. 진화란 '약자로부터 강자를 골라내는 것'[15]이 아니다. '상호부조'는 '상호투쟁' 못지않은 자연의 법칙일 뿐만 아니라, 종의 진화를 위해서는 오히려 전자가 후자보다 훨씬 중요하다. 그래서 그는 『상호부조: 진화의 한 요인』에서 다음과 같이 말한다.

---

15 이것은 헉슬리의 입장이다(Ridley, 2003, 349).

동물에게서 …… 볼 수 있는 상호부조의 중요성을 논한 다음 인간의 진화에 있어서도 이는 매우 중요하다는 점을 논해야 한다. 동물들 사이에 상호부조가 중요하다는 사실을 인정하면서도 …… 인간에 대해서는 인정하려 하지 않는 진화론자가 상당히 많기 때문에 이러한 일은 더더욱 필요하다(Kropotkin, 1919, 7).

크로포트킨의 이러한 문제의식은 다윈의 진화론에 대한 새로운 해석의 계기가 되었을 뿐 아니라, '인간의 진화에 관한 새로운 이론을 점화시키는' 계기가 되었다. 그래서 매트 리들리는 크로포트킨의 대표적 저술이라고 할 수 있는 『상호부조: 진화의 한 요인』을 '예언자적 저작'이라고 했다(Ridley, 13). 그가 예언한 것이 무엇인가? 그는 이 책 서문에서 인간의 역사에서 상호부조가 사회제도의 발전에 중요한 영향을 미친다는 사실을 제대로 인식하지 못하는 당시의 시대적 상황을 지적하면서, 이것이 책을 집필하는 직접적인 동기가 되고 있음을 밝히고 있다(Kropotkin, 1919, vi). 따라서 그가 예견한 것은 언젠가 이를 인정하는 날이 올 것이라는 것이었다. 더 나아가 그는 이렇게 말한다. 인류의 먼 초기에 이미 상호부조가 등장했고, 그것이 나중에 문명사회의 가장 발전적인 제도의 근원이 되었듯이, 앞으로도 그것은 새로운 제도를 이끌어낼 것이다(Kropotkin, 1919, vii). 후자는 몰라도 최소한 전자의 사실에서만 본다면 그의 예견은 적중했다. 오늘날 사회생물학이 큰 관심을 불러일으키고 있다는 사실만으로도 이를 입증해주고 있는 것이다. 윌슨은 그의 『사회생물학』에서 이렇게 말한다.

사회생물학은 모든 사회 행동의 생물학적 기초에 관해서 체계적으로 연구하는 학문이라고 정의할 수 있다. 현재의 사회생물학은 동물의 사회, 그들의 개체군 구조, 카스트, 의사소통과 그리고 이와 같은 사회적 적응들의 바탕을 이루는 모든 생리학적 현상에 초점을 맞추고 있다. 그러나 이 분야는 초기 인간의 사회 행동과 더 원형적인 인간사회의 조직적인 적응 양상에 대해서도 다룬다(Wilson, 2000, 4).

이제 우리는 크로포트킨의 예언자적 관심과 사회생물학을 동일선상에 놓고 '인간의 사회성'이라는 주제를 탐구할 수 있다. 그리고 이를 달리 말한다면 진화론에서 인간학으로 나아가는 길이라고 할 수 있다. 크로포트킨과 윌슨은 둘 다 사회 혹은 사회성이 어떻게 형성되었는가 하는 오랜 의문에 대한 해답을 진화론 속에서 찾을 수 있다는 학문적 신념을 가지고 있었다. 그리고 두 사람 모두 이러한 신념을 인간에게까지 확장했다. 다시 말해서 진화론을 인간 존재의 모든 측면에 적용하겠다는 것이었다(Kropotkin, 1919, 3, Wilson, 2000, 547, Wilson, 1978, x). '동물들 간의 상호부조'를 상세하게 서술한 다음 인간의 상호부조를 다루기에 앞서 크로포트킨은 이렇게 말한다.

> 상호부조와 상호지지가 동물들의 진화에서 연출한 엄청난 역할에 대해서는 앞의 장에서 개략적으로 분석해 보았다. 이제 우리는 동일한 작용이 인류의 진화에서 어떤 역할을 연출하는지를 살펴보고자 한다(Kropotkin, 1919, 63).

그리고 윌슨은 이렇게 말한다.

> 나는 사회성 곤충들의 견고한 체계를 제대로 설명해온 집단생물

학과 비교동물학의 원리들이 척추동물에게도 그대로 적용될 수 있다고 주장해 왔다. …… 그리고 나는 현재 동물들에게 합리적으로 적용되고 있는 보편적 원리들을 사회과학에까지 확장시킬 수 있다고 주장했다(Wison, 1978, ix).[16]

물론 확장[17]의 방법론에 있어서는 양자간에 다소 차이가 있다. 크로포트킨은 주로 실증적 사례연구에 치중한 반면에 윌슨은 사회생물학을 진화생물학의 한 분과로서 원리적인 면에서 '현대적 종합(Modern Synthesis)'을 시도한다. 여기서 현대적 종합이란 "모든 현상의 적응적 의의가 평가되고 그 다음 이것을 다시 집단유전학의 기초원리와 관련짓는 것을 말한다."(Wilson, 2000, 5) 한마디로 방법론에 있어서 양자의 차이는 학문적 발전의 시대적 상황의 차이라고 할 수 있다. 진화생물학이나 특히 집단생물학이 발달하지 못한 상황에서 크로포트킨은 주로 사례연구에 몰두할 수밖에 없었지만, 윌슨의 경우는 사회과학의 생물학화를 시도할 만큼 그 토대가 어느 정도 확립된 상태이다. 따라서 윌슨의 사회생물학은 "동물행동학, 생태학, 유전학 등을

---

[16] 또한 윌슨은 『사회생물학』에서 이렇게 말한다. "우리가 이 지구상에 존재하는 사회성 종의 목록을 작성한다고 할 때 마치 다른 혹성으로부터 온 동물학자처럼 박물학적 관점에서 인간을 보기로 하자. 가시적 관점에서 인문과학과 사회과학은 각각 생물학의 한 분야로 볼 수 있고, 역사와 전기 그리고 픽션은 인간사회학에 관한 조사서가 되며, 또 인류학과 사회학은 단 한 종의 영장류에 관한 사회학이 된다."(Wilson, 2000, 547)
[17] 물론 이러한 '확장'을 두고 여러 가지 비판이 있어왔다. 그리고 그것은 크게 두 가지로 나눌 수 있다. 하나는 크로포트킨의 입장이나 윌슨의 사회생물학 자체에 대해 근본적으로 부정하거나 비판하는 쪽이고 다른 한 쪽은 동물행동학이나 진화생물학 내부의 비판이다. 전자는 여기서 논할 성격의 문제가 아니므로 잠시 보류해 둔다면, 후자의 비판의 핵심적인 내용은 생물이나 동물에 대한 탐구의 내용을 그대로 인간에게 적용해서는 안 된다는 것이었다. 그런데 이렇게 비판하는 사람들도 다윈의 자연선택의 원리가 모든 생물에게 적용된다는 사실은 부정하지 않는다. 그렇다면 진화론이나 보편적인 생물학의 원리를 인간에게 적용하지 못할 이유가 무엇인가?

총괄하는 종합적인 학문으로서, 사회 전체의 생물학적 특성에 관한 일반 원리를 도출하고자 한다."(Wilson, 1978, 16) 사회생물학의 새로운 점은 기존의 행동학이나 심리학에서 사회조직에 관한 주요 사실들을 추출해내고, 이들을 개체군 수준에서 탐구되어온 생태학 및 유전학의 토대 위에 재구성하여 사회집단이 진화를 통해 환경에 어떻게 적응해 왔는지를 보여주고자 한다. 그런데 사회생물학의 주요 토대라고 할 수 있는 생태학과 유전학이 정교해진 것은 최근이므로 사회적 행동에 대한 분석에서도 크로포트킨은 윌슨과 달리 종의 유전적 구성에 의해 부과되는 행동의 구속에 대한 정보에 대해 취약할 수밖에 없었다. 그러나 이런 차이로 말미암아 진화론에서 인간학으로 나아간 양자 간의 학문적 연관성이 간과되거나 과소평가되어서는 안 될 것이다.

4.2. 인간의 본성

크로포트킨과 윌슨은 둘 다 사회적 행동의 참된 기초에 관한 탐구의 근본 계기를 윤리 문제에서 끌어내고 있다. 윌슨은 그의 『사회생물학』을 이타성의 근거에 대한 물음으로 출발하고 있으며, 크로포트킨도 상호부조 원리의 중요한 면모가 드러나는 곳은 윤리의 영역임을 강조하고 있다(Wilson, 2000, 3, Kropotkin, 1919, 222). 윤리나 도덕의 영역과 연관하여 인간의 사회성에 대해 우리가 던질 수 있는 최상의 질문은 필시 다음일 것이다. 즉 인간은 본성적으로 사회적 동물인가 반사회적 동물인가? 지금까지 살펴본 상호부조와 적자생존, 그리고 이타성과 결부시켜 이 물음의 해답을 찾아보자.

…… 모든 인간에게는 이기주의를 거부하는 터부가 있다. ……
살인이나 도둑질, 강간, 사기 등이 죄악으로 간주되는 이유는 가해

자에게는 이익을, 피해자에게는 해악을 끼치는 이기적인 행동이기 때문이다.…… 우리가 미덕이라고 여기는 것들은 거의 예외 없이 이타적 동기를 전제로 하며, 그렇지 않은 경우에는 그것이 미덕인지 아닌지 판별하기가 모호해진다. 협동, 이타적 행위, 자기희생 …… 등은 모두가 인정하는 명백한 미덕이며 이들은 다른 사람들의 행복과 관계가 있다. …… 이는 모든 인종이 공유하는 심리적 경향이다 (Ridley, 58-59).

리들리의 말대로 우리 모두의 내면에 이런 심리적 경향이 존재한다면, 도대체 그것은 어디서 온 것일까? 인간의 내면에 저런 심성이 있다고 해서 인간을 도덕적인 존재로 규정할 수도 없거니와 또한 인간은 본성적으로 이타적 성격을 띤다고 주장할 수도 없다. 또 동물의 세계에서 도덕적인 사례들이 발견된다고 해서 인간의 본성이 도덕적이라는 사실이 입증될 수도 없다. 인간의 도덕성이나 이타적 본성을 입증하기 위해서는 무엇보다도 먼저 저러한 심리적 경향의 기원이 밝혀져야 한다. 윌슨은 이와 연관해서 이렇게 말한다.

생리학과 진화의 역사 문제에 관심을 가진 생물학자라면 자의식이 뇌의 시상하부(hypothalamus)와 변연계(limbic system)에 자리 잡은 감정중추에 의해 제어되고 형성된다는 사실을 잘 알고 있다. 이 중추들은 우리의 의식을 증오, 사랑, 죄의식, 공포 등 갖가지 감정으로 채우고 있어서, 선악의 기준을 직관하고자 하는 윤리학자들은 이 감정들을 예의 주시하고 있다. 그렇다면 우리는 무엇이 이 시상하부와 변연계를 만들어냈느냐고 묻지 않을 수 없다. 그것들은 자연선택을 통해 진화되었다(Wilson, 2000, 3).

도덕성의 기원에 관한 윌슨의 태도는 명백하다. 한마디로 그것은 생물학적 진화의 기반 위에서 형성된 것이다. 인간의 도덕성은 본질적으로 혹은 선험적으로(a priori) 이성 속에 주어져 있는 것이 아니라 진화 과정을 통해 발전된 진화적 산물이다.[18] 그래서 윌슨은 이타성이 자연선택에 의해 어떻게 진화할 수 있는가 하는 것이 사회생물학의 중심적인 이론 문제가 된다고 했다. 이에 대한 대답은 이렇다.

이타성을 유도하는 유전자를 같은 혈통의 두 개체가 공유하고 또 그 가운데 한 개체의 이타적 행동이 이러한 유전자들의 그 다음 세대에 대한 공동의 공헌을 증대시킨다면 이타성의 경향은 그 유전자 풀(gene pool)에 널리 확산될 것이다(Wilson, 2000, 3-4).

이렇게 본다면 인간의 도덕성이나 사회성은 신화론 내지 자연선택의 원리를 떠나서는 결코 설명될 수가 없다. 트리버스는 이러한 자연선택의 이론을 '상호 이타성(reciprocal altruism)'이라는 복잡한 관계에까지 적용시키고 있다(Trivers, 35-57, Wilson, 2000, 120). 가령 한 사람이 물에 빠졌을 때 이를 본 사람이 물에 빠진 사람과 아무 관계도 없고 또 전에 본 적도 없으면서 물에 뛰어들어 그를 구하려고 한다면 이는 순수한 이타성의 전형적인 행동이라고 할 수 있다. "인간의 행동에는 유전적 이론과 모순이 없는 상호 이타성이 많이 보인다." (Wilson, 2000, 120)

---

18 칸트에 따른다면, 도덕은 선험적으로 이성 속에 그 원천을 두고 있으며, 그 원천의 이러한 순수성 때문에 도덕은 숭고하다고 말했다. 그러나 사회생물학의 입장에서 보면 도덕 역시 생물학의 대상이다. 도덕적 행동의 진화적 근원을 재구성하려는 진화윤리학에 관해서는 다음의 문헌들을 참고하라. Mohr(1987), Ruse(1986), Tennant(1983), Wuketits(1999).

이제 우리는 자연선택에 의해 진화된 이타적 행동과 크로포트킨의 상호부조를 동일한 생물학적 원리 위에서 고찰할 수 있다. 양자는 사회성 형성의 근본 계기라는 점에서 동일한 것이다. 특히 사람과 같은 고도의 사회성 종의 시상하부 대뇌 변연 복합체는 모름지기 그에게 잠재해 있는 유전자들이 개체의 생존, 번식 그리고 이타성을 능률적으로 발현시키는 행동반응들로 편성될 때에만 최대로 번식할 수 있다는 것을 알거나 아니면 더 정확히 말해서 마치 아는 것처럼 행동하도록 프로그램되어 있다고 보는 윌슨의 입장을 감안한다면, 양자는 같은 맥락에서 이해될 수 있는 것이다. 상호부조는 종의 생존 기회를 증대시킬 뿐만 아니라 지적 발달에도 큰 영향을 미친다(Kropotkin, 1919, 15). 이타성과 상호부조는 도덕의 기반이며 사회적 본능이다. 그리고 이러한 사회적 본능은 인간의 정신적 및 지적 진화와 더불어 진행되어왔다. 그래서 다윈도 『인간의 유래』에서 "사회적 본능의 진화는 결코 이기심의 결과로서 이해되어서는 안 된다"(이한구, 2002, 19)고 강조했다.

이제 우리는 우리의 논지를 다시한번 확인하기 위해 이렇게 물어보자. 즉 자연은 왜 이타성과 상호부조, 즉 사회적 본능을 선택하는가? 이에 대한 대답은 이미 앞서 제시되었다. 사회적 본능은 인간이 살아남기 위한 '적응'의 한 형태이며, 따라서 '생존경쟁'의 한 방편이다. 자연은 '구성원들의 성공적인 번식을 촉진시키는' 쪽으로 선택하기 때문이다. 달리 말한다면 적자생존이 이타성과 호혜주의, 그리고 상호부조를 선택한다. 그리고 이것이 곧 자연선택에 기반을 둔 다윈 진화론의 핵심이다. 다윈은 개인적 가치보다 사회적 가치를 우위에 두었다. 상호부조와 이타성은 인간의 본성이자 '진화된 본성'이며, 따라서 인간은 본성적으로 사회적인 존재일 수밖에 없다.

5. 맺음말

이 글은 사회생물학을 바탕으로 인간의 사회성을 출현시키는 가장 근원적인 이유는 무엇일까라는 물음의 해답을 찾고자 한 것이다. 다시 말해서 사회성의 출현을 생물학적 기호를 통해, 더 나아가 그런 기호로 표현되는 명제를 통해 '원리적으로' 밝혀보고자 한 것이다. 본문에서 밝혀진 내용을 간단하게 정리하면 다음과 같다.

1) 생물은 그가 적응해야 할 환경에 대해 '다단계 대응 시스템'으로 해결하고 있다. 그리고 생물학적 차원에서 일어나는 이 모든 반응들은 상승하는 하나의 계층구조를 이루고 있으므로 '다단계 대응 시스템'은 결국 '다단계 계층적 대응 시스템'이라고 할 수 있다.
2) 인간을 비롯한 동물의 사회적 행동도 이러한 대응 시스템의 차원에서 이해되어야 한다. 다시 말해서 사회적 행동은 환경에 대한 하나의 적응형태이다. 이러한 적응형태는 진화적 시간의 흐름에서 본다면 여러 가지 계층들을 거쳐 학습, 놀이, 그리고 사회화로 진행되어 간다. 그렇다면 이들에게 사회가 어째서 생존환경에 대한 대응 시스템으로서 작동할 수 있었을까?
3) 먹이를 얻기 위해 목숨을 걸고 싸우는 것만이 생존경쟁은 아니다. 협동과 '상호부조는 상호투쟁과 마찬가지로 자연의 법칙이다.'
4) 다윈이 말하는 생존경쟁의 이론과 상호부조의 법칙은 일치한다. 하나의 종이 생존경쟁에서 패배하는 것은 다른 종에 비해 환경에 적응하는 능력이 떨어지기 때문인데, 자연선택은 경쟁을 피하는 법을 아는 종을 선택한다. 다시 말해서 적응의 형태로 변화

된 사회적 행동 가운데 대표적인 것이 곧 상호부조이다.
5) 상호부조는 적자생존의 법칙이자 자연선택의 원리이다.
6) 이러한 원리와 법칙은 인간의 사회에도 확장될 수 있다. 크로포트킨과 에드워드 윌슨은 이러한 생물학적 원리가 인류의 진화에서 어떤 역할을 연출하는지 상세하게 설명해주고 있다. 특히 윌슨은 현재 동물들에게 합리적으로 적용되고 있는 보편적 원리들을 사회과학에까지 확장시킬 수 있다고 주장한다.
7) 상호부조와 이타성은 인간의 본성이자 '진화된 본성'이며, 따라서 인간은 본성적으로 사회적인 존재일 수밖에 없다.

물론 이런 논지에 대해 이의를 제기하는 사람들도 있을 것이다. 그리고 심지어 극단적인 반론을 펴는 사람들도 있을 수 있다. 그러나 이는 이 글의 목적과는 다소 다른 방향이라고 할 수 있다. 이에 대한 논의는 다음 기회로 미룬다.

참고문헌

Darwin, C.(1859), *On the Origin of Species*, London: Murray.
Edward O. Wilson(1978), *On Human Nature*, Harvard University Press.
Edward O. Wilson(2000), *Sociobiology: the new synthesis*, 25th Anniversary Edition, The Belknap Press of Harvard Universityb Press.
Franz M. Wuketits(1999), *Gene, Kultur und Moral: Soziobiologie-Pro und Contra*(『사회생물학논쟁』, 김영철 옮김, 사이언스북스).
Fritjof Capra(1998), *The Web of Life*(『생명의 그물』, 김용정, 김용강 옮김, 범양사출판부).
Jane Goodall(2001), *In the Shadow of Man*(『인간의 그늘에서』, 최재천 외 옮

김, 사이언스북스).

John Maynard Smih and Eörs Szathmáry(1999), *The Origin of Life*, Oxford University Press.

Kim Sterelny(2001), *Dawkins vs. Gould: Survival of the Fittest*, UK: Cox & Wyman Ltd.,

Kropotkin, P.(1919), *Mutual Aid: A Factor of Evolution*, William heinemann, London.

Kropotkin, P.(2003), *Memoirs of a Revolutionist* (김우곤 옮김, 『크로포트킨 자서전』, 우물이있는집).

Luc Ferry & Jean-Didier Vincent(2002), *Qu' est-ce que l' homme?* (『생물학적 인간, 철학적 인간, 이자경 옮김, 푸른숲).

Matt Ridley(2003), *The Origins of Virtue* (『이타적 유전자』, 신좌섭 옮김, 사이언스북스).

Matt Ridley(1993), *The Red Queen: Sex and the Evolution of Human Nature*, New York: Viking.

Mayr, E.(1997), *This is Biology: The Science of Living World*, The Belknap Press of Harvard Universityb Press.

Mohr, H.(1987), *Natur und Moral, Ethik in der Biologie*, Darmstadt.

Peter Singer(1999), *The Expanding Circle: Ethics and Sociobiology* (김성환 옮김, 『사회생물학과 윤리』, 인간사랑).

Richard Dawkins(1989), *The Selfish Gene*, Oxford University Press.

Richard E. Leakey(1994), *The Illustrated Origin of Species* (『종의 기원』, 박영목 외 옮김, 한길사).

Robert N. Brandon and Richard M. Burian, ed., *Gene, Organisms, Populations*, The MIT Press, 1984.

Ruse, M.(1986), *Taking Darwin Seriously. A Naturalistic Approach to Philosophy*, Oxford-New York.

Tennant, N.(1983), "Evolutionary v. Evolved Ethics", in : *Philosophy* 58.

Timothy H. Goldsmith and William F. Zimmerman(2001), *Biology, Evolution, and Human Nature*, John Wiley & Sons, Inc.,

Tinbergen, N.(1994), *Social Behaviour in Animals* (『동물의 사회행동』, 박시룡 옮김, 전파과학사).

박인호 외(1999), 『생물과 사회: 생물학적 인간, 생태학적 인간사회』, 세종출판사.
이한구(2002), "진화론의 관점에서 본 철학", 『진화론과 철학』, 철학연구회 2002년도 추계 연구발표회 논문집, 철학연구회.
최재천(2002), 다윈의 진화론―철학 논의를 위한 기본 개념―, 『진화론과 철학』, 철학연구회 2002년도 추계 연구발표회 논문집, 철학연구회.

4 진화론적 이타주의
—그 비판적 분석

정상모

4장

진화론적 이타주의―그 비판적 분석[1]

정상모

1. 들어가는 말

윌슨(E. Wilson)은 유명한 그의 저서 *Sociobiology: The New Synthesis*(1975)에서 사회생물학을 통해 생물학과 인문사회과학의 새로운 종합의 시대가 올 것임을 예측했다. 사람은 생물의 일원이며 따라서 사람의 행동을 다루는 모든 과학은 당연히 생물학이므로 인간의 행동도 동물과 인간의 사회 행동에 대한 진화생물학적 연구를 통해 당연히 밝혀질 수 있다는 것이다. 그는 사회생물학의 임무가 인간에 관계되는 모든 사회과학을 재편성하여 진화생물학을 '신종합설'로 끌어들이는 데 있으며, 더욱이 과학자와 인문학자 모두 윤리학이 이제 철학자의 수중을 떠나 생물학화될 시점에 있다는 점을 생각해야 한다는

---

[1] 이 글은 『백양인문논총』(신라대학교 인문과학연구소) 제11집(2006)에 발표된 「진화론적 이타주의의 윤리학적 함축」을 수정 보완한 것이다.

대담한 주장을 했다.

이 책에서 윌슨은 동물의 사회성의 원천을 이타주의로 간주하고, 그것을 사회생물학의 핵심 문제로 다루고 있다.[2] 이타주의는 동물계에서 많은 사례를 찾아볼 수 있다. 대부분의 포유동물, 특히 사회성이 강한 동물일수록 이런저런 이타적 행동 양식을 보이며, 인간도 광범위한 협동적 내지 이타적 행동으로 구성되는 사회를 형성하고 있다. 또 개미나 벌과 같은 사회적 곤충에서는 이타적 행동 양식의 극단을 볼 수 있다. 진화생물학에서 이타주의는 **한 개체의 적응도 희생을 통한 다른 개체(들)의 적응도 상승**으로 정의된다. 적응도가 낮아진다는 것은 선택의 기회를 상실할 가능성이 높다는 말이다. 따라서 이타적 개체와 이기적 개체가 공존하는 집단에서는 이타적 개체가 점차 도태될 것이고 결국에는 소멸될 것이다. 그러나 자연계에는 많은 이타적 동물들이 존재한다. 즉 이타주의는 소멸된 것이 아니고 선택되었다. 어떻게 이러한 역설적 현상이 발생할 수 있는가? 과연 이타주의는 존재하는가? 존재한다면 그것은 어떤 의미의 이타주의인가? 그리고 일상적 혹은 윤리적 이타주의의 생물학적 존립 근거가 있는가? 이 논문에서 필자는 이러한 물음들에 답하기 위해 사회생물학에서 진행시켜온 이타주의 개념들을 비판적으로 분석하고 거기서 제기되는 문제점과 윤리학적 함축을 알아보려 한다.

---

2 "······ 생물의 복잡한 사회 행동이 유전자들의 자기복제 기술에 첨가되면 이타성은 더욱 증가되어 결국 극단적인 형태로 발전하게 될 것이다. 이 점이 바로 정의상 개체의 적응도를 감소시킨다고 하는 이타성이 과연 어떻게 자연 선택에 의해 진화할 수 있는가 하는 사회생물학의 중심적 이론 문제가 된다." (Wilson, 1992, 30)

2. 진화론적 이타주의의 역설

이타주의(altruism)라는 말은 '타인'이라는 뜻의 라틴어 'alter'에서 유래하는 용어로 19세기 실증주의의 창시자인 콩트(A. Comte)가 만들었다고 알려져 있다. 그것은 이기주의에 대한 반대어로 널리 쓰이고 있으며, 윤리학에서는 도덕적 행동의 목적을 타인의 선(善)이나 이익에 두는 행위 이론 내지 학설로 사용되고 있다. 윤리 이론으로서 이타주의는 타인을 위한 선(이익)의 추구를 행동의 규칙 및 의무의 기준으로 생각하는 입장으로, 개인의 선 혹은 이익 추구를 의무 및 올바름의 유일한 기준으로 삼는 윤리적 이기주의, 그리고 사회 전체의 공공선 추구를 그것의 기준으로 삼는 공리주의와는 부분적으로는 대립한다고 알려져 있다.

윤리적 내지 일상적 '이타주의'는 소위 '원인론적(etiological)' 개념, 즉 그 정의에 동기(의도적 원인)가 들어 있는 개념이다(Rosenberg, 1992, 20). 도덕이나 윤리에서 다루는 일상적 의미의 이타주의란 동정심에서건, 선의지에서건, 또는 복지 총량의 극대화를 위해서건, 타인의 이익을 우선적으로 고려해서 행동한다는 분명한 심리적 동인(동기, 의도)이 있다. 그에 비해 진화론적 이타주의(evolutionary altruism)는 일상적 이타주의 개념에서 선, 쾌락, 행복 등의 추상적 의미를 갖는 '이익'을 진화론적 의미의 '적응도(fitness)'로 구체화해서 인간 이외의 생물들에게까지 적용될 수 있도록 만든 개념이다. 따라서 진화론적 이타주의는 일반적으로 간단히 한 개체의 적응도 희생을 통한 타 개체(들)의 적응도 증대, 혹은 자신의 적응도는 끌어내리고 다른 개체의 적응도는 끌어올리는 것 등으로 정의된다.[3] 여기서 적응도란 개체의 생존과 재생산 효율을 말하기 때문에 진화론적 이타주의에서는 행위자의 의도나 동기는 중요하지 않다.

적응도를 이익 혹은 선의 종개념의 하나로 본다면 진화론적 이타주의는 일상적 이타주의 종개념으로 볼 수도 있다.[4] 그러나 로젠버그(A. Rosenberg)가 지적하듯이, 꼭 그렇게 볼 수 없는 점도 있다. 일상적 이타주의는 자신의 이익, 즉 개체의 이익에 대한 희생에 관련되는데 비해 진화론적 이타주의는 개체의 이익이라기보다는 통상 그것의 (가깝고 먼) 자손들, 즉 미래의 생존에 관련된다. 진화론적 이타주의의 척도는 진화 적응도, 즉 재생산 비율이고, 자아의 이익과 후손의 이익이 종종 일치하는 경우도 있지만, 항상 그런 것은 아니다(Rosenberg 1992, 20). 소버(E. Sober)는 일상적 이타주의('vernacular altruism'라고 함)가 절대적 개념인 데 비해 진화론적 이타주의는 상대적 개념이라는 점도 지적한다. 전자는 행위자의 '내재적 특성(intrinsic property)'인 반면, 후자는 둘 이상의 개체들 간의 상대적 적응도에 의해 결정되는 외재적 특성(관계)이기 때문이다(Sober, 1998, 460).

정리하면 일상적 이타주의와 진화적 이타주의는 다음과 같이 대비된다:

---

3 세사르딕의 표현을 빌면 두 이타성은 다음과 같이 비교된다.
A는 심리적[일상적] 의미로 이타적으로 행동한다 = A는 자기 자신의 이익을 희생하여 다른 사람들의 이익을 증진시킬 의도로 행해진다.
A는 진화적 의미로 이타적으로 행동한다 = A의 행동 결과는 자기 자신의 적응도 희생을 통한 어떤 다른 개체들의 적응도 증가이다(Sesardic, 1995, 129).
4 이타주의를 타인 우선 배려행위로 간주하자. 로젠버그는 단순히 타인배려행위(other regard behavior)라고 했는데 그것은 협동(cooperation)과 구분되지 않는다. 엄밀히 구분하면, 협동은 자아와 타아 모두에 이익이 되고, 이타는 자아에게 손해 타자에게 이익, 이기는 타자에 손해 자신에게 이익, 원한이나 앙심(spite)은 자타 모두에 손해가 된다(Wilson & Dugatkin, 1992).

⟨표1⟩

	일상적 이타주의	진화론적 이타주의
정의	개체 이익 희생 + 타개체(들) 이익 증가	개체 적응도 희생 + 타개체(들) 적응도 증가
동인	마음(의도, 욕구)	유전자(유전형질)
행동결과	개체의 자기 이익(선) 감소	개체 자기 적응도 감소 = 재생산율 감소 + 자손들의 미래 이익 감소
	타개체에 이익(선) 증가	타개체(들) 적응도 증가 = 타개체(들) 재생산율 증가 + 타개체 자손들 미래 이익 증가
척도	개체의 (절대적인) 심적 욕구 상태	관련 대상들 간 상대적 적응도

* 적응도(fitness): 개체의 생존과 재생산 효율

문제는 과연 사회생물학이 일상적 이타성과 진화론적 이타성 간의 차이를 해소해줄 수 있는가 하는 것이다. 진화론적 이타성 개념을 분석하는 일이 그래서 필요하다. 적응도로 정의된 진화적 이타주의 개념에는 일찍이 다윈이 고심했던 잘 알려진 심각한 역설이 있다. 진화적 이타주의가 한 개체의 적응도 희생을 통한 다른 개체의 적응도 증대이고, 개체가 선택의 단위라면, 이타주의 형질은 자연선택에 있어서 불리한 형질이고 따라서 진화의 과정에서 사라지게 마련이다. 그런데 이타적 개체들이 주류를 이루는 생물들이 적잖이 있다. 즉 이타적 형질은 선택에 의해 진화되었다. 이 문제를 세사르딕(N. Sesardic)의 표현을 따라 '[진화적] 이타주의의 역설' (Sesardic, 1995, 128)이라고 하고, 다음과 같이 정리하자:

이타주의 = 개체 적응도 희생을 통한 타 개체의 적응도 향상 = 개체 도태(적응도 감소=재생산 감소 내지 실패) + 다른 개체 선택 → 이타적 형질의 감소 내지 소멸[5] ↔ 이타적 생물의 존재와 번성

이 역설은 다음과 같이 간단한 의문문으로 표현될 수 있다:

1) 자연은 어떻게 개체 차원에서는 정의상 도태될 수밖에 없는 이타주의를 선택할 수 있는가?

협력성이나 이타성은 인간을 포함한 많은 생물들 특히, 사회적 생물들이 보여주는 활동의 분명한 특징 가운데 하나이기 때문에 생물학에서 이타주의에 관한 논의가 시작된 것은 이미 다윈 때부터이다. 다윈이 생물들에서 널리 볼 수 있는 이타적 성향이 진화론적으로 심각한 문제를 갖는다는 점에 주목하여 그것의 해결에 고심한 이래 다수의 설명 모델이 제시되었다.

3. 역설의 해법들

사향소와 어치 등은 포식자들로부터 자신들을 보호하려고 집합체를 이루며 협동한다. 일부 다람쥐나 여러 조류 등에서 어렵잖게 볼 수

---

[5] 소버는 이것을 삼단논법으로 나타낸다.
  여느 군내에서도 이타주의는 이기주의보다 적응도가 낮다.
  적응도가 더 낮은 형질은 빈도가 감소한다.
  따라서 이타주의는 빈도가 감소한다(Sober, 2000, 96).

있듯이, 위험이 닥칠 때 뚜렷한 경고음을 울리는 예들도 있다. 협동해서 사냥을 하는 육식 동물도 많다. 흡혈박쥐는 피를 구하지 못한 동료에게 피를 나누어주는 극적인 장면을 연출한다. 자신의 새끼 낳기를 포기하고 평생 여왕개미를 섬기는 암개미도 있다. 다윈은 많은 진사회성(eusocial) 곤충 종에서 보편적으로 나타나는 자기희생적 행동이 자연선택에 위험이 될까 우려했다. 그런 만큼 이타성에 관한 물음은 진화생물학의 중심 문제 중의 하나였다. 그런데 진화론적 이타주의는 자연선택의 함수이다. 따라서 이타주의의 역설 문제는 선택 단위 문제와 관련되어 다루어질 수밖에 없다. 생물이 유전자, 염색체, 세포, 기관, 유기체, 지역동종 집단(최소교배군 demes)에 이르기까지의 다층적 구조로 되어 있는 만큼 선택 단위도 다양화될 여지가 있다. 또한 여러 형태의 협동과 이타성이 존재한다는 것이 밝혀짐에 따라 이타성 개념 자체의 의미를 분명히 하는 일도 중요해졌다. 그 결과 이타주의 역설의 해결은 이타성의 의미를 밝히는 것과 선택의 단위를 밝히는 것의 이원적 과정이 밀접히 결부되면서 진행되어야 한다. 이제 문제 '1)'은 간단히 다음 문제로 바뀐다:

2) 어떤 단위에서 어떤 의미의 이타주의가 선택될 수 있는가?

이타성은 선택 단위의 종속변수이기 때문에 단위가 확정되면 이타성의 의미도 밝혀질 수 있다. 따라서 논의는 선택 단위 문제를 논하는 가운데 이타성 개념이 드러나는 식으로 진행된다. 지금까지 제시된 이론은 크게 4가지로 나눌 수 있다. 집단 선택론, 혈연 선택론, 호혜적 이타주의 이론, 다수준 선택론이 그것이다.

3.1. 집단 선택(group selection)론과 이타주의

집단 선택은 "선택이 한 계통 집단에 속하는 단위체로서 둘 또는 그 이상의 구성원에게 작용하는 것"을 말한다.(Wilson, 1992, 718) 잘 알려졌듯이, 다윈은 일찍이 사회적 동물들에서 이타성의 존재를 확신하고 그것의 진화론적 해석을 시도했다. 비록 개체 차원에서는 이타적 행동이 해당 개체 적응도의 지속적 감소를 가져옴에도 불구하고 오랜 자연선택 과정을 통해 이타적 행위들이 진화해왔다는 사실을 그는 다음과 같이 설명했다: 이타적 성원들로 구성된 집단이 이기적 성원들로 구성된 집단보다 자연 선택에 더 유리하여, 집단 전체 차원에서 이타적 형질이 진화한다. 다윈은 사회성 곤충의 예를 들면서 중성(불임) 개체들이 자신들의 생식적 이익을 희생하여 집단 내 가임 성원들의 이익을 도모함으로써 집단 전체의 적응도를 높일 수 있다고 분석했다(Darwin, 1859). 이 경우 개체가 아니라 그것이 속한 군체(colony)[6]를 선택의 단위로 간주한 셈이다. 그는 또한 고등한 사회성 동물인 인간의 경우 구성원들이 상호 협력함으로써 집단 전체의 적응도를 높이는 방식으로 이타적 형질을 진화시킨다고 보았다. 다윈은 협력적인 성원들의 수가 가장 많은 공동체가 가장 번성하고 가장 많은 자손들을 키울 것이라고 주장하고, 그런 공동체에서는 서로 서로를 돕고 지켜주는 행위 방식이 자연 선택을 통해 증가해왔으며, '동정심(feeling of sympathy)'을 그러한 행위 방식의 기제로 보았다(Darwin, 1871, 82-84).

이후 오랫동안 이타주의는 다윈식 집단 선택의 원인으로 널리 간주

---

[6] 군체는 집단의 한 종류로, 구성원들의 선체적(線體的) 유합(類合)이나 구성원들이 특수화한 개충(個蟲) 또는 카스트(caster)로 분할되었거나 이 두 가지 모두를 나타냄으로써 고도로 통합되어 있는 사회를 이루고 있는 집단을 말한다(Wilson, 1992, 718).

되다가 1960년대에 조류학자 윈-에드워드(V. C. Wynne-Edwards, 1962)에 의해 논의가 재개된다. 그는 개체군(population)이 환경의 수용 능력 이하로 그 수를 자가 조절한다는 사실을 발견하고, 그것에 대해 이타주의적 설명을 제시했다. 각 개체들이 자신의 생식을 조절함으로써 집단의 생존을 강화한다고. 이때 개체가 자손의 수를 축소하는 것을 개체의 적응도를 낮추는 것으로 해석했기에 이타적 행위로 간주했다. 이 설명은 그러나 그 전에 랙스(David Lacks, 1954)의 핀치새 부화 연구를 통해 이미 내려진 전혀 다른 해석을 감안할 때 설득력은 크게 떨어지는 것이었다. 핀치새가 양육 능력에 미달하는 적은 수의 새끼를 양육하는 것은 집단의 이익을 위한 이타적 자기 통제가 아니라 새끼의 생존율을 높이기 위한 전략, 즉 개체의 적응도를 최적화하기 위한 이기적 전략의 일종이라는 것이다.

그리하여 집단 선택론은 윌리엄스의(G. C. Williams, 1966) 유명한 비판에 직면한다.[7] 간단히 말해, 사고의 경제 원리(인색의 원리 principle of parsimony)에 따라, 집단 선택에 나타나는 이타심도 집단의 적응 양식으로보다는 개체, 더 정확하게는 개체의 대립유전자('감수 분열시 분리되는 유전자')의 적응 양식으로, 즉 이타심이 아니라 잘

---

[7] 윌리엄스 주장의 주 원리는 높은 단계의 선택 이론보다 낮은 단계의 선택 이론이 선호되어야 한다는 것이다. 즉, 한 형질은 그것을 집단의 적응으로보다는 개체의 적응으로 더 잘 설명될 수 있기 때문에, 집단 선택 가설이 번거롭고 낭비적이라는 것이다. 사향소 수컷이 포식자를 만났을 때 수컷들은 어깨를 맞대고 둥근 원을 만들어 어린것과 암컷을 그 안에 넣고 포식자의 공격에 대처한다. 그렇게 함으로써 수컷들은 자기들과 직접 관련이 없는 암컷과 어린것들을 보호한다. 집단 선택 가설은 이런 경우를 다음과 같이 설명할 것이다: 그처럼 수컷들이 이타적으로 행동하는 집단은 그렇지 않은 집단보다 더 생존율이 높고, 더 많은 군체(colony)를 만들기 때문에 그 행동의 형질은 비록 개체에게는 불리하지만 집단에는 유리하게 작용하여 선택되고 진화했다. 윌리엄스는 그러한 설명보다는 각 개체들이 일종의 통계적 계산에 입각해 자신의 적응에 유리한 방향으로 행동하게끔 진화한다는 원칙만으로도 충분히 그러한 행동을 설명할 수 있다고 본다. 굳이 집단에 호소할 것도 없이.

계산된 이기심으로 충분히 설명될 수 있다는 것이다. 이러한 방법론적 비판에 이어 매이나드 스미스(J. Maynard Smith, 1964)는 이타적 집단에 이기적 개체나 유전자가 어떻게 해서든 발생하게 되면 결국에는 이타적 집단을 멸망시키고 만다는 사실을 보여주었다. 이기적 개체들은 자신의 이익과 이타적 개체들이 제공하는 이익 모두를 챙길 수 있으므로 우수한 적응도를 가지기 때문이다. 즉, 진화적 관심에서 보면 개체는 이타적 집단의 성원이 되는 것이 유리하다. 그렇지만 이타적 집단 내에서는 이기적 개체가 선택상의 이익을 얻는다. 집단 선택은 이른바 '내부로부터의 전복(subversion from inside)' 위험에 노출되어 있다는 말이다(Dawkins, 1976).

여기까지의 결론은 이렇다. 집단 선택은 없으며, 선택은 개체 적응도의 함수일 뿐이다. 따라서 집단 차원에서 이타성으로 보이는 것의 실체는 개체의 적응도 최적화 전략, 즉 이기성에 불과하다. 그렇다면 핀치새가 양육 능력에 미달하는 적은 수의 새끼를 양육하여 새끼의 생존율을 높이는 행위는 단순히 이기적인 행위와 어떻게 구분되는가? 이 물음에 대한 설득력 있는 답이 바로 '혈연 선택론(kin selection theory)'이다.

3.2. 혈연 선택론

혈연 선택이라는 아이디어 자체는 홀대인(J. B. S Haldane, 1932)에서 나왔지만,[8] 그것을 하나의 획기적인 설명 모델로 확립한 이는 해밀

---

[8] "한 개체의 후손과 가까운 혈연들의 생존에 유리한 한 이타적 행동들은 일종의 다원적 적응이다." 그러한 경우 적어도 혈연에 대한 이타적 행동들은 그 행동의 주체에게는 해롭거나 심지어 치명적일 수도 있지만, 자연 선택에 유리하다(Haldane, 1932, 131; Rosenberg, 1992에서 재인용).

턴이다(W. D. Hamilton, 1964). 해밀턴에 따르면, 자연은 최대한의 유전자 복제품을 남기는 전략을 선택하고, 생식이란 유전자들이 자신들의 복제품을 퍼뜨리기 위한 수단이다. 이것은 앞서 윌슨이 그의 사회생물학에서 명시한 입장이고[9], 후에 도킨스(L. Dawkins)가 『이기적 유전자』(*The Selfish Gene*, 1976)에서 유행시켰던 생각이다. 유전자 복제품의 총량을 나타내기 위해 해밀턴은 '포괄 적응도(inclusive fitness)' 개념을 도입한다. 포괄 적응도는 개체의 적응도에다 그것과 유사한 유전자를 갖고 있는 혈연들 각각의 적응도를 합한 것이다. 이 개념에 입각하면 한 개체에 있어서 최선의 진화적 생존 전략은 포괄 적응도를 높이는 방향으로 행동하는 것이다. 따라서 해밀턴에게 이타주의란 개체가 자신의 적응도를 낮춤으로써 혈연의 적응도를 그 이상으로 높일 수 있어서 포괄 적응도가 높아지는 경우에 성립한다. 예를 들면, 그렇지 않으면 생존하기 힘든 둘 이상의 형의 자녀(아우의 유전자와 1/4만 동일)를 한 아이만을 키울 수밖에 없었을 아우가 보살핀다면, 자신의 자식을 남기지 않는다고 하더라도 남긴 것(자신의 유전자의 1/2를 남김) 이상으로 자신의 (이타적) 형질을 남길 수 있다. 이런 식으로 만약

---

[9] 윌슨은 다음과 같이 말한다:

다윈주의의 입장에서 볼 때 생물은 결코 다른 생물을 재생산하는 것이 아니고 단지 유전자를 재생산하는 것이며, 따라서 생물은 유전자의 임시 운반자 역할을 하고 있다. 유성생식으로 만들어진 생물은 각기 특유의 존재로서 그 종을 구성하는 모든 유전자를 기초로 하여 우연하게 구성된 유전자 조합이라 할 수 있다.

자연 선택은 세대가 바뀜에 따라 어떤 유전자들이 염색체 상에 같은 위치에 놓인 다른 유전자보다 우세하게 표현되는 과정을 말한다. 각 세대에서 새로운 성세포들이 만들어지면 이렇게 우세한 유전자들이 일단 분리되었다가 재조합되어 같은 유전자를 평균적으로 높은 비율로 포함하는 새로운 생물을 만들어내게 된다. 그러나 개개의 생물은 생화학적 교란을 최소화시킨 상태에서 유전자를 보존하고 확산시키는 정교한 장치의 일부로서 이 유전자의 운반 차량일 뿐이다. 바로 닭은 한 개의 알이 또 다른 알을 만들기 위한 수단이라고 말한 버틀러(Samuel Butler)의 유명한 경구가 현대화된 셈이니, 바로 생물은 DNA를 만들기 위한 수단에 불과한 것이다(Wilson, 1992, 20).

자연이 포괄적 적응도를 위한 선택을 함으로써 혈연 선택에 관여한다면 이타주의는 혈연 집단의 일부인 개체의 적응 전략으로 대두할 수 있는 것이다. 개체가 자신의 직계 자손들을 헌신적으로 돌보는 것은 물론, 혈연관계에 있는 개체들을 각자의 혈연도(혹은 근연계수[10])에 비례해서 헌신적으로 돌보는 것은 개체로서도 최선의 적응 전략이 될 수 있는 것이다(Wilson, 1975b, 147-153 참조).

혈연 선택론은 혈연관계에 있는 다른 개체에 대한 동물의 이타성을 잘 설명해준다. 물론 문제가 없지는 않다. 두어 가지 문제가 있다. 첫째, 이타주의자들이 충분히 가까운 혈연을 어떻게 식별하는가? 또한 불확실한 경우 어떻게 행동해야 하는가? 하는 등의 물음에 사실상 뾰족한 해답이 없다는 점이다. 특히 수컷의 경우 자신의 혈연임을 확인하기가 한층 더 쉽지 않다. 둘째, 인간의 경우, 현대 사회는 혈연 중심 사회의 시기를 한참 지나 비혈연 중심의 대중 사회이고, 인간 사회가 진화할수록 비혈연적 협력 관계가 강화되어왔다. 이런 현상을 포괄 적응도 개념만으로는 설명할 수 없다. 결론적으로, 사회적 곤충과 고등 동물에 혈연선택이, 그리고 혈연 이타주의가 중요한 진화의 방식 가운데 하나임에는 틀림없지만 혈연관계를 넘어서는 협동성 내지 이타성을 설명하지는 못한다(Rosenberg, 1992). 비혈연관계 간의 이타주의를 설명하기 위해 제시된 이론이 '호혜적 이타주의(reciprocal altruism)' 이론이다.

---

10 근연계수란 두 동물이 혈통 상으로 함께 갖는 유전자 몫을 말함. 예컨대 근친교배가 없는 상황에서 형제 관계에 있는 두 동물의 근연계수는 공통 조상에서 물려받은 같은 유전자의 1/2이다. 해밀턴 주장의 핵심은 유전에 기초를 둔 이타성이나 이기성은 그것에 필적할 만한 혈연 네트워크 내의 개체들의 포괄 적응도보다 클 때 진화한다는 것이다(Wilson, 1992, 150).

3.3. 호혜적 이타주의 이론

트리버스(Robert Trivers, 1971)가 제시한 호혜적 이타주의 이론은 이른바 '죄수의 딜레마'에 나타난 상황을 통해 잘 기술될 수 있다. 죄수의 딜레마와 같은 상황에서 개체의 적응도 극대화의 전략은 타자로부터 제공되는 이익도 받고 자신의 이익도 그들에게 주지 않고 자신이 챙기는 것이다. 한쪽이 고백할 경우, 상대가 고백하지 않으면 자신은 1년 형 상대는 10년 형을, 상대도 고백하면 둘 모두 5년 형을 산다고 하자. 또 만약 자신이 고백하지 않을 경우 상대가 고백하면 자신은 10년 형을, 상대는 1년 형을, 상대도 고백하지 않으면 두 사람 모두 2년 형을 산다고 하자. 전자의 평균 기대 형기는 3년이고 후자의 그것은 6년이기 때문에 두 사람 모두 효용 극대화를 도모하는 합리적 주체로서 동일한 계산을 한다고 보면, 상대의 행동에 부관하게 고백하는 것이 최선의 전략이다. 고백하는 것은 이기적 행동이고 고백하지 않는 것을 이타적 행동으로 간주한다면, 이기주의는 이익을 보고 이타주의는 손해를 볼 것이다. 이런 입장에 서면 이타주의나 협동의 출현은 불가능하다.

이러한 상황에서 트리버스는 상호 협력이나 호혜적 이타주의가 진화할 가능성을 복잡한 현대 사회처럼, 죄수의 딜레마와 유사한 상황이 반복적으로 나타날 수 있게 된 상황에서 찾았다(Hamilton & Axelrod, 1981 참조). 이른바 '반복된(iterated)' 죄수의 딜레마 상황에서 나올 수 있는 최적의 전략은 무엇인가? 컴퓨터 시뮬레이션을 통한 연구 결과, 반복된 죄수의 딜레마 상황 하에서 한 개체가 취할 수 있는 최적의 전략은 이른바 '팃-포-텟(tit-for-tat)' 전략이었다. 그것은 첫 게임에서는 협력하고, 그 다음 게임부터는 상대가 그 전 게임에서 한 바대로 따라 하는 것이다. 실험에 의하면 여러 종류의 전략을 택한 선수들이 충분히 여러 번 반복된 게임을 했을 때 최종적으로 남은 선수들은 모두 팃-포-탯 전략을 구사하는 선수들뿐이었다. 어떤 다른 전력도 팃-포-탯보다 우수하지 못했다. 비협력적 전략을 구사한 선수는 첫판에서는 덕을 보지만 다음 판부터는 계속 손해를 보기 시작하고 마침내는 탈락하고 말았다(Axelrod, 1984, Rosenberg, 1992).

이 결과를 진화론적으로 해석하면, 반복적 죄수의 딜레마 상황과 유사한 인간 사회에서는(비-혈연 중심의 대중 사회에서는) 호혜적 이타주의가 최적의 적응도를 갖는다는 것을 뜻한다. 즉 이기적 개체들은 도태되고 협동적 개체들만이 선택되며, 팃-포-탯 전략은 진화론적으로도 안전한 전략이라는 것이다. 매이나드 스미스에 따르면 한 집단 내에서 반복적 딜레마 상황이 가능한 조건들이 마련되기만 한다면,[11] 그것은 지배적 전략이 될 때까지 확장될 것이고, 일단 확립되면 어떤 다른 전략도 그것을 넘어설 수 없다(Maynard Smith, 1982). 그렇지만 과연 팃-포-탯 전략이 어떻게 자연에 실제로 나타났고 퍼져나갔는가 하는 물음에 충분한 대답을 하려면 이 추상적 가능성을 실제의 협동적인 행동들에 관한 설명으로 전환하는 작업이 필요할 것이다. 그러기

---

11 팃-포-탯 전략이 성립하는 데 구비되어야 하는 조건들은 다음과 같다: 가장 중요한 것은 게임의 횟수가 두 선수에게 전혀 알려져서는 안 된다는 점이다. 횟수를 알 경우 최종 게임은 단순 죄수 딜레마 상황과 같아서 두 선수 모두 비협조적(이기적)일 것이고, 그렇게 되면 그 앞 게임 게임에서 각자가 무임승차(free ride) 기회를 취하려 하게 되고, 그것은 또 그 앞 게임에서 무임승차 기회를 노리게 만들고 …… 결국 모든 게임에서 이기적 선택을 하게 되기 때문이다. 둘째, 당연한 말이지만, 장기적 이익 배당이 단기적 이익 배당보다 더 많아야 한다. 팃-포-탯은 현재 게임의 무임승차 기회를 희생하여 당대 선수의 호혜성에서 오는 미래의 이익을 얻는 전략이기 때문이다. 셋째, 많은 수의 선수들이 있는 가운데서 팃-포-탯 전략이 시작될 수 있으려면 선수들이 서로 서로를 알아볼 수 있어야 하고 반복에서 그전 게임들을 기억할 수 있어야 한다(Rosenberg, 1992).

위해서는 동물들이 한 종 내에서나 종을 넘어서서 분명한 협력적 행동을 보여주는 증거가 확보되어야 한다. 또 팃-포-탯 규칙에 따르는 것 이상의 최적 전략이 불가능하다는 것은 분명한가에 대해서는 여전히 의문이 있을 수 있다. 그러나 반복된 죄수의 딜레마에 대한 팃-포-탯 해법은 협동적 이타주의가 적어도 개체 적응도에 기초한 자연 선택에 의해 지배되는 어떤 조건들 하에 성립할 수 있다는 점을 보여주는 데는 성공적이었다. 자연에 반복된 죄수의 딜레마적 상태가 존재할 가능성이 충분히 있고, 그런 상태에서 팃-포-탯의 적응적 이점들이 분명히 강력하기 때문에 호혜적 이타주의가 사회적 동물, 특히 인간의 사회성 진화에 대한 가장 강력한 이론일 가능이 크다는 점은 부인하기 어렵다 (Rosenberg, 1992).

호혜적 이타주의 이론에 있어서 이타성의 정체는 무엇인가? 혈연 선택에서의 이타성이 혈연관계 속에 있는 개체의 적응도 최적화 전략이라면, 호혜적 이타성은 혈연관계를 넘어 비-혈연관계 속에 있는 개체의 적응도 최적화일 뿐이다. 여기서 이타성은 나의 적응도를 최적화시키기 위한 방편으로서 나타나는 이타성일 뿐, 윤리에서 말하는 순수한 이타성은 아니다. 즉 대가 없는 이타성은 호혜적 이타주의 이론의 적용 대상이 아니다. 마지막 가능성을 새로운 집단 선택론으로 제시된 '다수준 선택론(multilevel selection theory)'에서 찾아보자.

3.4. 다수준 선택론

소버(E. Sober)와 윌슨(D. S. Wilson)은 60년대 중반 진화생물학자인 윌리엄스(G. C. Williams)에 의해 결정적으로 폐기되었던 집단 선택론을 부활시키려는 일련의 움직임에서 선두에 선 학자들이다. 폐기된 구 버전 대신에 새롭게 들고 나온 이론은 이른바 '형질 집단 선택론(trait group selection theory)' 혹은 '다수준 선택론(multilevel selection theory)'이다(Sober, 1993, 1998). 그들 입장의 핵심은 자연선택이 유전자에서 집단에 이르기까지의 넓은 스펙트럼과 다양한 수준에서 다양한 방식으로 이루어진다는 점이다. 이것은 선택이 오직 개체 수준에서만 일어난다는 전통적인 입장을 부정하는 것으로 최근 많은 논의의 초점이 되고 있다. 그들은 생물 개체군(populations)을 구성하는 많은 요소들이 각기 고유한 '선택압(selective force)'을 가지며, 그것들이 서로 충돌하거나 보완하는 역동적인 관계 속에서 선택이 일어난다고 본다. 그렇기 때문에 형질의 진화를 이해하려면 그처럼 복합적으로 작용하는 선택압의 관점에서 분석해야 한다고 주장한다.

이타주의 문제 역시 그와 같은 다수준 선택론의 입장에서 적절히 해결될 수 있다고 본다. 선택이 일어나는 수준은 다양한 방식으로 구분될 수 있으나 대표적으로는 유전자 층, 개체 층, 그리고 집단 층의 세 층이 있다. 이타주의의 진화를 이해하려면, 이 세 층에서 나타나는 이기적 형질 압력과 이타적 형질 압력 간의 충돌, 특히 이기적 행동을 위한 **집단-내** 선택(이는 정확히 집단 내 개체들 간의 적응도상의 변이가 있을 때 발생)과 이타주의를 위한 **집단-간** 선택(이는 정확히 군집 내 집단들 간의 적응도상의 변이가 있을 때 발생) 사이의 충돌을 이해해야 한다고 주장한다. 꿀벌이 적에게 침을 쏘면 그 꿀벌은 죽는다. 그것은 개체로서 부적응적인 행동이다. 그러나 그 덕에 집단은 살아남을 확률을 높일 수 있다. "이타적 형질이란 그것을 소유한 형질에게는 해롭지만 그것이 나타나는 집단에게는 유리한 형질이다"(Sober, 2000, 4.1). 개체 단위로 볼 때 이타적 행위자는 적응도 감소로 소멸되는 것처럼 보이지만 일정한 조건들 하에서는 역동적인 비율 관계를 통해 집단 전체의 적응도를 높여줌으로써 집단을 번성케 하는 동시에 이타적 형질 자체도 진화시킬 수 있다. 이 경우 집단의 생존과 번성을 위해서 집단 내 이타적 형질은 일정 부분 보호되어 이기적 형질의 과도한 증식을 억제하는 것이 최선의 적응이다. 이타적 개체에게 집단 차원에 있어서 보상이, 이기적 개체에게는 집단 차원에 있어서 벌칙이 주어지는 식으로 말이다.

소버와 윌슨의 형질 집단 선택론이 제시하는 이타주의 진화의 메커니즘은 다음과 같다(Sober & Wilson, 1998). 우선 여러 '형질 집단(trait group)'들로 구성된 하나의 개체군이 있다. 형질 집단은 집단 내 한 개체의 특정 형질이 그 자신뿐 아니라 집단 내 다른 개체들에게도 영향을 주는 그런 집단을 말한다. 한 형질 집단 내에서는 당연히 이기적인 개체들이 점차 증가할 것이다. 그러나 집단 단위에서 보면 이타적 개체들이 많은 형질 집단이 그렇지 못한 집단보다 더 많은 자손들을 산출할 것이나. 만약 각 형질 집단들이 서로 고립되어 있다면 결국에는 모든 집단에서 이타적 개체들이 사라질 것이다.[12] 그러나 다음과 같은 조건이 주어지면 이타주의가 진화할 수 있다(Sober and Wilson, 1998, 26).

---

[12] 형질 선택론의 수학적 모델에서 각 개체의 적응도는 다음과 같이 표현된다(Sober & Wilson 1998, 19-20):

$w(A) = (x-c) + [b(np-1)/(n-1)]$
$w(S) = x + [bnp/(n-1)]$

n은 주어진 개체군 내 개체의 수를, p는 이타적 개체의 빈도(1-p는 이기적 개체의 빈도), np는 이타주의자 총 수 n(1-p)은 이기주의자 총 수이다. x, c, b는 각각 기저 적응도, 이타적 개체가 치르는 비용, 그리고 수혜자에게 가는 이익이다. 이 공식에 따르면, 각 적응도 공식의 앞부분은 개체 요소이고 뒷부분은 집단 요소이다. 집단 내에서는 언제나 x-c 〈 x이고, (np-1)/(n-1) 〈 np/(n-1)이다. 따라서 w(A) 〈 w(S), 즉 집단 내 선택압은 오직 이기주의 쪽으로만 작용한다. 시간의 경과와 함께 결국 이타주의는 사라진다.

① 둘 이상의 집단이 있어야 한다, 즉 집단군(a population of groups)이 있어야 한다.
② 집단은 이타적 유형의 비율에 있어서 서로 달라야 한다(다윈의 변이 조건).
③ 집단 내 이타적 개체의 비율과 집단의 번식 사이에 직접적 관계가 있어야 한다, 즉 이타주의가 있는 집단은 이타주의가 없는 집단보다 더 적응적이어야(더 많은 자손을 산출해야) 한다.
④ 정의상 비록 각 집단은 서로 고립되어 있지만(〈집단1〉에 있는 이기적 유형은 〈집단2〉에 있는 이타적 유형으로부터 혜택을 받지 않지만), 그것들은 어떤 의미로는 또한 서로서로 고립되어 있지 않다(각 집단의 자손들은 서로 섞이거나 아니면 새로운 집단을 형성할 때 서로 경쟁해야 한다).(이상 필요조건)
⑤ 집단 간 적응도 차이 (differential fitness: 이타주의를 선호하는 힘)가 집단 내 개체 간 적응도 차이를 상쇄할 정도로 충분히 강해야 한다.(충분조건)

이런 조건들이 마련되면, 이른바 '심슨의 역설'(Sober, 1993, 101 참조)로 알려진 원리에 의해 이타주의가 진화하게 된다. 즉 각 집단 내에서 이타주의는 감소하겠지만 이타주의자들이 다수를 차지한 집단(상대적으로 집단 전체의 적응도가 크다)의 크기가 다른 집단의 크기를 압도하는 경우, 전체 개체군에서는 이타주의자가 증가할 수 있다는 것이다. 예컨대 개체 수(n)가 각각 100이며, 이타적 개체의 비율이 각각 20%와 80%인 두 무성생식 〈집단1〉과 〈집단2〉로 구성된 개체군을 가정하고, 기저 적응도를 10, 수혜자에게 가는 이익을

5, 그리고 이타적 개체가 치르는 비용을 1이라고 하자. 그러면 〈집단1〉의 이타성 개체와 이기적 개체의 평균 적응도는 각각 9.96과 11.01이 되고, 〈집단2〉의 그것들을 각각 12.99와 14.04가 된다. 결과적으로 개체군 전체에서 애초 50.0%였던 이타적 개체들의 비율이 다음 세대에서는 51.6%로 증가한다(Sober and Wilson, 1998, 24, 5). 집단의 이합집산이 주기적으로 계속된다면 세대를 통해 이타주의는 진화하게 된다.[13]

다수준 선택론에서 설득력 있게 설명되고 있는 이타성은 적어도 직접적으로는 개체의 최종 적응도 상승을 목적으로 하지 않는다. 그것은 오직 집단의 적응도 상승을 위한 개체 적응도 희생의 의미만을 갖는다. 그런 점에서 그것은 순수한 이타성의 일종이다. 혈연 이타성이나 호혜 이타성이 본질적으로는 각각 유전자 이기성과 계산된 이기성이었음에 비추어 볼 때, 다수준 신택론의 이타성은 의미심장한 윤리학적 함축을 가질 수 있다. 둘론 이 이론이 성공적이라면 말이다.

4. 진화론적 이타주의의 윤리학적 의미

지금까지 보았던 이타주의 역설의 해법들이 나타난 진화론적 이타주의들은 다음 표와 같이 정리될 수 있다:

---

[13] 이 이론을 지지하는 증거로 흔히 제시되는 사례가 암컷 편향적 성비와 기생자의 독성 감소 현상이다(Sober & Wilson, 1998, pp. 35-50).

〈표2〉 이타주의의 3가지 의미

	혈연적 이타주의	호혜적 이타주의	순수 이타주의
정의	개체 적응도 감소 + 포괄적 적응도 증대	개체 적응도 최적화 + 타개체 적응도 최적화	개체 적응도 감소 + 집단 적응도 증대
선택 단위	유전자 (혈연 집단)	개체 (호혜 집단)	비혈연-비호혜 집단
행동결과	희생 개체 적응도 감소	협력적 개체 적응도 최적화	희생 개체 1차 적응도 감소 + 2차 적응도 증가
	혈연 집단 적응도 증가	비협력적 개체 적응도 감소 (호혜 집단 적응도 증가)	집단 적응도 증가
선택 기준	(유전자)의 포괄적 적응도 증가분 〉 개체 적응도 감소분	개체 적응도 증가분 = 타개체 적응도 증가분	개체의 이기적 형질 압력 (-)과 집단의 이타적 형질 압력(+)의 벡터 합 〉 0
윤리적 의미	상식 도덕성	합리적 이기주의 도덕성	순수 이타주의 도덕성

　생물학에서 이타주의에 대한 관심은 그 출발에 있어서 윤리적 함축을 가질 수밖에 없다. 이기와 이타의 구분이 애당초 윤리적 개념이기 때문이다. 생물학에서 이타주의 논의는 궁극적으로 그러한 윤리적 개념의 의미를 생물학적으로 재정의하려는 것이다. '남을 위한다' 는 말의 생물학적 의미를 밝히려는 노력인 것이다. 윌슨의 사회생물학이 하고자 하는 일도 바로 그것이다. 그 일의 실마리로 삼은 것이 바로 '적응도' 이다. 혈연 이타주의 개념에 따르면, '남을 위한다' 는 말의 뜻이 '부모, 형제, 자매 등과 같이 나와 유전적으로 가까운 남(친척)을 위한다' 는 말 정도로만 해석된다. 이때 남을 위하는 강도는 얼마일까? 남을 위하는 데에는 다음 세 가지가 있다: 비-혈연보다는 많지만 자신보다

는 적게, 자신 만큼만, 그리고 자신보다 더. 혈연 선택에서 이타주의는 '자신보다 더'일 것이다. 자식에 대한 부모의 헌신적 사랑에서 그 전형을 볼 수 있는 이타성이다. 그러나 이런 이타성은 그것이 혈연에게만 향해진 만큼 비-혈연에 대한 이기주의의 측면을 불가피하게 지닌다. 가까운 사람을 더 많이 배려하라는 이타성은 윤리학에서 '상식 도덕성(common sense morality)'이라고 하는 도덕성 범주에 포함된다. 그런데 상식 도덕성은 자기 파괴적 성격을 갖는 것으로 알려져 있다. 그것은 상식 도덕성이 기실은 이기주의의 일종(또는 확장된 개체 이기주의)이기 때문이다(Parfit, 1984, 정상모, 1998 참조).

혈연 이타성에서 흔히 예로 드는 것에 사회성 곤충에서 나타나는 불임 개체들의 이타적 행동이 있다. 생물학적 이타주의가 한 개체의 적응도 희생(즉 재생산 능력 희생)을 통한 다른 개체 혹은 집단의 적응도 향상임에 비추어 보면, 불임 개체들의 적응도는 자신들의 재생산 능력과 직접 관련이 없다. 그 때문에 사회적 곤충의 이타적 행동은 가임 개체의 생식 전략의 일환으로 보는 전혀 다른 해석도 가능하다. 불임과 가임을 섞어 낳아서 전자가 후자의 생존과 생식을 도움으로써 개체의 적응도를 높이는 행위로 본다는 것이다(Rosenberg, 1992). 그런 점에서 인간을 포함한 고등 동물에 있는 혈연 이타성만이 진정한 혈연 이타성일 것이다. 혈연 이타성을 개체의 적응도를 희생하여 혈연의 적응도를 높인다는 의미로 보면 이타주의의 기본 정의에 속한다고 볼 수 있다. 그러나 그것은 개체 적응도를 희생하여 근연계수에 비례한 혈연들의 적응도를 높임으로써 자신의 적응도를 간접적으로 높이는 방법이기도 하다. 이 후자의 의미에서 이타성은 자신의 복제품을 많이 남기려는 유전자의 이기적 욕구의 산물이다(D. S. Wilson, 1998, 483). 그것은 혈연을 넘어선 집단에 대해서는 무의미하다. 특히 인간처럼 유전적으로 무관한 사람들과 협동을 하고 나아가 커다란 집단 내에서 다시 만날 일 없을 사람과도 협동을 하는 경우에는 더욱 그렇다. 나를 희생하여 이를테면 1/10,000의 유전자를 나와 공유한 사람 10,000명 이상에게 이익을 줄 수 있다면, 그것은 혈연 이타성이면서 동시에 순수 이타성일 수 있지 않는가 하고 주장할지 모르겠다. 그러나 그것은 혈연과 비혈연을 본능적으로나 의식적으로 구분하는 동물들의 행동 양식에 맞지 않고 또 궁극적으로는 '이타' 와 '이기' 의 구분을 무력화시키기 때문에 비현실적인 비약이다. 윤리학에서 보편적 도덕성이란 나와 무관한 사람의 이익을 위해 나의 이익을 양보 내지 희생하는 것이다. 결론적으로, 혈연 이타성은 인간을 포함한 고등 동물의 보편적 도덕성을 설명할 수 없다.

호혜적 이타주의에서는, 이익 배당이 자신에게는 극대화되고 상대에게는 극소화되는 이기적인 행동 방식이 있음에도 그것을 포기하고 상대에게 극대화되고 자신에게 극소화될 가능성이 있는 협력적 행동을 한다는 점에서, 해당 행동을 이타적이라고 보는 듯하다. 그러나 상대가 비슷하게 합리적이고 이기적인 개체들인 한, 장기적으로 볼 때 이익 극대화 전략을 안정적으로 취하기가 불가능하기 때문에 협력을 하는 것이지 결코 자신의 이익을 양보할 마음에서가 아니다. 그 상태에서 협력은 각 개체가 최적의 적응도를 얻을 수 있는 유일한 선택일 뿐이다. 일면 이타적 배려로 보이는 행위도 사실은 '자기-이익을 위한 경제적 교류(self-interested economic transaction)' 와 같은 것이다 (Wilson & Duration, 1992, 32). 호혜적 이타주의 이론에서 이타적 행동은 자신의 이익을 **최적화하기**(optimize) 위한, 합리적으로 이기적인 적응 전략의 산물에 불과하다.[14] 관대하게 봐줘서, 호혜적 이타주의에서 이타성은 일종의 협동성을 뜻한다. 그러나 쉽게 알 수 있듯이, 협동성은 이타성과 상이한 개념이다.[15] 그렇지만 모든 유기체의 일반적인 이기적 성향을 감안하면, 협동성만 해도 크게는 일종의 이타성이라고 볼 수 있다. 호혜 이타성은 합리적 이기주의 윤리설 정도에 토대를 제공할 수 있어 보인다. 그러나 일상적 의미의 도덕적 요구는 최소한 합리적 이기주의를 넘어선 곳에 있다. 도덕에서 가장 보편적인 원리로 인정하는 황금률은 다른 사람을 나보다 더는 아니라도 최소한 나만큼 배려하라는 요구이다. 예컨대 보편화 가능성을 근본 원리로 하는 칸트의 윤리설도 자신의 이익을 위해 남을 이용하지 말 것을 요구하고 있다. 공리주의 또한 모든 사람은 각각 한 몫으로 계산하여 최대 다수의 최대 행복을 요구하고 있다. 호혜적 이타성은 그러한 요구에는 한걸음 못 미친 곳에 머문다.

개체 선택과 집단 선택 간의 긴장 관계로 이타주의를 설명하고 있는 소버와 윌슨의 다수준 선택론은 순수한 이타주의의 가능성을 보여준다는 점에서 윤리학적으로 중요한 의미를 지닌다. 그것이 순수한 이유는 이타적 개체가 선택되는 계기가 그것의 이타성이 아니고 자신이 속한 집단의 특성이기 때문이다. 다수준 선택 이론이 옳다면 진화론적 수준에서 순수 이타성의 토대를 확립할 수 있다. 다수준 선택론에서 가장 문제가 되는 것은 집단 사이에 작용한다는, 적응도의 집단적 요

---

14 트리버스도 그의 고전적 논문에서 "자연 선택의 관점에서 이타적 행동들을 설명하려고 시도하는 모델들은 이타주의를 이타주의 밖으로 끌어내리려고 고안된 모델들이다"고 주장하고 있다.(Trivers, 1978, 213) 피터 싱어도 "호혜적 이타주의는 전혀 진정한 이타주의가 아니다; 그것은 교화된 자기-이익(enlightened self-interest)이다"고 주장하고 있다(Singer, 1981, 42)(둘 다 Sesardic, 1995에서 재인용).
15 이타주의를 로젠버그는 단순히 "타인 배려 행위(other regard behavior)"라고 했는데, 그것은 협동(cooperation)과 구분되지 않는다. 엄밀히 구분하면 협동은 자아와 타아 모두에 이익이 되고, 이타는 자아에게 손해 타자에게 이익, 이기는 타자에 손해 자아에게 이익, 원한 앙심(spite)은 자타 모두에 손해가 된다(Wilson & Dugatkin, 1992).

소에 대한 설명 방식이다. 집단 간의 선택압의 원천을 생각해보자. 앞의 예에서 〈집단1〉과 〈집단2〉로 구성된 개체군 전체로 이타주의가 증가하는 원인은 이타적 개체의 구성비가 높은 〈집단2〉의 크기가 상대적으로 충분히 크다는 사실이다. 그렇다고 해도 집단군 전체의 구조가 변하지 않으면 머지않아 각 집단에서 이기주의는 이타주의를 압도해버릴 것이다. 그래서 집단이 자주 해체되고 새로 형성되는 과정을 겪어야 한다는 조건(조건 ④)이 필요했던 것이다. 그러나 그처럼 느슨하고 불안정한 집단에서 집단의 구조나 크기는 매우 우연적일 가능성이 매우 높다.

두 집단 사이의 적응도 차이는 집단 내 이타적 성원의 비율과 집단 간의 크기 차이에서 나온다. 그런데 만약 집단의 크기가 그처럼 매우 우연적이라면, 이타주의의 진화를 개체 선택론으로 해석하는 편이 더 나을 여지도 생긴다. 소버와 윌슨이 불안정한 집단 간의 관계적 특성으로 본 요소를 안정적인 전체 개체군에 속한 한 개체의 적응적 특성으로 볼 수도 있다면 말이다. 그들은 조건 ⑤가 만족되기 위해서는 필히 유유상종, 즉 이타적 형질을 가진 개체는 이타적 형질을 가진 개체들을 선호해야 한다고 했다(Sober & Wilson, 1998, Sober, 1993). 그렇다면 유유상종은 이타적 개체가 자신의 적응도를 높이기 위한 중요한 적응 방식인 셈이다. 그들의 모델에서 이타주의의 진화에 가장 중요한 역할을 하는 것이 바로 유유상종하는 형질이라고 본다면, 개체주의적 설명의 가능성은 더 높아진다.[16] 그런 점에서 다수준 선택의 관점에서

---

16 최근 로버트 윌슨은 소버와 윌슨이 형질 집단 선택론을 입증하는 대표적인 사례로 드는 점액종 바이러스 사건이 사실은 개체주의적 선택론으로도 충분히 잘 설명될 수 있으며, 두 설명 방식 중 어느 쪽이 선호될 만한 "독립적인 근거(independent basis)"가 없다는 주장을 설득력 있게 제시하고 있다. 그에 따르면 바이러스의 독성 약화는 소버와 윌슨의 주장처럼 집단 간 선택의 결과가 아니라, 개개의 바이러스 단위의 적응의 결과이다. 낮은 독

설명되는 이타주의가 개체주의적(individualistic) 관점에서도 동일하게 잘 설명될 수 있다는 케르와 갑프라이-스미스의 주장(Kerr & Godfrey-Smith, 2002)이나 혈연 선택론과 다수준 선택론이 수학적으로는 동등한 이론이라는 리브(Reeve, 2000)의 주장[17] 등을 눈여겨 볼만 하다. 이들 주장이 옳다면 결국 다수준 선택론에서의 이타성도 크게 볼 때 혈연 이타성과 동일한 범주에 속하는 것이 된다. 결과적으로 양자의 차이는 단지 개체들 간의 혈연성 또는 유사성의 양적 차이에 기초하는 것이기 때문이다. 그렇다면 결국 소버와 윌슨의 다수준 선택론

성을 개별 바이러스의 적응(adaption)으로 간주하기 때문에, 이 견해는 이타성의 견해들의 범위에서 저 독성을 이타적 형질로 간주하지 않는다. 저 독성이 개별 바이러스에게 진화적인 이점이기 때문이다(R. Wilson, 2004).

17 그가 제시한 간단한 모델은 두 개체(나와 상대방)로 구성된 집단이다. 해밀턴의 포괄 적응도 이론에 따르면 자연 선택은 다음과 같은 포괄 적응도를 최대화하는 방향으로 x에 작용할 것이다.

$rss(x) + rpp(x)$ --- (F6)

rs는 나와 내 자손의 유전적 근연도이고 rp는 나와 상대방 자손의 근연도이다. $rss(x)$는 포괄 적응도의 자기 몫이고 $rpp(x)$는 혈연 요소이다. 한편 형질 집단 선택론은 $s(x)$를 두 사람의 총 자손수 중에서 내가 담당한 부분$f(x)$와 집단의 총 개체수인 $k(x)$의 곱으로, 또한 상대방의 자손수인 $p(x)$는 상대가 담당한 부분인 $1-f(x)$와 $k(x)$의 곱으로 각각 분해하여 다음과 같이 변환한다.

$rssf(x)k(x) + rpp[1-f(x)]k(x)$

이것을 풀면 다음과 같이 된다.

$k(x)[rp + (rs-rp)f(x)]$ --- (F7)

$k(x)$는 '집단 적응도'이고 $[rp + (rs-rp)f(x)]$는 나의 '개인 적응도'이다. 그런데 (F6)과 (F7)은 수학적으로 동등하다. 따라서 혈연 선택론에서는 전체 적응도가 본인과 혈연 요소로 분할되어 있는 데 비해, 형질 선택론에서는 전체 적응도가 집단과 개인 요소로 분할되어 있다. $k(x)$는 집단 적응도이고 $[rp + (rs-rp)f(x)]$는 나의 개인 적응도이다. 혈연 선택론과 형질 집단 선택론은 서로 다른 방식으로 적응도를 분해하고 각기 서로 다른 각도에서 이타성의 진화를 보고 있는 것이다(Dugatkin & Reeve, 1994; 장대익, 2005). 두 이론의 동등성을 주장하는 설득력 있는 논문들도 속속 나오고 있다(Reeve, 1998; Kerr & Godfrey-Smith, 2002; Kerr, Godfrey-Smith, & Feldman, 2004).

에서도 순수한 이타성은 불가능하게 된다. 물론 이것은 적응도로 정의된 이타성의 예정된 결론이기도 하다. 이러한 비판에 대해 소버와 윌슨은 다수준 선택론이 이타성이 선택되는 과정의 인과적 구조를 더 잘 드러내며, 그 구조에서 볼 때, 다수준 선택론의 이타성은 진화론의 테두리 내에서는 여타 이타성과 구분되는 특성(순수성)이 있다고 주장한다. 그러나 이 대응이 다분히 선결문제 요구의 오류를 범하고 있다. 바로 그 인과적 구조 자체를 밝히기 위해 여러 이론들이 제시되고 있기 때문이다.

한편, 집단 선택적으로 이타성이 선택되는 것은 극히 예외적이기 때문에 인간이나 동물 세계에서 널리 관찰되는 이타적 행위들을 설명하기 위해서는 이 추가적인 기제가 필요하다. 집단의 생존과 번성을 위해서 집단 내 이타적 형질은 일정 부분 보호되어 이기적 형질의 과도한 증식을 억제해야 한다. 집단 내에서 이타적 행위자를 늘리고 무임승차자를 줄이는 효과적인 기제로 떠오른 것이 바로 보상과 징벌 개념이다. 집단 차원에서 이타적 개체에게는 보상이, 이기적 개체에게는 벌칙이 주어지는 행동 양식이 선택되어야 이타성이 무난히 진화할 수 있는 것이다. 윌슨과 소버는 이타적 행동을 '일차적 행동(primary behavior)' 그리고 보상과 징벌을 '이차적 행동(secondary behavior)'이라 부르며, 후자 역시 그것의 형질을 가진 개체의 적응도는 낮추고 집단의 적응도는 높이기 때문에 이타성과 동일한 방식으로 진화한다고 주장한다. 그리고 이차적 행동이 일차적 행동의 효율을 높여주기 때문에 이차적 행동을 '이타성의 증폭(amplification of altruism)'이라고 부르고 있다(1998, 142~149). 보상과 징벌은 인간 사회에서 두드러지지만 인간 사회에만 있는 행동 양식은 아니다. 무성생식(clonal) 유기체나 꿀벌 같은 강한 사회성 동물 군에서도 어렵지 않게 볼 수 있다.

보상과 징벌의 성향을 어떻게 해석해야 하는가? 그것은 결국 이타적 개체에게는 이타적으로 이기적 개체에게는 이기적으로 대하라는 성향이 아닌가? 그것은 바로 호혜적 이타주의에서 다루던 '팃-포-탯' 전략과 본질적으로 동일한 성향이다. 좀 더 본격적인 분석이 필요하겠지만 잠정적인 결론은 이렇다. 결국 다수준 선택론에서 제시할 수 있는 이타성의 일차적인 부분은 혈연 이타성으로, 이차적인 부분은 호혜 이타성으로 환원된다. 이 결론은 어떻게 보면 이타주의를 생물학적 적응도 개념으로 정의할 때부터 이미 예정된 결론이기도 하다. 그렇다면 순수 이타주의는 결국 성립하지 않는가? 지금까지의 논의를 종합하면 이타주의가 적응도로서 정의되는 한, 윤리에서 말하는 순수 이타주의를 설명할 방법은 없어 보인다.[18] 이 난국에서 빠져나갈 방도를 필자는 유전자 결정론에서 한걸음 물러서는 데서 찾는다.

5. 유전자에서 한 걸음 물러서기

일상적 이타주의의 순수성은 대가 없이 준다는 것에 있다. 따라서 "이타주의자는 이면의 욕구(other-directed desire)를 가져서는 안 된다. '타인을 위한다는' 이 욕구를 오직 비도구적 방식으로 가져야 한다. 타인의 선이 목적이어야 할 뿐, 어떤 이기적 만족을 위한 수단이어서는 안 된다"(Sober, 1998, 467). 윌슨은 이타주의를 "다른 개체들의 이익을 위해 행하는 자기-파괴적 행동(self-destructive behavior performed for the benefit of others)"으로 정의하기도 하는데(Wilson,

---

[18] 이타주의와 적응도의 관계 및 적응도 개념의 다의성에 관해서는 정상모, 2006 참조.

1975a, 578), 그러한 표현이 암시하고 또 그 자신이 예측하듯이, 일상적 혹은 심리적 이타주의도 결국은 진화의 산물로서 진화적 이타주의의 관점에서 설명될 수 있다고 믿는다. 심리적 작용이 뇌의 시상하부와 대뇌변연계에 있는 정서 중추에 의해 제어되게 형성되어 있으며 그러한 시스템도 바로 진화의 산물이라고 본다면 심리적 이타주의도 진화의 산물임이 분명하기 때문이다(Wilson, 1975b, 19). 과연 그럴까?

앞에서 보았던 진화론적 이타주의 개념에 관한 논의를 통해 우리가 내릴 수 있는 결론은 다음과 같다:

가) 일상적 의미의 순수한 이타주의는 있을 수 없거나,
나) 개체의 적응도와 무관한 이타성이 존재해야 한다.

'가)'를 받아들인다는 것은 모든 외견상 이타적 행위는 결국 유전자들의 이기적 작용이나 합리적 이기주의에 입각한 행위로 환원되어야 함을 의미한다. 그러나 우리는 직관적으로 그것을 부정하고 싶어 한다. 인간 세상에는 순수한 의미로, 즉 대가를 전혀 받지 않는 순수한 희생을 통해 타인(들)이나 사회에 큰 이익을 제공하는 수많은 예들이 있고, 그러한 행동에 대해 높은 도덕성을 부여한다. 그렇다면 '나)'를 받아들여야 한다. 적응도와 이타성의 느슨한 관계에서 그것을 받아들일 하나의 근거를 찾을 수 있다. 일상적인 이타주의 개념에서는 욕구나 목표에 의해 어떤 행위의 이타성 여부가 바로 결정될 수 있기 때문에 그 의미(판정)가 대체로 분명한 데 비해, 진화론적 이타주의 개념에서는 특정 행동이 이타적인지 이기적인지는 오직 비교되는 대상들 간의 상대적 적응도라는 결과만을 통해서만 확정되기 때문에 이타성의 의미가 두 가지 의미로 유동적이다. 첫째, 적응도는 특정 행동이 발생

한 상태에 상대적 혹은 심지어 우연적일 수가 있다. 달리 말해 적응과 무관한(중립적) 행동이 있을 수 있고, 또 생물학적으로 의도하지 않았지만 우연히 이타적일 수도 있다(Rosas, 2002 참조). 둘째, 진화론적 이타주의 이론이 성립하려면 적응도와 유전자 간에는 정형화할 수 있을 정도의 결정성이 있어야 하는데, 유전자 결정론에 대한 비판이 보여주듯이 거기에는 상당한 미결정성이 있을 수 있다. 그렇다면 최종 행동으로서 이타적 행동과 유전 형질의 거리는 이중적으로 멀 가능성이 충분하다. 아주 먼 경우에는 특정 유전자나 형질과 직접적으로는 무관한 이타적 행동 패턴의 가능성도 부정할 수 없을 것이다. 적응도와 이타성 사이에 이러한 융통성을 인정한다 해도 다음의 사실을 부정하기는 힘들 것이다.

다) 인간의 모든 행동 성향의 근저에는 유전자가 있다.

그러나 '다)'를 유전자 결정론적으로 해석한다면 '나)'의 가능성은 없다. 유일한 가능성은 유전자에 의해 직접 결정되지 않는 문화적 이타성의 존재를 인정하는 것이다. 이것의 가능성은 다음의 사실에서 찾을 수 있을 것이다:

라) 유전자형과 표현형의 관계는 다대다(多對多)이며, 유전자형의 발현은 환경에 의해 다양한 방식으로 영향을 받는다.

'라)'는 유전자와 표현형 사이에 상당한 자유가 있음을 뜻한다. 대부분의 형질들에 대해 일대일로 대응하는 유전자가 존재하지 않는다는 것은 상식이다. 고등 동물, 특히 인간의 이타성과 같이 고도화된 형질에 대해서는 말할 것도 없을 것이다. 이타성의 발현도 고도로 복합적일 것이다. 우리는 복합물이 그것을 구성하는 요소들로 환원할 수 없는 성질을 갖는다는 사실을 안다. 따라서 복수의 유전자들이 이타주의라는 형질을 발현시키는 원인이라고 하더라도 그 각각에 대해 이타주의를 직접 관련지을 수는 없다. 한편 각 유전자가 형질을 발현하는 것은 생물이 처한 생존 환경의 영향을 강하게 받는다는 것도 잘 알려진 사실이다. 이러한 두 종류의 복합성을 감안하면 사실상 유전자가 선택의 단위라고 쉽게 말할 수도 없을 것이다.[19] 유전자 개념이 모호한 것 이상으로 표현형 자체도 다양한 층을 가질 수 있다는 점도 눈여겨 봐야 한다.[20] 특히 "유기체가 갖는 형질들 중에는 그것이 왜 진화했는가에 대한 인과적 설명에서 아무 역할도 하지 않는 형질이 있다는 것은 진화론에서 표준적인 생각이다"(Sober 2000, 7.5). 유전자와 형질 사이의 그와 같은 먼 거리를 감안할 때, 우리는 다음과 같이 말할 수 있을 것이다:

마) 모든 행동이 적응적이라고 볼 수는 없다. 즉 적응도 중립적인 형질이 존재할 수 있다.

---

[19] 이와 관해서는 굴드의 주장을 눈여겨봄 직하다. 굴드는 유전자가 독립적으로 유전 단위를 형성하는 것이 아니라 생물체 전반에 흡수 통합되어 있으며, 생물체 전반의 발전은 따라서 그 자신의 유전자 내지-보다 일반적으로 말하면-복제자(replicator)를 위한 한정 조건을 형성하기도 한다고 주장한다. 그렇다면 유전자가 생물체에 일방적인 영향을 마치는 것이 아니라 한 생물체와 그의 유전자 사이에 혹은 표현형과 유전자형 사이에 어떤 상호 작용이 성립한다고 볼 수 있을 것이다(Gould, 1982, 90). 따라서 선택이 단순히 유전자만을 '볼' 수 있고 선별할 수 있는 것이 아니라 언제나 생물체(개체) 전체를 본다는 것이다 ("Selection views bodies"). 잘 알려진 바대로, 인류학적 입장에서 제기되는 비판도 있다. 인간이 단순히 유전적으로 결정된 생존 기계라는 생각은 사회 문화적 영역에서 수없이 나타나는 복잡한 현상들에 걸맞지 않다는 것이다(Wuketits, 1990, 100-101 참조).
[20] 유전자 개념의 다의성에 관해서는 정상모, 2003 참조.

'마)'의 가능성을 뒷받침하는 상보적인 두 가설이 있다. 하나는 피터 싱어(Peter Singer 1981)가 제시한 '진화적 파급효과(evolutionary spin-off)' 이론이고, 다른 하나는 문화적 진화론이다. 예컨대 삼각 측량을 행할 수 있는 능력은 그 자체가 바로 선택되었다고 보기보다는 어떤 다른 일군의 정신적 특징들, 이를테면, 증가된 지적 능력이나 언어사용 능력의 부산물로 보는 것이 더 그럴 듯하다. 그런 능력이 일단 선택되면 조상들과는 다른 환경에 직면했을 때 다양한 파급효과적인 특성들이 가시화될 수 있다는 것이다. 일상적 이타주의에 관해서는 다음과 같이 말할 수 있다. 추상적 추론의 능력은 그것이 개인에게 주는 이점 때문에 진화해왔다. 그러나 일단 성립하자, 이 지적 능력은 인간으로 하여금 타인의 이익을 자신의 이익만큼 고려하도록 강제하는 합리적 고려를 알게 만들었다. 이런 일이 가능하다면 일상적 이타심은 그것의 계보를 생물학적 이다성이 아니라 개별적 선택이 산출한 마음이 형성할 수 있었던 세련된 사고와 정서들 속에 그것의 계보를 발견할 수 있을 것이다.(Sober, 1998 참조) 문화 진화론은 그러한 비적응적 형질의 비유전적 전달 모델로 제시된 것이다.

카발리-스포르짜와 펠드만(Cavali-Sforza & Feldman, 1981), 그리고 보이드와 리처슨(Boyd & Richerson, 1985)의 문화적 진화 이론을 소개하면서, 소버는 진화 사상을 인간에 적용한 방식을 세 가지로 구분한다. 어떤 심리적이고 문화적인 특질이 인간에게 흔하게 된 방식을 세 가지로 구분하는 것이다(Sober, 2000, 7.5):

① 관련 특질의 생물학적 적응도와 유전성에 의한 선택
② 관련 특질의 생물학적 적응도와 비유전적 (문화적) 전달성에 의한 선택

③ 관련 특질의 문화적 적응도와 문화적 전달성에 의한 선택

'①'은 생물학적 진화를 나타내는 모델로, 자손의 생산을 통해 유전적 특성이 선택되는 방식이고, '③'은 정신적·문화적 특성이 교육 등과 같은 비유전적 방식으로 선택되는 방식이다. '②'는 그 중간 형태로, 정신적·문화적 특성이 유전적 방식으로 선택되는 방식이다. '③'은 문화적 변동에서 정신과 문화가 환원불가능하고 자율적인 방식으로 선택되고 진화할 수 있음을 보여주기 위한 모델이다. 그들이 제시하는 예로 19세기 서구 사회의 출산율 감소 현상이 있다. 출산율이 적정 수준 이하로 감소하는 현상은 생물학적 적응도와 유전 이론으로 설명되지 않는다. 그것이 다윈적 비효용(생물학적 적응도 감소)에도 불구하고 선택되는 것은 그것이 갖는 문화적 적응성 때문이다. 그리고 그것의 전달은 유전자에 의해서가 아니라 학습이나 교육에 의해 가능하다. 일상적 이타주의도 그러한 산물로 본다면 '나)'에 대해 긍정적인 대답을 할 수 있다. 추락하는 비행기를 인구 밀집 지역을 피해서 몰다가 사망하는 젊은 조종사나 독신 성직자 같은 자기희생적 인물의 이타행(利他行)은 자신의 포괄적 적응도를 낮추면서 집단의 적응도를 높인다. 만약 행동 성향이 유전자에 의해 결정된다면 그러한 이타적 형질의 재생산은 실패한다. 유전적으로 재생산에 실패한 형질이 어떻게 진화할 수 있을까? 그럴듯한 가설은 이것이다. 이타행에 대해 한 사회가 부여하는 높은 가치와 그러한 가치에 대한 부단한 사회적 학습을 통해 생물학적 적응도 저하에도 불구하고 이타성은 선택되고 진화될 수 있다. 이것이 바로 문화적 진화론이다. 문화적 선택 또한 생물학적 적응도와 관련되고, 따라서 유전자와 관련되지 않는가 하는 반론이 가능하다. 즉 선한 사람을 칭송하고 보상하며 악한 사람을 야단하고

벌하는 성향 역시 진화론적 토대의 산물 아니냐고 말이다. 언뜻 보기에 그럴듯한 이 반론은, 앞에서 잠깐 언급했듯이, 보상과 징벌의 성향은 근본적으로 호혜적 이타성의 일종이라는 사실 때문에 그 효력을 상실한다.

문화적 진화 이론이 충분히 정착되지도 않았고 문제가 없는 것도 아니지만, 적어도 유전자 결정론으로 설명할 수 없는 정신적·문화적 현상에 대한 전망 있는 설명 모델을 제공하고 있다고 보는 데는 무리가 없을 듯하다. 더욱이 문화 변동이 생물학적 진화보다 빠르게 발생하기 때문에, 문화가 생물학적 진화보다 더 강력한 변화 결정인자인 경우가 종종 있다는 사실은 이 설명 모델의 가능성을 밝게 해준다.

6. 맺음말

필자는 사회생물학을 철학적으로 평가하려는 작업의 하나로 진화론적 이타주의 개념에 관한 비판적 분석을 시도했다. 그것을 통해 이타주의의 여러 의미, 특히 혈연 이타주의, 호혜적 이타주의, 그리고 순수 이타주의의 진화생물학적 의미와 가능성, 윤리학적 함축 등을 살펴보았다. 진화생물학이 혈연 이타성과 호혜적 이타성까지는 별 무리 없이 확립할 수 있었지만, 순수 이타성의 가능성을 확립하려는 다수준 선택론의 노력은 결국 성공하지 못했다고 필자는 잠정적인 결론 내렸다. 윤리학적으로 보면, 사회생물학의 노력은 상식 도덕성의 윤리설과 합리적 이기주의 윤리설 정도에 생물학적 기초를 제공하는 데 성공적일 수 있지만, 그 이상은 아니라는 말이다. 필자는 그런 한계의 원인을 진화론적 이타주의가 유전자 결정론 내지 지나친 유전자 중심적 태도를 취한 데서 찾고, 그 대안으로 부수효과 이론과 문화적 진화론 등과 같은 비유전적 선택 이론에 주목하자는 제안을 했다. 후속 연구에 의해 본격적인 세부 논의가 진행된다면, 최근 사회생물학을 중심으로 전재되고 있는 지나친 유전자 결정론적 내지 유전자 중심주의에 대한 진지한 비판과 윤리학의 자율성 확보에 도움이 될 것으로 기대한다.

참고문헌

장대익(2005), 「이보디보 관점에서 본 유전자, 선택, 그리고 마음」, 서울대학교, 박사학위논문.
정상모(2003), 「유전자 개념의 발견법적 특성: 유전자는 있는가?」, 『대동철학』 23: 429-453.
_____(2006), 「이타주의 논의에서 적응도 개념의 다의성」, 『대동철학』 37: 93-118.
Axelrod, R.(1984), *The Evolution of Cooperation* (New York: Basic Books).
Boyd, R. & Richerson, P.(1985), *Culture and The Evolution Process* (Chicago: University of Chicago Press).
Cavali-Sforza, L and Feldman, M.(1981), *Cultural Transmission and Evolution: A Quantitative Approach* (Princeton: Princeton University Press).
Darwin, C.(1859): *On the Origin of Species by Means of Natural Selection* (홍성표, 『종의 기원』, 서울: 홍신문화사).
_____(1871), *The Descent of Man and Selection in Relation to Sex* (London: John Murray).
Dawkins, R.(1976), *The Selfish Gene* (홍영남 옮김. 『이기적 유전자』, 서울: 을유문화사).
Gould, S. J.(1982), "The Meaning of Punctuated Equilibrium and its Role in Validation a Hierarchical Approach to Macroevolution", in R. Milkman (ed.), *Perspectives on Evolution*, (Sunderland, Mass.: Sinauer), 83-104.

Haldane, J. B. S.(1932), *The Cause of Evolution* (Ithaca, NY: Cornell University Press)

Hamilton, W. D.(1964), "The Genetical Evolution of Social Behavior" I and II, *Journal of Theoretical Biology* 7: 1-15.

Hamilton, W. D. and Axelrod, R.(1981), "The Evolution of Cooperation", *Science* 211: 1390-96.

Kerr, B and Godfrey-Smith, P.(2002), "Individualist and Multi-level Perspectives on Selection in Structured Populations", *Biology and Philosophy* 17: 477-517.

Lacks, D.(1954), *The Natural Regulation of Animal Numbers* (Oxford: Oxford University Press)

Loyd(eds.), *Keywords in Evolutionary Biology* (Cambridge: Harvard University Press): 19-28.

Maynard Smith, J.(1964), "Group Selection and Kin Selection", *Nature* 201: 1145-47.

_____(1982), *Evolution and the Theory of Game* (Cambridge: Cambridge University Press).

Okasha, S.(2002), "Genetic Relatedness and the Evolution of Altruism", *Philosophy of Science* 69: 138-149.

Reeve, H. K.(2000), "Book Review of Unto Other", *Evolution and Human Behavior* 21: 65-72.

Rosas, A.(2002), "Psychological and Evolutionary Evidence for Altruism", *Biology and Philosophy* 17: 93-107.

Rosenberg, A.(1992), "Altruism: Theoretical Contexts", in E. F. Keller and E. A.

Sesardic, N.(1995), "Recent Work on Human Altruism and Evolution", *Ethics* 106: 128-157.

Singer, P.(1981), *The Expanding Circle* (New York: Farrar, Straus, and Giroux).

Sober, E.(1998), "What is Evolutionary Altruism?" in D. Hull and M. Ruse(eds.), *The Philosophy of Biology* (Oxford University Press), 459-478.

_____(2000), *Philosophy of Biology*, 2nd, Westview Press.

Sober, E. & Wilson, D. S.(1994), "Critical Review of Philosophical Works on the Units of Selection Problem", *Philosophy of Science* 61: 534-55.

_____(1998), *Unto Others: The Evolution and Psychology of Unselfish Behavior* (Cambridge: Harvard University Press).

Williams, G. C.(1966), *Adaption and Natural Selection* (Princeton: Princeton University Press).

Trivers, R. L.(1971), "The Evolution of Reciprocal Altruism", *Quarterly Review of Biology* 46: 35-57.

Wilson, D. S.(1998), "On the Relation between Evolutionary and Psychological Definition of Altruism and Selfishness", in Hull and Ruse 1998.

Wilson, D. S. and Dugatkin, L. A.(1992), "Altruism: Contemporary Debates", in Keller and Loyd 1992.

Wilson, E. O.(1992), *Sociobiology: The New Synthesis* (이병훈 · 박시룡 옮김. 『사회생물학』, 서울: 민음사).

Wuketits, F. M.(1990), *Gene, Kultur und Moral: Soziologie-Pro und Contra* (김영철 옮김. 『사회생물학 논쟁』, 서울: 사이언스북스).

Wynne-Ewards, V. C.(1962), *Animal Dispersion in Relation to Social Behavior* (Edinburgh: Oliver and Boyd).

5 다윈주의 윤리학
― 윤리학에서 유전자의 기능과 이성의 역할

이을상

5장

다원주의 윤리학
― 윤리학에서 유전자의 기능과 이성의 역할

이을상

1. 머리말 : 도덕성은 발달하는가?

우리 일상은 행위의 옳고 그름이나 선과 악을 판단하면서 살아가는 삶의 연속이다. 이와 같이 옳고 그름을 판단하고 선과 악을 구별하는 물음은 '도덕성'의 문제이고, 도덕성의 본질 또는 본성을 해명하는 학문 분야를 일컬어 우리는 '윤리(학)'이라 한다. 이른바 윤리란 국어사전에 따르면 '인간이 지켜야만 하는 마땅한 도리'를 가리키는 말이다. 이런 도리의 실천을 명제화한 것이 규범이다. 다시 말하면 규범이란 행위의 옳고 그름을 판단하는 기준이니, 규범의 본성 해명을 통해 도덕성을 정초하려는 입장이 다름 아닌 '규범윤리학(normative ethics)'인 것이다.

이런 도덕규범에는 어떤 것들이 있는가? 예를 들어 기독교의 십계명이나 유교의 삼강오륜, 불교의 8정도 등이 이에 속한다. 이들 규범이 의미하는 바를 우리는 대체로 전통과 관습을 통해 습득한다. 일상생활 속에서 우리는 이렇게 습득한 규범의 의미에 따름으로써 비로소 옳고 그름을 판단할 수 있는 것이다. 아마도 밀(J. S. Mill)이 여성권리인정투쟁을 벌이고, 러셀(B. Russell)이 반핵운동을 벌였던 것도 이런 기존의 규범이 있었기에 가능했던 것이 아닐까?

그렇다면 이런 규범들은 누가 만들었는가? 다시 말하면 오늘날 도덕규범들은 어떻게 존재하게 된 것일까? 이런 의문이 자연스럽게 떠오른다. 이와 관련하여 유신론자들은 먼저 '신의 의지'를 생각해낼 것이고, 자연주의자들은 '자연 사상'을 생각해낼 것이다. 그것이 무엇이든 간에 여기서 중요한 것은 이런 도덕규범들이 모든 사람들이 추구해야 할 보편성과 당위성을 지향하고 있다는 사실이다. 이런 연유로 모든 도덕규범은 반드시 단언적 명제나 명령의 형식을 띤다. 이것은 도덕의 본성을 구성하는 필수적인 요소라 할 수 있고, 이 필수적인 요소에 대한 탐구야말로 전통적으로 철학자들의 고유 업무 가운데 하나이다.

도덕성과 관련하여 철학자들은 먼저 도덕적 사고와 행위의 기본전제를 찾아내려고 한다. 왜냐하면 도덕적 사고와 행위의 옳고 그름은 이런 기본전제에 근거하여 평가되기 때문이다. 이 기본전제를 일컬어 종래의 윤리학은 '제1원리(the first principle)'라 부른다. 그러나 윤리학의 제1원리를 알고 있다고 하여 그가 반드시 윤리적으로 행위하는 것은 아니다. 예를 들어 '원수를 네 몸과 같이 사랑하라'는 제1원리에도 불구하고 오늘날 기독교는 이슬람교와 서로 화해점을 찾지 못하고 있지 않은가? 이것은 윤리적으로 행위하기 위해서는 먼저 윤리적 행위의 의미를 묻고, 또한 의미실현을 위한 행위를 정당화시켜야만 한다는 사실을 암시한다. 이와 같이―규범윤리학의 관점과 달리―행위의 윤리적 정당화를 연구주제로 삼는 입장이 '메타윤리학(meta-ethics)'이다.

메타윤리학은 도덕적 사고방식과 관련하여 무엇이 우리를 도덕적이게끔 만들어주는가, 즉 무엇이 도덕적 행위를 합리적이고 유의미하게 해주는가를 묻는다. 이 물음과 관련하여 중요한 것은 무어(G. E. Moore)의 '자연주의적 오류(naturalistic fallacy)'이다. 자연주의적 오류란 이른바 '존재(Is)'로부터 '당위(ought to)'를 도출할 수 없다는 흄(D. Hume)의 명제에 기초하여 가치어를 사실어로 환원시킬 때 필연적으로 빠지고 마는 논리적 맹점을 말한다. 예를 들어 쾌락주의자들은 '쾌락이 곧 선'이라고 말하지만, 우리는 이 명제가 오류임을 주어와 술어를 '환위'시켜 놓고 보면 금방 알 수 있다. 즉 선이 곧 쾌락이라는 명제는 선과 쾌락의 '동치'를 의미하는데, 그렇다고 하여 모든 쾌락이 선일 수는 없기 때문이다. 예를 들어 쾌락에는 육체적 쾌락인 성욕도 있는데, 성욕을 즐기기 위해 어린아이를 강간하는 것은 결코 도덕적으로 허용될 수 없다는 사실에서 쾌락주의자들의 명제는 오류인 것이다.

모름지기 선이란—여기서 보듯이—결코 어린아이를 강간해서는 안 되는 '당위'를 말한다. 바로 이 당위가 한갓 존재(~이다)에 근거해 있지 않다는 메타윤리학의 주장은 일견 그럴 듯해 보인다. 당위로서 선을 자연주의적 오류를 범하지 않으면서 정당화할 수는 없을까? 이에 대해 선이란 무어에게서 보듯이 객관적으로 존재하는 비자연적 속성이기 때문에, 그 자체로서 (주관적으로) 직관되어야 한다는 해결책을 메타윤리학자들은 제시한다. 그러나 이런 메타윤리학적 문제해결방식은 매우 피상적이다. 여기서 조금만 더 생각해보면, 당위가 근본적으로 존재에 기반하고 있음을 우리는 금방 알 수 있기 때문이다. 즉 내게 선인 것이 너에게도 선이기 위해서는 본성적으로 동일한 존재에 기초해야만 한다. 동일한 존재적 기반이 없다면, 우리는 어떻게 당위가 있음을 판단할 수 있는가? 이 말을 위의 예에서 숙고해 보자. 미성년자인 어린아이와의 섹스는 나쁜 것이지만, 정상적인 부부 사이에서 섹스는 나쁜 것이 아니다. 이렇듯 섹스 그 자체는 좋은 것(선)도, 나쁜 것(악)도 아닌 (가치무관심한) 존재를 나타내는 말이다. 그러나 섹스와 관련한 가치를 판단하기 위해서는 섹스 행위가 일어나는 존재 기반을 반드시 필요로 한다.

이런 메타윤리학이 귀착하는 딜레마는 새로운 모색을 필요로 한다. 이런 요구에 대해 '다윈주의 윤리학(Darwinian ethics)'이 하나의 새로운 대답이 될 수 있을 것이다. 즉 다윈주의 윤리학은 진화론에 근거하여 윤리의 기원을 설명함으로써 존재(사실)로부터 당위가 정당화될 수 있음을 보여준다. 이런 다윈주의 윤리학에서 중요한 것은 무엇보다도 '유전자의 이익(gene's benefit)'과 '후성규칙(後成規則, epigenetic rules)'이다. 그러나 이 설명은 적어도 19세기의 '진화윤리학(evolutionary ethics)'과는[1] 다른 차원의 것이지 않으면 안 된다. 먼저 유전자의 이익이라는 말에서 다윈주의는—사회진화론과 달리—인간의 윤리적 삶도 자연선택에 의해 영위되고 있음을 논증한다. 다음으로 후성규칙이라는 말에서 일상생활 속에 나타나는 당위적 사실의 생물학적 논거를 발견하려고 한다. 이에 따르면 인간의 윤리의식이라는 것도 실제로는 인간발달의 산물이고, 이런 심성의 발달이야말로 새로운 윤리학의 토대가 되어야만 한다는 것이 다윈주의 윤리학의 핵심인 것이다.

---

[1] 진화윤리학이란 19세기의 스펜서(H. Spencer), 헉슬리(Th. Huxley) 등이 표명한 윤리적 입장을 말한다. 이들은 당시 자연과학의 발달에 힘입어 인간사회도 진화(진보)해 갈 것이라는 '사회진화론'에 윤리학의 뿌리를 두고 있는데, 무어의 자연주의적 오류는 바로 이런 진화윤리학을 정면으로 비판한 것이다.

그렇다면 이런 다윈주의 윤리학은 종래의 철학적 윤리학에 어떤 빛을 던질 것인가? 여기서 논의는 과연 다윈주의 윤리학이 종래의 규범윤리학이나 메타윤리학의 설명을 대신할 수 있을까 하는 물음에 초점이 모아진다. 그러기 위해서는 먼저 이성과 유전자의 관계가 해명되어야만 한다. 규범윤리학은―칸트가 도덕을 '이성의 사실'로 이름붙인 것에서 보듯이―이성에 근거하고, 이성은 인류 전체의 복지 향상과 행복 추구를 목표로 한다. 이에 반해 다윈주의 윤리학은 유전자의 이익에 근거하고, 유전자의 이익은 (개체의) 생존과 번식에 기여한다. 이 점에서 규범윤리학과 다윈주의 윤리학 사이에는 큰 괴리가 있어 보인다. 그래서 이 글은 이 괴리를 해명하고, 나아가 이성의 사실과 유전자의 이익 간의 공존 가능성을 모색해 보려는 것이다.

2. 이타성: 도덕성의 기원인가, 유전자의 이익인가?

먼저 다윈(Ch. Darwin)에서 출발해보자. 다윈은 1871년에 출간된 『인간의 유래』(*The Descent of Man and Selection in Relation to Sex*, 1871)에서 흄, 아담 스미스(Adam Smith), 베인(A. Bain) 등 영국 스코틀랜드 도덕철학의 기본사상을 수용하면서 이를 진화론적 관점에서 새롭게 해석하고 있다. 스코틀랜드의 도덕철학은 도덕적 분별력이 인간의 본성 안에 주어져 있다고 보았고, 다윈은 다시금 인간 능력을 진화론에 입각하여 설명한다. 다윈에 따르면 도덕적 행위란 인간의 이성에 선천적으로 주어진 것이 아니라 생명 진화의 산물이며, 그런 까닭에 선택이론에 따라 도덕의 기원도 또한 설명될 수 있다는 것이다. 즉 인간의 도덕적 의미, 법과 불법에 대한 감정이나 양심은 동정심이라는 본능 속에 뿌리박고 있는 바, 도덕은 개인의 행복추구가 아니라 공동체의 복지를 지향한다는 것이다. 이런 도덕은 동물의 사회적 본능과 다른 오직 인간만이 소유하고 있는 능력을 가리키는 말이고, 여기에 인간만이 도달한 높은 지적 능력과 언어능력이 더해짐으로써 마침내 인간과 동물 사이에는 질적 차이가 분명해졌다는 것이 다윈의 설명이다.

이런 다윈의 주장을 좀 더 구체적이고 체계적으로 발전시킨 사람이 윌슨(E. O. Wilson)이다. 윌슨은 1975년에 발간된 『사회생물학』(*Sociobiology: The New Synthesis*, The Belknap Press of Harvard University Press, Massachusetts, 1975)에서 생물학을 이용하여 도덕성을 '모든 차원에서 남김없이' 설명하겠다고 밝히고 있다. 그리고 이런 구상의 실현 가능성을 윌슨은 다음과 같이 말한다(Wilson, 1992, 19).

> 생리학과 진화의 역사 문제에 관심이 있는 생물학자는 자의식이 뇌의 시상하부와 대뇌번연계에 있는 정서중추에 의해 제어되고 형성된다는 사실을 알고 있다. 이 중추들은 우리 의식을 미움, 사랑, 죄의식, 공포 등의 모든 감정으로 채우고 있고, 윤리철학자들은 이런 감정에 의존하여 선악의 기준을 직관하고 있다. 그러면 우리는 무엇이 이 시상하부와 대뇌번연계를 만들어냈느냐 하는 의문을 제기하지 않을 수 없다. 그러나 이 모두는 바로 자연선택에 의해 진화되어 온 것이다. 이 간단한 생물학적 언명은 인식론과 인식론자들까지 다 들추지 않는다 하더라도 윤리학과 윤리철학자를 설명하기 위해 철저하게 탐구되어야 할 것이다.

이 말은 종래의 철학과 인문사회학자들의 전유물이었던 윤리에 관한 본격적인 논쟁을 생물화시키겠다는 뜻을 함축하고 있는 것이다.[2] 실제로 윌슨은 윤리의 생물학적 논의를 유전자 차원에까지 확대시켜 연구함으로써 인간의 본성, 감정, 동기를 더 깊이 이해할 수 있다고 확신했다. 여기서 본성과 관련된 인간과 동물의 질적 차이는 존재하지 않는 것처럼 보인다. 이와 같이 인간을 포함한 모든 유기체의 사회적 행동에 관해 생물학을 기초로 종합적으로 연구하는 학문을 일컬어 윌슨은 '사회생물학'이라고 이름 붙였다. 사회생물학에 따르면 종래에는 철학과 인문·사회과학의 몫이었던 인간행위의 인간학적-윤리적 의미탐구가 이제는 응용과학의 탐구대상이 되고 있다고 하겠다(M. Ruse and E. O. Wilson, 1986, 173-192).

이런 사회생물학적 탐구에 따른 도덕성의 본성은 무엇인가? 이 물음에 대한 대답은 한마디로 말하면—이미 다윈이 말한 바 있는— '이타성(altruism)'이다. 윌슨을 비롯한 일군의 사회생물학자들은 인간의 이타적 태도를 '자연선택' 이론에 따라 설명한다. 그리고 역할과 기능의 측면에서는 도덕 현상을 유전자의 표현형으로 해석한다. 이 말뜻을 좀 더 분명하게 이해하기 위해 진화에 관한 도킨스(R. Dawkins)의 설명을 들어보자. 그것은 다음과 같다. 즉 유전자는 '종의 역사'에서 획득된 유전정보이며, 생명체의 생명현상 가운데서 변화한다. 이런 유전자를 도킨스는 자신을 재생산하기 위해 노력하는 '복제자' 또는 '복제기계'라고 파악한다. 이에 대해 생명체란 유전자의 표현형에 지나지 않으며, 자신의 유전자를 보존하도록 프로그램된 '생존기계'일 따름이다(Dawkins, 2002, 37-48). 이런 의미에서 도킨스는 유전자가 '이기

---

[2] 이를 싱어(P. Singer)는 '윤리의 생물학(biology of ethics)'이라는 말로 표현하였다(Singer, 1999, 116).

적'이라는 표현을 쓰고 있는 것이다. 그렇다면 진화는 어떻게 일어나는가? 단적으로 말해 진화가 일어나는 메커니즘은 '자연선택(natural selection)'과 '적응도(fitness)'이다. 자연선택이란 가장 적응도가 높은 것이 살아남는다는 것이고, 또한 적응도는 자손 번식의 성공률을 높이는 정도를 가리키는 말이다. 이에 관해서는 아래의 해밀턴(W. D. Hamilton)과 트리버스(R. L. Trivers)에 의해 더 잘 설명될 것이다.

사회생물학은 이 자연선택과 적응도라는 생물학적 원칙에 따라 도덕성, 즉 이타성을 설명한다. 도덕성, 즉 이타성과 관련하여 사회생물학은 어떤 종의 사회적 행동이 자신에게는 희생과 죽음을 가져오지만, 이를 감수하고 이타적으로 행동하는 이유가 무엇인가를 묻고 있다. 이런 이타적 행동의 예로 우리는 자식을 위한 '모성애'라든지 동족을 위한 '민족애' 등을 들 수 있겠다. 이런 유(類)의 이타적 행동은 자기 집단의 번식성공률을 높이려는 집단의 적응도에 의해 잘 설명될 수 있기 때문이다. 이와 같이 자기 집단의 적응도를 높이는 방향에서 일어나는 선택을 우리는 '혈연선택(kin selection)'이라 부른다.

혈연선택이란 두 개체의 혈연관계가 가까울수록 친족을 보호하려는 이타적 행동이 강화된다는 일종의 '친족우선주의(nepotism)'를 가리키는 말인데, 유전적 친족을 위한 이타적 태도를 가장 잘 표현해 주는 말이 해밀턴의 '포괄적 적응도(inclusive fitness)'이다(Hamilton, 1964). 포괄적 적응도란 한 개체가 지닌 유전자의 포괄적인 번식결과를 나타내는 말이다. 해밀턴은 포괄적 적응도를 개별 적응도와 구별하는데, 포괄적 적응도 개념에 따라 친족의 이타적 태도의 준비성이 유전적 친족성의 정도에 따라 달라진다는 점을 수학적으로 증명했다.[3]

그러나 이타적 행동이 혈연적 친족 사이에서만 일어나는 것이 아니다. 그것은 다른 종의 집단이나 개체에까지 확장된다. 이를 설명하기 위해 트리버스는 '호혜적 이타주의(reciprocal altruism)' 모델을 개발했다(Trivers, 1971). 호혜성이란 나의 이타적 행위가 상대방에게 이익을 주는 동시에 나의 미래 이익까지도 보장받을 수 있음을 말한다. 예를 들어 내가 물에 빠진 사람(내가 전혀 모르는 사람임)을 구하기 위해 물에 뛰어드는 경우를 생각해보자. 이때 내가 물에 빠져 죽을 확률이 5%이고, 내가 도와주지 않을 때 물에 빠진 사람이 죽을 확률은 50%라고 가정해보자. 내가 낯선 사람을 구하기 위해 죽을 확률 5%를 무릅씀으로써 나의 행위는 전적으로 이타적인 것처럼 보인다. 다시 내가 구조를 받을 상황이 발생하여 그 사람이 나를 구조한다고 생각해보자(누군가가 나를 구조해주지 않을 때 나의 익사 확률은 50%이다). 이런 경우에 나의 생존 확률은 95%가 된다. 미래의 이익을 생각할 때 나는 물에 빠진 낯선 사람을 구해주는 것이 이익이 된다. 또한 이로써 나는 두 개의 조그만 위험(내가 낯선 사람을 구조할 때 겪는 5%의 위험과 내가 도움을 받을 때의 5%의 위험)과 큰 위험(내가 도움을 받지 못했을 때 50%의 위험)을 맞바꾸는 셈이 된다는 것이다.

이와 같이 사회생물학이 말하는 이타적 인간행위에는 혈연이타성과 호혜적 이타성이라는 두 종류가 있다. 이 두 이타성을 윌슨은 '맹목적 이타성(hardcore altruism)'과 '목적성 이타성(softcore altruism)'으로 구분한다(Wilson, 2001, 217). 맹목적 이타성이란 혈연 이타성을 가리키는 말로 이타적 행위에 대한 대가를 바라지 않는 것을 특징으로 한다. 이런 이타성은 혈연관계가 가까울수록 강력하게 나타나고, 멀어

---

3 일반적으로 적응도의 득실을 나타내는 비례상수 k는 근친개체 전체에 대한 평균 근연계수 역수(-r) 값보다 크지 않으면 되는데, 이것을 수학식으로 표현하면 다음과 같다(Wilson, 1992, 150).

$k > 1/-r$

질수록 느슨해진다. 이에 반해 목적성 이타성은 혈연 이타성을 제외한 모든 이타성을 아우르는 말인데, 이런 이타성은 혈연이타성과 달리 이타행위에 대한 대가를 바란다는 특징이 있다. 이런 이타성을 우리는 엄밀한 의미에서 '이타적'이라고 할 수 있을까? 이것은 철저히 계산된 행동이고, 이런 계산적 선행이 나타나는 까닭을 윌슨은 인간의 행동이 궁극적으로 이기적인 원인을 지니고 있기 때문이라고 본다. 즉 인간의 행위란 ―그것이 의식적이든 무의식적이든― '자기 이익'에 우선적인 관심을 둘 수밖에 없고, 이런 관심을 갖게 되는 궁극적인 원인이 유전자가 자기 자신의 이익을 도모하는 것에 있다고 윌슨은 보는 것이다.

이 점에서 도킨스의 '이기적 유전자'가 다시금 부각된다고 하겠다. 도킨스에 따르면 진화의 실제적인 추진자는 적응도를 최대화하기 위해 노력하는 '무자비하고 이기적인 유전자'이다(Dawkins, 2002, 83, 117, 127, 149). 다시 말하면 진화는 생존을 위해 투쟁하는 개체들이나 종들의 노력에 의해 일어나는 것이 아니다. 이런 개체나 종은 유전자의 표현형으로서 진화를 선도하는 도구일 따름이다. 진화를 실제로 추진해가는 주체는 유전자다. 유전자의 관점에서 볼 때 인간을 포함한 모든 동물의 이타적 행동이란 예측할 수 없는 환경에 대처하기 위한 유전자의 대처방식일 뿐이다. 마찬가지로 협동도 또한 이기적인 유전자를 보존하도록 프로그램된 생존기계가 적응도를 보강하기 위한 노력의 일환으로 다른 생존기계를 이용하는 행위에 불과한 것이다.

도킨스의 '이기적 유전자' 이론을 윌슨도 일정 부분 수용하지 않을 수 없다. 왜냐하면 사회생물학은 인간의 모든 사회적 행동을 생물학적 본성(즉 이기성)으로 설명해야 한다는 원죄의식을 띠고 있기 때문이다. 생물학적 본성으로 설명할 수 없는 인간의 행동이 있다면, 그것은 곧 사회생물학이 지닌 설명력의 한계를 드러내는 꼴이 된다. 과연 이런 행동이 있을 수 있을까? 이런 맥락에서 보자면 예수 그리스도의 '네 원수를 내 몸과 같이 사랑하라' 는 무조건적 사랑은 성립할 수 없다. 그 이유는 다음과 같다. 즉 예수 그리스도의 명제는—사회생물학적으로 표시하면— '네가 내 등을 긁어주느냐 않느냐에 상관없이 나는 언제나 너의 등을 긁어주겠다' 는 전략인데, 이 전략은 '네가 내 등을 긁어주면, 나도 네 등을 긁어주겠다' 는 호혜주의 원칙에 어긋난다. 사회생물학에서 비혈연적 이타성은 모두 호혜주의 원칙에 근거한 것들이다. 그래서 윌슨은 심지어 테레사 수녀(Mother Teresa)의 이타적 행위에서조차도 이기적인 요소를 찾아내려고 한다(Wilson, 2001, 229).

우리는 이런 호혜주의 원칙을 진정한 이타성으로 보기 어렵다. 왜냐하면 이타성이란 남을 위한 희생정신을 말하는데, 호혜주의는 조건부적이고 일종의 이기주의의 변형이기 때문이다. 그렇다면 인간에게 진정한 의미의 이타성이란 없는 것일까? 그리고 이런 진정한 의미의 이타성은 사회생물학적으로 설명할 수 없는 것인가? 이에 대해 싱어는 '그렇지 않다' 고 대답한다. 즉 싱어는 진정한 의미의 이타성이 생존전략이 될 수 있음을 '죄수의 딜레마' 에서 증명한다(Singer, 1999, 86-87).

가상의 왕국 루러테이니아(Ruritanian)의 비밀경찰 독방에는 두 명의 정치범이 각기 따로 수감되어 있다. 경찰은 불법 야당 소속원의 명단을 밝히라고 그들을 설득하고 있다. 두 죄수 모두가 밝히지 않을 경우 경찰이 그들에게 죄를 뒤집어씌울 수는 없다. 하지만 그들은 경찰이 포기하고 석방할 때까지 3개월을 더 연장해서 독방에서 취조를 받게 될 것이다. 그런데 그 중 하나가 또 다른 한 사람을 연루시키며 입을 연다면, 입을 연 죄수는 즉각 석방되겠지만, 나머지 한 명은 8년의 징역에 처해질 것이다. 한편 두 사람 모두 자백할 경우 협조했다는 정상이 참작되어 양자 모두 5년 동안 감옥살이를 하게 될 것이다. 죄수들은 개별적으로 심문 당한다. 따라서 상대방이 자백을 할지에 대해선 알 수가 없다.

죄수의 딜레마에서 핵심은 과연 죄수들이 자백을 할 것인지 여부이다. 그러나 싱어는 죄수의 딜레마에서 진정으로 이타적(자기 이익에 근거한 상호 교환이 아닌)일 경우에 오히려 진화상의 이점이 있을 수 있음을 논증하려 했다. 이것은 윌슨과 달리 혈연이타성 외의 목적이타성에서도 자기 이익이 아닌 참된 이타성이 존재함을 보여주는 사례라고 하겠다. 싱어는 이런 결론이 실제로 심리학적 실험 사례를 통해서도 증명된 사실이라고 말하는데, 예를 들어 두 사람의 초기 인류가 맹수의 습격을 받았다고 가정해보자. 두 사람이 모두 도망치지 않을 경우 맹수를 격퇴할 수 있는 상황이라면, 두 사람이 협동하여 맹수와 싸울 때 두 사람의 생존확률은 도망가는 것(도망칠 때 생존확률 50%)보다 훨씬 높아진다(Singer, 1999, 89-90). 이런 상황이라면 순수 이타성이 진화상으로 자연 선택되었을 것이 틀림없지만, 감옥과 자백이 초기 인류의 진화에 별다른 구실을 하지 못했다는 것이 싱어의 반론이다.

3. 후성규칙과 도덕적 책무

이타적으로 행위하는 것만으로는 그것이 아직 도덕적 행위라고 말할 수 없다. 물론 도덕적 행위는 이타성을 띤다. 그러나 이타적으로 행위하는 것은 도덕적이기 위한 필요조건이지 결코 충분조건이 아니다.

그렇다면 그 충분조건은 무엇일까? 단적으로 말하면 그것은 '자율(autonomy)'이다. 자율은 강제를 가리키는 타율(heteronomy)과 달리 의지의 '자기 지배'를 말한다. 이로부터 어떤 행위가 도덕적이기 위해서는 반드시 자기 의식적이고 자율적인 동기에서 일어나야 한다는 당위의식이 윤리학의 중심에 자리 잡게 된다. 이 당위의식을 명제화한 것이 규범인데, 규범이 언제나 보편타당한 명령과 금지, 허락의 형식을 띠는 것도 이 때문이다.

전통적인 윤리설은 이런 규범의 보편타당성을 정당화시켜 주는 학문 영역이다. 서양 실천철학의 역사에서 이런 논의의 주류를 형성해온 근대 윤리설은 칸트(I. Kant)의 법칙주의와 벤담(J. Bentham), 밀(J. S. Mill)의 공리주의이다. 먼저 칸트의 법칙주의는 도덕적 사태에 직면하여 "너의 준칙이 언제 어디서나 동시에 보편적인 법칙이 되게끔 행위하라"고 규정한 '정언명법(categorical imperative)'에 따를 것을 촉구한다. 바로 이런 정언명법에 따를 것을 촉구하는 것이야말로 '이성의 사실'이라고 칸트는 설명한다. 이에 대해 벤담과 밀은 인간이 쾌락과 고통이라는 두 군주의 지배하에 놓여 있다고 전제하면서 '최대다수의 최대행복'이야말로 도덕적 행위의 최고 원리가 되어야 한다고 역설한다. 이때 이성적 고량(考量)의 궁극목표는 바로 유용성의 확대를 통한 '쾌락의 극대화'이다.

여기서 금욕주의를 표방하는 칸트의 법칙주의와 쾌락주의에 따르는 벤담과 밀의 공리주의는 서로 정반대의 방향을 지향하는 것처럼 보이지만, 양자는 모두 이성을 활용하여 규범의 당위성을 정당화시켜 준다는 공통점을 지니고 있다. 이성이야말로 근대의 인간성이 근거하는 보편적 기초이고, 이로써 윤리가 위에서 언급한 것처럼 인간이 지켜야 할 근본 도리로서 정립되는 것이다. 그런 까닭에 전통적인 윤리학은 동물에게 어떤 도덕적 책임도 묻지 않았던 것이다. 그렇다면 생물학적 본성에 기초하는 다윈주의 윤리학이 과연 도덕규범의 당위성과 인간의 도덕적 책임을 설명할 수 있을까?

이 물음과 관련하여 루즈(M. Ruse)는 후성규칙을 통해 진화론적 이타성에서 도덕규범이 갖는 당위성을 논증할 수 있다는 논지를 펼친다. 그것은 어떻게 가능한가? 위에서 우리는 윌슨이 말하는 목적성 이타성이 도덕적 의미에서의 진정한 이타성이 될 수 있는 가능성을 확인하였다. 루즈는 바로 이런 이타성이 인간의 '도덕감(moral sense)'을 형성한다고 주장한다(Ruse, 1998, 222). 이 도덕감은 개인의 원초적인 차원에서는 '무엇을 하고 싶다' 거나 '하고 싶지 않다' 는 단순한 호오(好惡)감정을 나타낼 것이지만, 점차로 사회적 차원으로 발전해가는 공론화 과정을 거치면서 '무엇을 해야만 하거나' '하지 말아야만 하는' 일종의 의무감으로 발전한다는 것이다. 이런 의무감의 원천을 루즈는 후성규칙에서 찾는다.

루즈에 의하면 후성규칙이란 유전자와 인간의 사고나 행동을 매개하는 규칙을 말한다. 즉 다윈주의는 어떤 행위를 좋아하고 싫어하는 인간의 호오감정이 유전적으로 결정되어 있다고 본다. 이런 호오감정은 단순한 주관적인 경향을 넘어 옳고 그름의 평가에까지 이른다. 예를 들어 오늘날 근친상간의 금지는 단순히 근친의 상간을 싫어한다는 주관적 감정 상태를 가리키는 말이 아니라 근친을 상간해서는 안 된다는 당위의식까지 포함하는 말이다. 당위란 근본적으로 대전제에 대한 절대적 복종을 내포하는 말인데, 이런 당위의 생물학적 기원을 루즈는 후성규칙에서 찾고 있는 것이다. 실제로 당위로서 근친상간의 금지는 인간에게만 고유한 것이 아니라 유인원에게서도 찾아볼 수 있는 생물학적인 특질이다. 그러나 동물과 달리 인간에게는 이 금지가 의식과 함께 주어짐으로써 인지의 발달을 가져왔다. 즉 인간에게 후성규칙은 인지의 발달을 유전시키고 있는 것이다.

루즈는 이에 대한 기본 설계를 윌슨에게서 빌려왔다. 윌슨은 젊은 이론물리학자 럼스덴(Ch. J. Lumsden)과 함께 작업한 『유전자, 마음, 그리고 문화』(*Genes, Mind and Culture- The Coevolutionary Process*, Massachusetts: Harvard University Press, 1981), 『프로메테우스의 불』(*Promethean Fire- Reflections on the Origin of Mind*, Massachusetts: Harvard University Press, 1983)에서 '유전자와 문화의 공진화(gene-culture coevolution)'를 설명하면서 '인지 발달의 편향된 신경 회로'를 뜻하는 후성규칙이라는 말을 도입했다. 이에 따르면 유전자가 이 후성 규칙을 만들어내고, 인간의 개별 마음은 이 규칙을 통해 자기 자신을 조직한다는 것이다. 예를 들어 뱀에 대한 공포와 범문화적인 뱀의 상징들, 색깔의 지각과 범문화적인 색깔을 나타내는 어휘의 상호작용은 후성 규칙에 의해 문화가 창조된 대표적인 사례들이라고 하겠다.

이를 윌슨은 민속학자들이 인간을 수많은 종 가운데 하나로 보고, 각 종의 인간에게는 환경에 특수화된 '종적 특질(idiosyncrasy)'이 나타난다는 사실에서 착안했다(Lumsden and Wilson, 1981, 2). 다시 말하면 인간 행위의 특수성을 평가하고자 할 때, 우리는 그런 행동이 나타나는 행위패턴을 인간에 특수한 유전적 기초에 따라 설명하지 않으면 안 된다. 왜냐하면 유전자와 관련해서 볼 때 어떤 행위를 규정해주는 것은 다름 아닌 유전자이기 때문이다. 그렇지 않고 일련의 사회학자(특히 행동주의자)들이 주장하듯이 하나의 행위를 설명하는데 전적으로 학습효과만 고려한다면, 우리는 세대 간의 행위에서 명백하게 드러나는 질적 비약과 뇌의 발달을 효과적으로 설명할 수 없다. 그렇다고 하여 인간의 행위를 유전자 결정론에 따라서만 설명하는 것도 물론 충분한 것이 아니다. 왜냐하면 유전자 결정론은 환경의 영향을 일거에 제거해버릴 것이기 때문이다. 여기서 새로운 길이 모색되어야만 한다. 이런 맥락에서 윌슨은 유전자가 인간의 행위에 있어서 일련의 생물학적 과정을 규정한다고 보고, 이를 '프로메테우스적 유전자'라고 부른다. 이 프로메테우스적 유전자는 말 그대로 인간에게 '문화'를 가능하게 해준다. 이와 같이 프로메테우스적 유전자가 문화를 가능하게 해줌으로써 프로메테우스적 유전자는 마침내 인간의 마음을 다른 유전자로부터 해방시키고, 그리하여 자유롭게 된 마음을 다시금 종합하는 하나의 형식이 필요한데, 이를 윌슨은 '후성규칙'이라고 부른 것이다.

후성규칙이란 특정한 방향으로 향하는 해부학적·생리학적 특성과 인지적이거나 행동적인 특성의 발달을 유도하는 후성발생 시에 일어나는 규칙성을 말한다. 후성규칙은 궁극적으로 그 특수한 본성이 DNA의 발달적 복제에 의존한다는 의미에서 본래 유전적이다. 후성규칙은 단백질 합성에서 기관조직의 복잡한 계기를 통해 인식에 이르기까지 모든 단계에서 일어난다. 몇몇 후성규칙은 거의 모든 거대한 환경적 변화에 영향을 받지 않는 최종적으로 확립된 표현형을 지닌 비유연성을 보이지만, 다른 후성규칙은 환경에 유연하게 대응하는 것을 허용한다. 그러나 이 모든 후성규칙은 각 배열 속에 나타나는 가능한 대응이 하나의 환경적 단초나 특수한 통제 메커니즘의 작동에 의해 생겨나는 일련의 단초들과 어울린다는 점에서 불변적이다. 인지의 발달에서 후성규칙은 학습의 형식과 문화유전자의 전이에 영향을 미치는 많은 지각 과정과 인식 과정 가운데 있는 하나에 표현된다. 심적 발달의 1차적인 후성규칙은 감각적 여과를 통해 지각에 이르는 좀 더 자동적인 과정에 기초한다. 2차적인 후성규칙은 지각 영역에 펼쳐지는 정보에 영향을 미치고, 기억의 유도와 정서적 반응, 결정 및 바이어스 커브(bias curves)의 사용을 포함한다.(Lumsden and Wilson, 1981, 370-371)

인간의 유전자는 마음이 형성되는 방식에 영향을 미치는데, 즉 어떤 자극은 지각되고 어떤 자극은 놓쳐 버리는 것, 정보가 프로세스되는 방식, 대체로 쉽게 떠올릴 수 있는 종류의 기억들과 우리가 대부분 환기시키려는 감정들 등에 영향을 미친다. 이런 결과를 초래하는 과정들이 바로 후성규칙이다.(Lumsden and Wilson, 1983, 20)

유전자는 인지 발달의 신경 회로와 규칙적인 후성규칙을 만들어내고, 개별 마음은 그 규칙을 통해 자기 자신을 조직한다. 마음은 태어나서 무덤에 들어갈 때까지 성장한다. 물론 자기 주변의 문화를 흡수하면서 성장한다. 하지만 그런 성장은 개체의 두뇌를 통해 유전된 후성규칙들의 안내를 받아 이뤄진다.(Wilson, 2005, 232)

이들 인용문에서 보듯이 후성규칙은 윌슨이 인간의 본성을 설명하는 핵심개념이다. 그리고 인간의 본성과 관련하여 후성규칙이 작동하는 메커니즘을 윌슨은 다음과 같이 설명한다. 우선 후성규칙은 물리적 환경으로부터 많은 정보를 수집하고, 이렇게 수집된 정보를 마음이 결정의 원자료인 인식도식으로 가공한다. 이렇게 가공함으로써 인간의 행위는 마음의 역동적인 활동의 산물로서 분출되는 것이다. 다른 한편으로 이런 역동적인 마음의 활동으로부터 문화도 나온다. 다시 말하면 개별 마음이 유전적으로 조성된 인간 두뇌의 산물이라면, 문화는 공동의 마음에 의해 산출된 것이다. 이때 문화란 후성규칙을 심적 활동과 행위의 '집단적 유형(mass pattern)'으로 번역한 것을 말한다. 이런 의미에서 유전자와 문화는 인간 본성의 내면을 표시하는―종래의 관념론이 말하는―'주관정신'과 '객관정신'의 영역으로 치환될 수도 있겠지만, 그렇다고 하여 후성규칙이 결코 정신으로 치환되는 것은 아니다. 왜냐하면 후성규칙이란 인간성의 보편적 징표를 가리키는 것이 아니라 인간성의 생물학적 이점을 나타내기 위한 것이기 때문이다. 예를 들어 위에서 언급한 근친상간의 회피, 문화에 따라 달라지는 색깔을 표시하는 어휘가 달라짐, 뱀에 대한 공포증이나 고소공포증, 수를 통해 세계를 나타내는 수학적 모델 등은 모두 후성규칙의 산물들이고, 인간의 생물학적 약점을 보완하기 위한 일종의 생물학적 이점을 나타낸 것들이다. 바로 이 점에서 우리는 인간의 본성이 본질적 징표가 아닌 생물학적 종의 특질을 나타내는 것이라고 하겠고, 여기서 후성규칙으로 인간의 본성을 설명하려는 '생물철학(philosophy of biology)'의 특징도 잘 드러난다고 하겠다.

루즈는 이런 후성규칙의 연장선에 있는 인간의 도덕성도 또한 인간이라는 생물학적 이점의 의무의식을 넘어서지 않을 것이라고 본다. 즉 초기 인류는 이 생물학적 이점과 관련하여 남에게 도움을 주지만, 피해를 주는 행동을 해서는 안 된다는 규칙을 갖게 되었을 것이다. 이 규칙이 점차로 우리의 보편적인 도덕 감정으로 발달했을 것이라고 추측해볼 수 있다. 오늘날 이를 경험적으로 잘 증명해주는 것이 위에서 말한 '이타성'이다. 이타성이 어떻게 인간의 도덕성을 발달시켰는가에 대한 루즈의 설명은 매우 새롭다. 즉 이타주의는 개미의 경우에 보듯이 엄격한 유전적 통제를 받고 있고, 자연은 인류가 도덕적이어야 한다는 어떤 요구도 하지 않는다. 그러나 인간의 경우에는 인지의 발달로 인해 이타성의 계산이 합리적이고 자기 지향적(이기적)인 결정에 의해 영향 받아왔다는 것이다. 이타성의 계산에는 뇌의 엄청난 위력이 필요한데, 순수 합리성은 실제 생활이 요구하는 가장 바람직한 방향을 충분히 빨리 간파해내지 못한다(심지어 컴퓨터조차도 체스게임에서 모든 경우의 수를 탐색할 시간을 가지지 못한다). 그래서 인간의 행위는 항상 자연과 합리성 사이에서 중용의 길을 선택하게 되는데 (middle-road option), 이때 우리 내부에 장착된 후성규칙이 우리로 하여금 생물학적 의미에서 (비록 우리에게는 전혀 알려져 있지 않지만) '이타적인' 행동을 하게끔 만들어간다는 것이다(Ruse, 1998, 221). 즉 이 중용의 길을 걷게 하는 핵심적 활동이 바로 '도덕성'인 것이다.

이렇게 본다면 도덕성이란 인간으로 하여금 행위하게끔 박차를 가하는 가장 근본적인 충동이다. 이 점에서 도덕성은 근본적으로 우리 행위를 규정하는 성격을 띨 것이지만, 다른 이기적인 감정과는 반대로 작동한다. 도덕은 쾌락과는 다른 행위의 결과를 미리 계산하는 능력이다. 이 점이 바로 당위의 생물학적 기원인 셈이다. 즉 우리의 감정은 그것이 이기적 감정의 충족일 때 호오의식으로 나타날 것이지만, 근친상간 금지의 규칙에서 보듯이 허용된 행위는 옳고, 허용되지 않는 행위는 그르다는 (생득적인 것과 유사한) 감정에 의해 보증되는 것이라면, 이때 옳고 그름의 감정은 단순한 호오의식을 넘어 '의무의식'을 부여한다. 의무의식이 부과됨으로써 도덕성은 우리의 행위를 제어하는 강력한 요인으로 당위를 드러낸다. 이와 같이 형성된 당위에 따름으로써 우리는 서로 도움을 주고 협력 관계를 형성할 것이고, 이것은 생물학적으로도 유익한 것이 될 것이다. 이것이 도덕성이 진화하는 근본적인 이유이다. 그리하여 진화된 (후성규칙에 의해 매개된) 도덕성은 우리 의지를 인도하고 강화시킨다.

이로써 루즈는 도덕성의 생물학적 기원에 관해 논증한다. 루즈는 이런 입장을 '자연주의적 접근법(naturalistic approach)'이라 부른다 (Ruse, 1998, 221). 그런데 이런 자연주의적 접근법에 근거한 다윈주의 윤리학은 칸트의 정언명법이나 공리주의의 행복 원리를 대신할 수 있을까? 여기서 루즈는 두 개의 난점에 봉착한다. 먼저 루즈의 다윈주의 윤리학이 근거하는 생물학적 이타주의는 '포괄적 적응도'와 밀접한 관계가 있고, 적응도는 자손의 번식과 관계가 있지만, 정언명법이나 행복의 원리는 자손의 번식과 전혀 관계가 없다. 아니 우리가 자손의 번식과 관련하여 도덕적으로 행동한다면 그것이야말로 난센스가 아닌가? 다음으로 다윈주의 윤리학에서 후성규칙에 따르는 까닭은 진화상의 이익 때문인데, 그렇다면 정언명법이나 행복의 원리는 우리에게 어떤 진화상의 이익을 가져다주는가? 이에 대해 루즈는 명쾌한 대답을 못한다. 즉 칸트는 인간을 수단으로 대하지 말고 언제 어디서나 목적 그 자체로 대하라고 하지만, 루즈는 의무가 차등적임을 들어 차등적 대우를 정당화한다(Ruse, 1998, 244). 또한 공리주의는 모든 구성원에게 동등한 권리로서 대할 것을 요구하지만, 한정된 자원을 두고 서로 투쟁하는 상황에서 후성규칙은 결코 모든 구성원을 동등한 권리로 대할 수 없다. 오히려 이런 상황에 접근하는 방식으로서 사회생물학은 r 전략 또는 k 전략을 선택한다(Ruse, 1998, 237).[4]

여기서 우리에게 도덕적 책무를 규정해주는 도덕원리를 생물학적 후성규칙으로 설명하려고 한 루즈의 시도는 한계에 부딪친 것처럼 보

---

[4] 동물의 경우에는 새끼나 알을 많이 낳는 종류(어류, 양서류, 곤충류 등)가 있고, 한두 마리 또는 소수만을 낳아 잘 기르는 종류(인간, 유인원 등)가 있다. 이와 같이 적게 낳아 고도의 학습과 사회성을 길러 생존하게 하는 것을 k전략이라 하고, 많은 알을 낳아 그 중에서 일부가 종을 보존해 가는 것을 r전략이라 한다. 이때 k는 최대 환경수용능력을 나타내고, r은 성장계수를 나타낸다. 따라서 k전략은 주로 안정된 자연 상태에서 선택되고, r전략은 생존 조건이 열악한 상태에서 선택된다(Wilson, 1992, 129-133).

인다. 그러나 루즈는 이런 비판을 당연한 것으로 받아들인다. 칸트의 정언명법이나 공리주의의 행복 원리가 근본적으로 생물학적 후성규칙으로 환원될 수 있다는 것은 곧 이들 원리가 궁극적인 제1원리가 아니라는 것을 의미할 것이기 때문이다. 그렇다면 종래의 윤리학은 그 기저에서부터 붕괴되는 결과를 초래할 것이고, 결과적으로 우리는 모두 '도덕적 무정부주의'에 빠지고 말 것이다. 이것은 결코 루즈가 의도한 바가 아니다. 루즈의 근본 의도는 종래의 도덕원리를 생물학적 원리로 치환시킴으로써 종래의 윤리학을 부정하려는 것이 아니라 도덕적 물음에 접근해가는 다른 길을 개척함으로써 새로운 '자연주의적 윤리학'을 개시하려 했다는 점에 있다. 이 점이 매우 중요하다.

이런 의도에서 루즈는 생물학적 후성규칙이―인식론의 경우와 마찬가지로―어떻게 인간의 사회적·도덕적 영역에서 인간의 사고와 행동에 영향을 미치는가를 경험적 논거를 통해 밝히려는 것이다. 이리하여 밝혀진 것은 다음과 같다. 즉 인간의 사회적 행위는 이타주의와 협동에 의해 가장 잘 설명될 수 있다. 이때 이타주의와 협동은 진화론적으로 자연선택에 의해 일어나고, 또한 이를 통해 더욱 훌륭하게 개선되어 왔고 앞으로도 개선되어 갈 것이라는 것이다. 이것은 동물의 세계에서 이미 명백한 사실이다. 인간도 또한 동물 세계의 일부분이라면―적어도 인간이 진화를 통해 발생해 왔다면―이럴 가능성에 대해 우리는 충분히 예견해 볼 수 있지 않을까?

4. 이성과 유전자

루즈는 오늘날 인간의 도덕규범이 후성규칙의 산물임을 논증하려

했다. 이때 후성규칙이란 유전자와 인간의 행동을 매개하는 일종의 생물학적 규칙을 말한다. 예를 들어 근친상간을 회피하게끔 하는 메커니즘이 후성규칙이다. 이 메커니즘은 (포괄) 적응도와 밀접한 관련이 있다. 여기서 우리는 (생물학적인) 적응도와 (도덕적인) 규범의 관계에 관해 다시금 한번 생각해볼 필요가 있다고 하겠다. 만일 근친상간이 적응도를 높이는 방편이었다면, 아마도 우리는 근친상간을 지향하는 후성규칙을 갖게 되었을 것이다. 그리고 인간사회에서는 근친상간을 권장하는 규범들이 발달했을 것이다. 여기서 근친상간의 금지와 근친상관을 금지하는 규범은 밀접한 관련이 있지만 양자는 서로 같은 것이 아니다. 이런 사실은 후성규칙과 후성규칙의 산물이 별개의 것임을 말해준다. 여기서 우리는 후성규칙과 후성규칙의 산물을 엄격하게 구별해 보지 않으면 안 된다. 예를 들어 방금 말한 근친상간을 회피하는 생물학적 메커니즘이 후성규칙이라면, 그 산물은 근친상간을 금지하는 규범이다. 이로부터 우리는 적응도와 규범의 관계가 후성규칙과 후성규칙의 산물의 관계로 환원될 수 있음을 알 수 있다.

인간사회에서 규범 그 자체는 일종의 '이성적 사실'인데, 이런 규범이 생물학적 후성규칙의 산물이라는 말은 인간의 이성 그 자체도 진화의 산물임을 미루어 짐작하게끔 해준다. 일반적으로 이성이란 사물의 인지능력과 계산능력을 일컫는 말이다. 그런데 인간의 역사는 인간사회가 이런 이성의 능력에 올라타게 됨으로써, 이성은 전혀 예상하지 못했던 방향으로 인간을 인도해갔음을 말해준다. 이를 싱어는 '이성적 사고의 에스컬레이터'에 비유한다(Singer, 1999, 178). 이성적 사고의 에스컬레이터란 진화의 관점에서 최근 2백만 년 동안에 인간의 뇌가 세 배나 커졌고, 이와 함께 인간의 사고도 또한 비약적으로 발전해 왔음을 가리키는 말이다. 예를 들어 인간의 종은 모두 수(數)를 사용할 줄 알고, 사람들은 글쓰기를 발견하기 훨씬 이전부터 막대기에 눈금을 새기거나 조개껍데기를 실에 꿰는 방식으로 자신이 셈한 것을 영구적으로 기록하고 보존하는 방법을 고안해냈다. 이 방법이 이후 엄격한 논리적 단계를 밟아 제곱근, 소수(素數)와 미·적분으로 이어지는 고급수학을 발전시켰음은 위의 사실을 증명해주는 증거이다.

이와 관련하여 포퍼(K. Popper)는 하나의 법칙이 만들어지면, 그것이 자율적인 발전을 이룬다는 사실을 발견했다(Popper, 1972, 160). 이를 포퍼는 '세계3(world 3)' 또는 '제3세계(the third world)'라 부르는데, 제3세계란 인간에 의해 고안된 새로운 산물(products)을 가리키는 말이다(Popper, 1972, 106). 포퍼에 의하면 이 제3세계는 우리가 의도하지 않은 문제를 스스로 산출해낸다. 즉 최초의 수인 자연수는 인간이 만들어낸 의식의 세계이지만, 자연수로부터 홀수와 짝수의 구분, 소수의 발견, 미·적분의 발견 등이 자동적으로 일어나 제3세계를 만들었다는 것이다.

싱어는 포퍼가 말하는 이런 의도되지 않은 발견이 인간사회에서도 일어날 수 있다고 보고, 포퍼의 제3세계 이론을 인간사회에 적용하여 도덕의 규범적 체계의 완성을 설명하려고 한다(Singer, 1999, 179). 이에 싱어는 다음과 같이 설명한다. 즉 초기 인류는 집단생활의 결과로서 혈연이타성과 호혜적 이타성을 갖게 되었고, 이와 함께 인간 대뇌의 발달은 특히 인간으로 하여금 언어의 사용과 반성능력을 갖게 해주었다는 것이다. 언어의 사용은 집단 내에서 다른 구성원이 은혜를 갚지 않으면 (동물의) 으르렁거리는 소리를 내는 대신에 감정을 드러내지 않고도 상대방을 비난할 수 있게 해주었다. 감정을 드러내지 않음으로써 인간은 자신의 행동을 세련되게 가다듬을 수 있고, 이와 같이 자기 행동을 가다듬어가는 가운데서 반성하는 행위도 생겨났다. 이로써 인간은 마침내 이성적으로 판단하는 능력을 갖게 된 것이다. 이때 판단의 개념 속에는 판단의 준거틀인 표준이나 비교의 토대 개념도 들어 있는데, 이런 이성의 능력은 유전에 기초한 이타주의적 관행을 법칙과 준칙의 체계로 전환시켜주는 역할을 한다. 이로부터 (자연 속에서 스스로 의도되지 않은) 하나의 도덕적 체계가 수립되었다는 것이 싱어의 가설이다.

도덕적 체계의 수립에 즈음하여 우리는 고대인의 관습도덕이야말로 인간의 진화적-생물학적 요인에 기초한 이타성과 현대의 도덕적 개념을 매개하는 '중간항'임을 알 수 있다. 관습에는 이성적 요소가 들어있기는 하되 매우 제한적이다. 이런 관습의 편협성에 대해 처음으로 반론을 제기한 사람은 소크라테스(Socrates)였다. 소크라테스는 도덕 규범이 보편적 논거에 기초해야 된다는 점을 논증하기 위해 '문답법(dialogous)'이라는 독특한 방법을 사용했다. 오늘날 변증법이라는 말로 세련화된 이 소크라테스의 문답법은 관습도덕의 한계를 깨닫게 해 줌으로써 규범 생성의 보편적 근거에 이르게 하는 방법이었다. 이 방법은 오직 이성적 사유에 의해서만 가능한 것이다. 그러나 그 당시에 지식인이라고 자처한 소피스트(sophist)들은 전적으로 관습도덕에만 의존해 있었고, 이성에 대한 자각이 없었던 까닭에 소크라테스의 진의를 파악하지 못했고, 결과적으로 소크라테스를 법정에 기소하여 죽음에 이르게 하고 말았다. 그러나 한번 분출된 이성적 사고의 힘은 그 누구라도 막지 못한다. 이러한 소크라테스의 통찰에 입각하여 아리스토텔레스(Aristoteles)는 이른바 '행복윤리학'을 정립했는데, 행복윤리학은 사람이라면 누구나 궁극적으로 '행복(eudaimonia)'을 추구한다는 점에 기초한다. 즉 행복에 도달하기 위해 행위자에게 가장 바람직한 것으로 요구되는 것은 무엇인가? 이를 고대 그리스에서는 '선

(agathon)'이라고 불렀다. 이에 착안하여 인간은 누구나 (생래적으로) 선을 추구한다는 것이 아리스토텔레스의 근본전제이다. 아리스토텔레스 이후의 윤리학은 이런 선이 존재해야 한다는 사실을 자명한 것으로 보고, 이를 실천하기 위한 철학적 명제의 확립에 매진해왔다고 해도 틀린 말은 아니다. 이것이야말로 이성적 사고의 에스컬레이터 현상을 여실히 보여주는 예가 아닌가?

그런데 여기서 우리는 하나의 의문을 갖지 않을 수 없다. 오늘날 인간은 과연 유전자의 영향권에서 (완전히) 벗어나서 순수 이성의 관점에서만 행동할 수 있는가? 이 물음에 대해 일찍이 흄(D. Hume)은 다음과 같이 말한 바 있다. 즉 흄은 인간의 내면에서 이성과 욕구가 서로 갈등하고 있다는 통념에 대해 '이성은 정념의 노예이거나 노예가 되어야만 한다'는 취지의 주장을 펼쳤다(Hume, 1998, 27). 이 말은 이성이 우리의 욕구에 대항할 수 없음(이성의 무능력)을 가리킨다. 즉 이성은 다만 선택한 결과를 정리하는 기능을 할 뿐이고, 우리가 원초적으로 원하는 바에 대해서는 아무 말도 해주지 못한다는 것이다.

이와 같이 이성이 무능력한 것이라면, 우리는 무엇에 근거하여 행동하는가? 여기서 '이기주의(egoism)'가 우리 마음에 자리 잡게 된다. 이기주의란 우리의 모든 행동이 이기적인 기원을 가지고 있다는 심리 상태를 나타낸 것이다. 이런 유형의 이기주의를 우리는 '심리적 이기주의'라 부른다. 심리적 이기주의란 대부분 사람들이 객관적 사실(이성적 사고)에 입각해서 행동하기보다 자신의 이기적 욕구를 충족시키기 위해 행동하고, 그러면서도 아무런 양심의 가책을 느끼지 않는다는 것을 말한다.

인간의 마음은 은밀한 사적(私的) 영역을 지니고 있고, 이런 연유로 내적인 이기성을 추구한다는 것은 충분히 이해할 수 있다. 다른 한편으로 인간은 사회적 존재이다. 사회적 행위의 토대는 이성이고, 이성에 정위된 인간은 누구나 외적인 공평무사(impartiality)를 지향한다(Singer, 1999, 183). 이로부터 인간에게는 일종의 이중성이 나타난다. 인간은 일반적으로 개인의 행위지침으로서 이기성에 따르지만, 사회적 영역에서 공공적 행위지침으로서 공평무사를 추구하는 것처럼 보인다. 그러나 이런 인간의 이중적 태도에 대해 심리적 이기주의는 외적으로 공평무사한 태도를 보임으로써 다른 사람들의 좋은 평판을 얻어 결국에는 자기 이익을 도모하는 것으로 해석한다. 이렇듯 인간은 오직 자기 자신의 이기적인 목적을 위해서만 살아가는 것일까? 이 물음에 대해 도킨스(R. Dawkins)는 망설임 없이 '그렇다'고 대답한다.

> 자연선택의 과정을 보면, 자연선택에 의해 진화되어온 것은 무엇이든 이기적일 수밖에 없다는 것을 알게 된다.(Dawkins, 2002, 26)

이 말이 사실이라면, 우리는 위에서 말한 흄의 명제에서 '정념'이라는 말 대신에 '유전자'라는 말을 넣어 '이성이 유전자의 노예이거나 노예가 되어야만 한다'고 말해도 좋을 것이다. 그러나 우리는 정념이라는 말과 유전자라는 말이 같은 의미가 아니듯이, 심리적 이기주의와 도킨스가 말하는 유전자의 이기주의도 같은 뜻이 아니다. 심리학에서 '이기적'이라는 말은 자기 외에 그 누구의 이익도 고려하지 않는 것을 의미한다면, 사회생물학에서는 다른 존재의 적응을 희생시키며 자기 자신의 적응을 도모하는 행위를 일컬어 '이기적'이라고 한다.

여기서 우리는 적응이라는 말에 유의해볼 필요가 있는데, 적응이란 생존한 자손의 수에 의해 측정되며, 이것은 행위의 동기와는 하등 관계가 없다는 점이다. 따라서 자식을 위해 희생하는 부모의 이타행위도—그것이 앞으로 갖게 될 자손의 수를 최대화하는 방향에서 일어난 것이라면—사회생물학(유전자)의 관점에서 그것은 이기적이라 할 수 있다. 그러나 심리적 이기주의는 행위의 은밀한 사적 동기와 밀접한 관련이 있고, 이 점에서 공평무사를 지향하는 이성의 끊임없는 비판 대상이 되고 있다. 그렇다면 이성은 유전자에 대해 어떤 영향력도 발휘할 수 없고, 위에서 말했듯이 이성은 유전자의 노예일 수밖에 없는 무기력한 존재인가?

이에 대해 싱어는 새로운 주장을 제기한다. 즉 싱어는 이성이 유전자의 영향을 극복한 예로 피임과 헌혈을 든다(Singer, 1999, 251-253). 먼저 피임과 관련하여 성적 욕구가 진화해온 것이 사실이지만, 인간의 섹스는 단순히 자손을 번식시키기 위해 이용되는 것이 아니라는 것이다. 이런 사실은 이성으로 하여금 특수한 상황에서는 피임을 강제하게끔 한다. 피임이 진화의 원리에 어긋난다고 하여 인간의 섹스에서 피임에의 요구가 자연 도태되지는 않을 것이라는 것이다. 마찬가지로 헌혈도 자손의 번식과는 전혀 관계가 없고, 또한 자기 이익이 개입되지 않은 순수 이타행위이지만, 인간사회에서 자연선택에 의해 헌혈이 제거될 것 같지는 않다는 것이다.

그러나 이런 싱어의 논증은 불충분해 보인다. 왜냐하면 피임은 단순한 섹스 거부가 아니라 최적의 생존 조건을 고려하는 '성 선택'과 관련하여 이해되어야 하며, 또한 무작위적으로 이루어지는 헌혈도 트리버스의 '호혜적 이타성'에 의해 설명될 수 있기 때문이다. 오히려 싱어의 설명은 인간이 단지 이기적 자기 목적만 달성해가는 존재가 아니라는 사실을 말해준다. 이를 싱어는 '쾌락주의 역설(paradox of hedonism)' 과 관련하여 설명한다. 쾌락주의 역설이란 쾌락이 고통에 반비례하여 커지는 만큼, 더 큰 쾌락을 얻기 위해서는 더 큰 고통을 감내해야 한다는 것이다. 이렇듯 자기 이익의 말초적인 쾌락만 추구하는 이기주의자는 자신만의 사치와 즐거움을 추구하다가 결국에는 권태의 나락으로 추락하고 만다는 것이 싱어의 생각이다.

쾌락주의의 역설은 자연스럽게 우리로 하여금 '삶의 의미' 에 눈 뜨게 한다. 무엇이 우리에게 이런 의미를 부여하는가? 그것은 다름 아닌 '윤리' 이다. 즉 사회적 존재로서 인간은 도덕규칙에 따름으로써 다른 사람과 좋은 관계를 유지해가고, 이로부터 삶의 의미도 나온다. 동시에 생물학적 존재로서 인간은 자기중심적 욕구에서 완전히 벗어날 수 없다. 사회적 존재로서 인간(즉 이성)과 생물학적 존재로서 인간(즉 욕구)은 언제나 서로 갈등한다. 종래의 윤리학이 주목해온 대목도 바로 이 점인데, 갈등에 즈음하여 종래의 윤리학은 개인의 이기적 욕구를 버리고 보편적인 도덕법칙에 따르라고 권고한다. 종래의 윤리학이 필연적으로 금욕주의적 경향을 띠는 이유도 이 때문이다. 그러나 보편적 도덕법칙의 금욕주의적 요구는 개인의 유전자적 차원의 이익에 대해 무기력하다. 예를 들어 현대사회의 법치국가에서 사회정의보다 혈연의 인륜관계가 우선하는 까닭이 그것이다. 이에 대해 다윈주의 윤리학은 인간의 삶도 여전히 유전자의 영향 아래 놓여 있으며, 오늘날 유전자의 기능과 영향을 잘 이해함으로써 우리는 오히려 윤리학의 지평을 넓혀갈 수 있다는 것이다.

5. 맺음말

"네 이웃을 사랑하라"는 계율에도 불구하고 인간사회에서 경쟁은 불가피한 현상이며, 경쟁관계에서 승리를 기뻐하는 것이야말로 인지상정이 아닐 수 없다. 뿐만 아니라 우리가 엄연히 법치국가에 살고 있음에도 불구하고 일상생활 속에서는 '법보다 주먹이 먼저'라는 말을 용인하는 경향이 설득력을 얻고 있다. 또한 '예외 없는 법률이 없다'는 격언은 준법의 어려움을 나타내는 말이기도 하다. 이런 예들은 근본적으로 종래의 윤리학에 대한 불신을 증폭시켰고, 이로부터 윤리학의 재정립에 대한 요구도 나왔다고 하겠다.

윤리학의 재정립이라는 관점에서 볼 때 다윈주의 윤리학은 윤리학의 새로운 지평을 열어준다. 방금 언급한 사례에서 보듯이 종래의 윤리학이 봉착한 딜레마는 보편적 도덕법칙이 있음에도 불구하고 이 도덕법칙을 일상생활 속에 구체화(specify)시켜 갈 때 봉착하지 않을 수 없는 문제이고, 이를 위해 필요한 것이 또한 '도덕교육'이다. 제비 한 마리가 왔다고 여름이 온 것이 아니듯이, 우연히 행한 선한 행위도 결코 도덕적일 수 없으며, 그것이 도덕적이기 위해서는 끊임없이 반복되는 습관화가 필요하다. 오늘날 우리 사회에서 윤리의 부재현상은 결국 이런 습관화의 실패 탓으로 돌릴 수 있을 것이고, '도덕재무장운동'이 설득력을 얻고 있는 것도 이 때문이다.

그러나 이런 복고주의는 과학기술로 무장한 현대사회에서 윤리현상을 모두 설명하는 데 한계가 있어 보인다. 과학기술은 일찍이 자연에 눈을 돌리면서 자연의 메커니즘을 이해하는 데 기여해왔지만, 윤리는 여전히 행복의 실현이라는 인위적 목표 추구에 천착하고 있음으로써 과학기술과의 갈등을 피할 수 없다. 예를 들어 원하지 않은 임신의 경우에 낙태할 것인가, 말 것인가? 배아복제가 가능해진 지금 우리는 과연 인간복제를 허용할 것인가, 말 것인가? 이런 경우라면 인간의 행복 실현이라는 윤리적 목표는 보편성을 지니기 어렵다. 이런 윤리적 결정의 딜레마와 관련하여 다윈주의 윤리학은 새로운 대안이 될 수 있다. 즉 다윈주의는 근본적으로 적응도에 기초하기 때문에, 낙태나 인간복제가 적응도를 높여주는 경우라면 허용될 것이고, 그 반대라면 금지될 것이다.

그러나 여기서도 문제는 남는다. 적응도를 측정하기 위해서는 자연이 인류에게 무엇을 허용할지를 알아야 하는데, 그것을 우리는 아무도 모르고 있다는 사실이다. 하지만 분명한 것은 진화의 역사가 어느 누구에게도 거대한 자연과정에의 개입을 허용하지 않는다는 점이다. 진화의 역사에서 볼 때 우리 인류는 여전히 선사시대의 수렵채집 시기에 형성된 전통 속에서 살고 있고, 그 당시에 각인된 후성규칙이 지금도 위력을 발휘하고 있다. 그 결과 위에서 언급한 사례들도 생겨났다. 즉 어렵게 수집한 먹이를 빼앗는 것은 사악한 행위이고, 사악한 행위에 대한 폭력은 정당한 것으로 용인되었을 것이며, 이런 복수심은 법률이 제정된 후에도 여전히 계속되고 있는 것이다. 이에 기초해 볼 때 종래의 윤리학이 추구해온 인간의 보편적인 궁극목적이라는 것도 따지고 보면 특수한 자연환경 속에서 형성된 후성규칙의 한 산물에 불과한 것이 아닌가 싶다. 이런 후성규칙을 더 분명히 함으로써 다윈주의 윤리학은 오늘날 새롭게 접어든 생물공학시대의 새로운 실천규칙의 정립에 또한 기여할 수 있지 않을 까 한다.

참고문헌

R. Dawkins(2002), *The Selfish Gene*(홍영남 옮김, 『이기적 유전자』, 서울: 을유문화사).

W. D. Hamilton(1964), 'The Genetical Theory of Social Behaviour I, II', *Journal of Theoretical Biology* 7(1).

D. Hume(1998), A Treatise of Human Nature, Book 3: Of Morals(이준호 옮김, 『도덕에 관하여』, 서울: 서광사).

Ch. J. Lumsden and E. O. Wilson(1981), *Genes, Mind and Culture- The Coevolutionary Process*, Massachusetts: Harvard University Press.

Ch. J. Lumsden and E. O. Wilson(1983), *Promethean Fire- Reflections on the Origin of Mind*, Massachu-setts: Harvard University Press.

M. Ruse(1998), *Taking Darwin Seriously*, New York: Prometheus Books.

M. Ruse and E. O. Wilson(1986), "Moral Philosophy as Applies Science", *Philosophy* 61.

K. R. Popper(1972), *Objective Knowledge- An Evolutionary Approach*, London: Oxford University Press.

P. Singer(1999), *The Expanding Circle: Ethics and Sociobiology*(김성한 옮김, 『사회생물학과 윤리』, 서울: 인간사랑).

R. L. Trivers(1971), 'The Evolution of Reciprocal Altruism' *Quarterly Review of Biology* 46.

E. O. Wilson(1992), *Sociobiology: The Abridged Edition*(이병훈, 박시룡 옮김, 『사회생물학— 사회적 진화와 메커니즘』, 서울: 민음사).

E. O. Wilson(2001), *On Human Nature*(이한음 옮김, 『인간본성에 대하여』, 서울: 사이언스북스).

E. O. Wilson(2005), *Consilience- The Unity of Knowledge*(최재천, 장대익 옮김, 『통섭- 지식의 대통합』, 서울: 사이언스북스).

6 성의 생물학적 의미
― 문화비판의 새로운 근거

오용득

6장

성의 생물학적 의미
— 문화비판의 새로운 근거

오용득

1. 존재전략으로서 생식

생물은 왜 생식활동을 하는가? 이 물음에 대한 하나의 설명은 생물의 존재와 관련되어 있다. 잘 알고 있듯이 생물은 살아 있는 한에서만 존재한다. 이때 생물의 생명활동은 우연이 아니라 필연이다. 다시 말하면 생물이 생명활동을 하지 않는다면 더 이상 생물로서 존재한다고 할 수 없기 때문에 그것이 생물로서 존재하기 위해서는 필연적으로 생명활동을 하지 않으면 안 된다는 것이다. 이처럼 생물의 생식활동을 생명의 존재와 관련지어 설명하는 입장은 생식활동이 생명활동의 근본 구조 자체에 이미 포함되어 있는 것이라고 본다.

그렇다면 어떤 의미에서 생식활동은 생명활동의 근본 구조에 속하는가? 생물의 생명활동의 본질적인 특성 가운데 하나는 물질대사이다. 즉 모든 생물은 외부환경으로부터 특정한 물질을 체내에 받아들여서 자신의 생명활동을 위한 에너지로 사용하고(동화작용) 그 폐기물을 다시 바같으로 내보내는 작용(이화작용)을 반복하면서 자신의 존재를 지속시킨다. 이러한 물질대사의 과정에서 동화작용이 이화작용보다 더 왕성하게 일어난다면 개체를 구성하는 물질의 총량이 증가하게 될 것이다. 이것을 생물의 '성장'이라고 한다.

성장은 생물 존재의 고유한 특성이다. 왜냐하면 생물은 본질적으로 환경 속에서 살아갈 수밖에 없는데, 그 환경과의 관계에서 자신의 존재를 유지하기 위해서는 환경의 위협요소들을 극복할 수 있을 만큼 자신의 몸집을 어느 정도 키우지 않으면 안 되기 때문이다. 그렇다고 해서 하나의 생물이 자신의 몸집을 무한하게 키울 수만은 없다. 몸집이 너무 커지는 것도 또한 환경 내에서 살아가기에 적합하지 않을 수 있기 때문이다.

따라서 모든 생물의 생명활동은 기본적으로 성장을 도모하지만 반드시 그 한계치를 설정하고 있다. 즉, 성장하다가 그 한계치에 이르면 동화작용과 이화작용의 규모를 등가로 유지하면서 성장을 멈춘다는 것이다. 그러나 모든 생물은 이 단계에서 무한하게 생명활동을 유지하지는 못한다. 더 이상 성장을 지속하지 않는 생물의 경우 그 몸체를 구성하고 있는 부분들의 유기적 상호관계나 기능이 언제나 한결같을 수는 없기 때문이다. 즉 유기적 조직의 와해나 외부로부터 오는 충격에 의한 생명의 위협요소가 발생하고, 그것이 심화되면 생명활동을 유지할 수 없게 되는 것이다. 이것이 이른바 죽음이며, 생물의 비존재이다.

이러한 생물의 비존재, 죽음은 생물에게 비본질적인 것이다. 앞에서 말했듯이 생물의 본질은 생명활동을 유지하는 데 있기 때문이다. 이와 같은 자신의 비본질적인 상태를 극복하기 위한 유일한 방도가 다름 아닌 생식이다. 즉, 개체로서의 각각의 생물은 생명활동의 한계에 직면할 수밖에 없지만 생식활동을 통해서 다른 개체(자식)의 존재를 확보하고 이것을 자신의 존재의 연속으로 받아들이는 것이다.

그러나 이러한 형이상학적 설명은 하나의 생물이 생식활동을 통해 얻은 다른 개체(자식)의 존재를 자신의 존재의 연속으로 받아들일 수 있는 근거를 밝히지 못한다. 이러한 난점을 해결할 수 있는 새로운 가설이 하나 있다. 이 가설은 생물의 생식활동의 의미를 유전자의 존재와 관련하여 설명한다.

유전자의 물질적 본체는 생물의 특정한 유전적 구조와 기능을 코드화해 놓은 DNA(deoxyribonucleic acid)의 절편들이라고 할 수 있다. 뉴클레오티드(nucleotide)라고 불리는 소형분자들로 구성된 DNA분자는 그 자체로는 생명체가 아니다. 따라서 이것은 스스로 생존할 수 없으며, 불가피하게 어떤 생물을 매개로 하여 존재할 수밖에 없다. 그러나 개체로서의 생물은 그 존재에 한계를 갖는다. 그리고 개체로서의 한 생물이 한계는 곧 그 속에 있는 DNA의 존재의 한계이기도 하다. 이러한 존재의 한계에 직면하여 DNA는 그를 담지하고 있는 생물로 하여금 생식활동을 하게 함으로써 그 한계를 극복한다. 즉 개체로서의 생물의 생식활동은 궁극적으로 그 생물 속에 있는 DNA가 자신(의 복제물)을 다른 새로운 개체로 옮겨서 자신의 존재를 지속하도록 하는 메커니즘이라고 할 수 있는 것이다. 이러한 의미에서 도킨스(R. Dawkins)는 모든 생명체란 유전자가 스스로 존재하기 위해 일시적으로 이용하는 '생존기계'라고 규정했다(Dawkins, 1993, 47).

얼핏 보면 이 설명은 개체로서의 생물이 생식활동을 수행하기는 하지만 그것이 실질적인 생식활동의 주체가 아니라 DNA가 실질적인 생식활동의 주체라는 것을 주장하고 있는 것처럼 보인다. 그러나 이것은 우리의 오해이다. 유전자가 자신의 의지를 가지고 이러저러하게 '하는' 것이 아니다. 예컨대 도킨스의 유명한 '이기적 유전자'라는 말도 실제로 유전자가 이기적으로 행동한다는 것을 주장하려는 것이 아니라 생물들에게서 나타나는 생명현상들이 그와 같은 유전적 원인을 가지고 있다는 것을 표현하기 위한 '언어적 재치' 일 뿐이다(Wuketits, 1999, 95).

따라서 우리는 "생식의 주체는 DNA이다."라고 단정할 수는 없다. 엄밀히 말해서 "생식활동의 주체는 누구인가?"라는 질문은 잘못된 것이다. 모든 활동에는 반드시 주체가 있을 것이라고 간주하는 우리의 오랜 사고습성 때문에 던져진 질문이다. 여기서 떠오르는 새로운 착상은 생식활동의 실질적 주체란 어디에도 없다는 것이다. 생식활동은 특정한 주체에 의해 수행되는 활동이라기보다는 지구상의 물질들이 상호작용하는 과정의 한 부분일 뿐이다.

이러한 착상을 검토하기 위해서 생명의 기원과 지속에 관한 진화론적 설명을 참조해보자. 원시대기에는 메탄, 암모니아, 물, 일산화탄소, 이산화탄소 등과 같은 몇 가지 물질만 포함되어 있었다. 이 물질들에 원시지구상에 존재하는 여러 종류의 에너지가 작용하여 아미노산, 당, 염기 등과 같은 유기화합물이 만들어진다. 그 다음 다시 이 유기화합물들이 서로 반응하여 단백질, 핵산, 탄수화물 등과 같은 고분자화합물이 만들어진다. 그 다음 특정한 지역 안에 여러 단백질들이 모여 일련의 촉매활성을 나타내기 시작하면서 점차 현재의 세포와 유사한 특성을 지니는 원시생명체가 생겨났을 것이다.

물론 몇 가지 분자들에 의해 복잡하게 합성된 이 원시생명체들은 안정성이 떨어지기 때문에 일정한 시간이 지난 다음에는 해체되고(죽고) 말았을 것이다. 이와 같은 원시생명체의 생멸이 거듭되는 동안, 즉 분자들의 이합집산이 거듭하는 동안 우연히 스스로 복제물을 만드는 놀라운 특성을 지닌 '자기 복제자' 라고 하는 특별한 분자가 생겼을 것이다(Dawkins, 1993, 39). 여기서 말하는 자기 복제란 특정한 분자들이 결합하여 이루어진 더 큰 하나의 분자가 똑같은 분자결합의 구성을 가지는 다른 분자를 만들어내는 것을 의미한다.

그런데 이 자기 복제자라고 하는 분자는 그 분자결합이 안정되지 않다 하더라도 스스로를 복제하지 않는 더 안정된 분자보다 더 오랫동안 그 존재를 유지할 것이다. 그렇다면 당연히 자기를 복제할 수 있는 분자의 개체 수는 점점 더 많아질 것이다. 그러나 이 분자의 개체 수가 점점 많아진다 하더라도, 이 증가곡선이 무한하게 이어질 수는 없다. 왜냐하면 지구의 크기가 한정되어 있기 때문이다. 즉 지구상 존재하는 분자들의 총량은 한정되어 있는데, 하나의 특정한 분자결합체가 많아진다는 것은 다른 분자결합체의 해체를 전제하지 않으면 안 되는 것이다. 따라서 지구상에서는 서로 다른 자기 복제자들 중에 어떤 것은 유지되고 다른 어떤 것은 해체될 수밖에 없다. 물활론적으로 표현하면 그것들 사이에 '생존경쟁'이 발생할 수밖에 없다. 이 경쟁에서 이긴다는 것은 결국 복제의 다산성과 정확도를 갖추고 있다는 것을 의미한다.

그러나 이것만으로는 경쟁에서 승리를 장담할 수 없다. 어차피 이러한 분자들의 생존경쟁은 제로섬게임의 원칙에 따른다. 즉 자신이 살아남기 위해서 경쟁 상대자를 와해시키지 않으면 안 된다는 것이다. 자신이 살아남고 상대방을 와해시키기 위한 전략은 크게 두 가지가 있다. 하나는 자기의 안정성을 높이는 것이고, 다른 하나는 상대방의 안정성을 떨어뜨리는 것이다. 진화의 과정은 바로 이러한 두 가지 전략을 누적적으로 개량해온 과정이라고 할 수 있다.[1]

다른 한 편, 어떤 자기 복제자는 경쟁 상대자의 공격에 대비하여 스스로를 방어하기 위해 그들 자신 둘레에 단백질로 물리적 벽을 만들거나 하는 방법을 찾아내었을 것이다. 그렇다면 이것은 아마도 최초의 살아 있는 세포가 된 셈이다(Dawkins, 1993, 44). 이로써 자기 복제자는 자기 자신이 지속적으로 존재할 수 있도록 해주는 장소를 만들게 되었는데, 처음에는 자신의 안정성을 보호하는 외피 정도에 지나지 않았으나 점차 진화하여 결국 하나의 생물체를 자신의 존재의 터전으로 삼게 되는 단계에까지 이른 것이다.

이제 하나의 생물체를 자신의 존재의 터전으로 삼는 자기 복제자는 그 생물체의 생식이라는 방식으로 동종의 개체 수를 늘려갈 수 있게 되었다. 물론 다른 종류의 생물체를 그 존재터전으로 삼는 자기 복제자들 역시 마찬가지다. 따라서 이제는 마치 생물 종들 사이의 생존경쟁처럼 보이는 일이 일어나게 된 것이다. 그러나 이 일의 실상은 어떤 종류의 분자가 더 오래 유지되고 어떤 종류의 분자가 더 일찍 와해되느냐 하는 문제일 뿐이다.

이러한 설명에 따르면, 생물의 생식은 개체로서의 한 생물이 사후에도 자신의 존재를 유지하고자 하는, 혹은 자신의 유전자를 다른 개체에게 물려주고자 하는 주체적 활동도 아니며, 유전자가 주체가 되어 스스로 지속적으로 존재하기 위해 활동하는 것도 아니다. 오히려 생물의 생식활동은 특정한 방식으로 결합된 분자가 비교적 오랫동안 와해되지 않고 유지되는 지구상의 물질적 작용의 한 과정일 뿐이다. 다만 이러한 과정은 구체적인 생명현상에 있어서는 개체로서의 생물이 본

---

1 "안정성을 증가시켜 경쟁 상대의 안정성을 감소시키는 방법은 점점 더 교묘해지고 효과적으로 되어갔다. 그 중에는 상대 변종의 분자를 화학적으로 파괴하는 방법을 '발견'하여 그로 인해 방출된 구성 요소를 자기의 복사 제조에 이용하는 개체도 출현했을 것이다. 이들 원시 육식자는 먹이를 먹음과 동시에 경쟁 상대를 배제해버릴 수가 있었다." (Dawkins, 1993, 44)

능적인 자신의 생식욕을 만족시키기 위해서 수행하는 주체적 활동인 것처럼 보일 뿐이다.

2. 더 효율적인 존재전략으로서 성

그런데 이처럼 생물의 생식활동을 특정한 방식으로 결합된 분자가 비교적 오랫동안 와해되지 않고 유지되는 지구상의 물질적 작용의 한 과정이라고 할 수 있다면 이러한 생식의 자연적 의미는 그것의 하위 범주인 성 활동에도 해당한다고 보아야 할 것이다. 다시 말하면 유성생식 생물의 성 활동도 DNA와 같이 특정한 방식으로 결합된 분자가 와해되지 않고 오랫동안 유지되는 물질적 작용의 한 과정으로 이해해야 한다는 것이다.

이러한 이해를 위해서는 생식의 진화과정을 좀 더 면밀하게 살펴보아야 한다. 앞에서 보았듯이 지구상 물질들의 상호작용은 특정한 방식으로 결합된 분자들을 만들어내었고, 이 분자들의 결합이 와해되지 않고 유지되는 메커니즘이 형성되면서 급기야 생명체를 탄생시켰다. 그리고 모든 생명체들은 생식을 통해서 자신과 동일한 유전자를 갖는 다른 개체들의 수를 늘리는 방식으로 특정한 분자결합이 더 오랫동안 유지되도록 하는 메커니즘에 참여하고 있는 것이다.

그런데 이 생식의 메커니즘은 왜 무성생식과 유성생식으로 나누어지는 것일까? 이해를 쉽게 하기 위해서 이러한 생식의 메커니즘을 생물들 사이의 생존경쟁으로 가정하면서 이야기를 풀어가 보자. 최초의 원시 생물이 탄생했을 때 이 원시생물들은 단세포 생물이었을 것이다. 그리고 이 단세포 생물들은 유전자의 복제 및 세포분열이라는 간단한 방식으로 동종의 개체 수를 늘려갔을 것이다. 이것이 이른바 무성생식의 가장 대표적인 예가 되는 이분법이다.

이러한 이분법과 같은 무성생식은 생식이 매우 간단하게 이루어지기 때문에 개체 수를 늘려가는 데는 상당히 유리하다. 이러한 방법의 생식을 하는 생물들의 개체 수는 말 그대로 기하급수적으로 늘어갈 것이다. 따라서 이 종의 상당한 수의 개체들이 다른 생물들의 먹이가 된다 하더라도 그 막강한 생식력 때문에 종의 유지에는 전혀 어려움이 없을 것이다. 그렇다면 특정한 종의 생물이 오랫동안 존속하기 위한 전략으로는 이와 같은 무성생식으로도 충분할 텐데 왜 유성생식과 같은 더 복잡한 또 다른 생식방법을 채택하는 생물들이 나타난 것일까?

잘 알려져 있듯이 유성생식은 무성생식에 비해 훨씬 복잡한 방식으로 이루어진다. 우선 개체들의 성이 분리되어야 한다. 무성생식 생물은 성의 분리가 없으며, 굳이 성을 부여한다면 모두 다른 개체를 생산할 수 있다는 의미에서 암컷이라고 해야 할 것이다(Brenot, 2003, 22).[2] 이처럼 성이 미분화된 상태에서 2차적인 호르몬의 작용에 의해 성의 분화가 이루어졌다. 이렇게 분화된 암컷과 수컷은 각각 자신의 체세포 속에 들어 있는 두 벌의 염색체를 한 벌씩 분리하는 감수분열을 통해서 난자와 정자와 같은 생식세포를 형성한다. 그리고 암수의 성적 결합을 통해 각각의 생식세포를 융합함으로써 체세포의 핵상을 갖는 수정란을 만들고, 이 수정란이 세포분열을 거듭하여 새로운 개체로 태어나는 것이다. 이처럼 유성생식은 개체의 암수 분리, 세포분열, 세포융합이라는 일련의 과정을 통해 특정한 생물종의 유전자 꾸러미가 후대

---

2 섹스가 미분화된 무성생식 생물의 몸의 구조는 유성생식 생물의 수컷보다 암컷과 더 닮았다고 한다.

로 전달될 수 있는 메커니즘인 것이다.

여기서 알 수 있듯이 유성생식의 메커니즘은 무성생식의 그것보다 복잡하다. 이 때문에 유성생식은 종의 개체 수를 늘리는 데에 불리할 것이다. 그럼에도 불구하고 생명계에서 무성생식과는 다른 유성생식이라는 새로운 방식이 생겨나게 된 데에는 이유가 있을 것이다. 많은 학자들이 이 이유를 찾기 위해 연구해왔으며, 지금도 이 연구는 계속되고 있다. 아직까지는 가설들로 평가되고 있지만 '무성생식에서 유성생식으로의 진화', 다시 말하면 '성의 기원'을 해명하려는 여러 가지 설명들이 제시되고 있다.

오랜 옛날부터 성의 기원을 설명하는 많은 신화들이 있었지만 최근 진화론적 생물학, 생태학, 유전학 분야에서 주목할 만한 몇 가지 가설들이 제시되고 있다.[3] 다윈주의를 계승한 독일의 바이스만(A. Weismann)과 그의 계승자들이 확립한 '기회주의자(Vicar of Bray) 가설', 미국의 윌리엄스(G. Williams)가 제시한 '복권추첨 모델(lottery model)', 캐나다에서 활동하는 영국의 생태학자 그레이엄 벨(G. Bell)이 제시한 '뒤얽힌 강둑(tangled bank) 이론', 시카고 대학의 발렌(L. V. Valen)이 제시하고 옥스퍼드의 해밀턴(B. Hamilton)이 발전시킨 '붉은 여왕(Red Queen) 이론', 미국의 분자생물학자 번스타인(H. Bernstein) 등이 제시한 'DNA 수복 이론', 러시아의 유전학자 콘드라쇼프(A. Kondrashov) 등이 제시한 '돌연변이 이론' 등이 그것이다.

이처럼 다양한 분야에서 성의 기원에 관한 수많은 연구들이 진행되고 있지만 아직 만인이 동의할 만한 보편적인 이론은 확정되지 않았

---

3 성의 기원을 설명하는 이론들의 구체적인 내용에 관해서는 많은 참고자료들이 있지만, 특히 이인식(2002, 15 이하), Ridley(2002, 46 이하)에 잘 소개되어 있다.

다. 아마도 그러한 이론은 확정될 수 없을 것이다. 그러나 어느 정도 수용할 만한 사실은 무성생식이 개체의 '수'를 늘리는 데 집중하는 생식방법이라면 유성생식은 개체의 수보다 '질'을 더 중시하는 생식방법임에는 틀림없다는 사실이다. 물론 여기서 말하는 개체의 질은 규정되기 어렵다. 다만 생식의 자연적 의미, 다시 말해 특정한 분자결합의 유지라는 의미를 고려한다면, 이 개체의 질은 스스로 오랫동안 생존할 뿐만 아니라 왕성한 성 활동을 통해 다음 세대의 생식을 계속 이루어 나갈 수 있는 자식을 낳을 수 있는가 하는 기준으로 결정될 수 있을 것이다.

이처럼 개체의 수량보다 질을 더 중시하는 것을 더 진화된 것으로 간주하는 이유는 생물의 생존환경이 지구라는 공간에 한정되어 있기 때문이다. 앞에서 보았듯이 지구라는 한정된 공간 내에서는 생물의 지나친 성장이 오히려 그것의 생존에 불리하게 작용할 수도 있다. 이러한 점은 하나의 생물 개체에만 해당하는 것이 아니라 특정한 생물의 종 전체에도 해당한다. 말하자면 하나의 생물 종에 속하는 개체 수가 너무 많아지는 것이 반드시 종의 생존에 유리한 것이 아니라는 점이다.

그렇다면 모든 생물은 그 총 질량 혹은 총 개체의 수를 일정하게 유지해야 할 필요가 있다. 이를 위해 어미가 최적의 수만큼만 새끼를 낳음으로써 종의 전체 개체 수를 조절하는 경우가 있다(Dawkins, 1993, 167). 왜냐하면 새끼를 무작정 많이 낳는 것보다 어미가 양육할 수 있는 최적의 수만큼만 낳는 것이 유전자의 보전을 위해서 훨씬 유리하기 때문이다. 예컨대 새끼를 양육하는 데에는 상당한 어미의 에너지가 소요되는데, 기준보다 많은 새끼를 낳은 어미는 새끼에게 베풀 수 있는 에너지를 평균 이하로 줄일 수밖에 없다. 이 어미의 유전자는 최적의 새끼를 낳아 충분한 에너지를 투여하여 새끼를 키운 어미와 비교하여 다음 세대에서 경쟁력이 약화될 수 있다. 따라서 최적의 수만큼만 새끼를 낳을 수 있는 성향을 가진 유전자가 선택되는 것이다.

한편, 종내 경쟁을 통해서 종의 개체 수가 조절되는 경우도 있다. 야생 늑대들의 생태는 이러한 사실을 잘 보여준다(Bastian, 2005, 42). 야생 늑대들이 무리를 지을 때에는 13마리를 넘기는 일이 거의 없다. 이 수를 넘어설 상황이 되면 서열이 낮은 늑대들이 강제 혹은 자발적으로 이 무리에서 이탈한다.

이처럼 한 종에 속하는 개체 수가 지나치게 많아지는 것은 자연스럽게 동종 내 개체들―어미 수준에서든 새끼 수준에서든 간에―의 상호경쟁을 유발한다. 그러나 이와 같은 동종 내 개체들 사이의 생존경쟁은 생물 종의 총 질량을 일정하게 유지하면서도 동시에 다른 생물 종과 해야만 하는 생존경쟁에서 승리할 수 있는 전략의 일부라고 할 수 있다. 바로 이러한 의미에서 유성생식이 무성생식보다 더 진화된 형태라고 말할 수 있는 것이다.

3. 인간의 종 내 경쟁과 그 전략

유성생식은 암수 두 개체 사이의 성적 결합을 통해 이 개체들 각각의 생식세포들이 수정됨으로써 이루어진다. 수정을 위한 암수 두 개체의 성적 결합을 '짝짓기'라고 한다면, 이 짝짓기는 근본적으로 생존경쟁의 한 부분이라고 할 수 있다. 앞에서 보았듯이 유성생식 생물의 생존경쟁은 이종간의 경쟁이기도 하지만 동시에 동종 내 개체들 사이의 경쟁이기도 하다. 따라서 생존경쟁의 한 부분으로서 이루어지는 짝짓기는 하나의 생물 종 전체의 생존을 도모하기 위해서 동종 내 개체들을 서로 경쟁하도록 하는 메커니즘이라고 할 수 있다.

이러한 사실은 현재 발견되는 여러 생물들의 짝짓기 형태들을 조사해보면 쉽게 확인된다. 간단하게 짝짓기의 자연적 형태들을 형식적으로 나누어보면 '난혼', '다혼', '단일혼'이라는 세 가지 형태가 있지만, 그 사실상의 내용을 보면 거의 모든 형태에서 난혼과 같은 '중복 짝짓기(multiple mating)'가 일반적으로 나타난다(Barash & Lipton, 2002, 19). 말하자면 외형적으로 다혼이나 단일혼의 형태를 띠고 있다 하더라도 각 개체들은 끊임없이 혼외성교(extra-pair copulation)를 하고 있다는 것이다.

이것은 결국 어떤 형식으로든지 하나의 난자가 여러 수컷들에서 비롯된 다양한 정자들과 만날 수 있는 가능성을 가지고 있다는 것을 의미한다. 그러나 하나의 난자는 하나의 정자와만 수정할 수 있다. 이것은 곧 하나의 난자와 수정하기 위한 여러 정자들의 경쟁이 발생한다는 것을 의미한다. 말하자면 경쟁에서 승리하는 하나의 정자만 난자와 수정할 수 있는 것이다. 이러한 점에서 중복 짝짓기는 개체들 사이의 경쟁을 통해서 결과적으로 종 전체의 생존능력을 향상시키기 위한 생식 메커니즘이라고 할 수 있다.

인간의 짝짓기도 예외가 아니다. 인간의 경우 오랜 기간 동안 자연성을 넘어 문화적으로 특별한 성적 결합양식을 갖게 되었기 때문에 인간적 짝짓기의 자연적 특성을 알기는 어렵다. 다만 생물학, 해부학, 동물행동학 등과 같은 분야들에서 연구한 결과들에 의거하여 그것을 추측해볼 수는 있다. 이들을 참조하면 인간의 신체나 생식구조는 중복 짝짓기를 하기에 유리한 방식으로 발달되어 있다는 사실을 알 수 있다.

인간의 신체나 생식구조가 중복 짝짓기를 하기에 유리한 방식으로 발달되어 있다는 것은 짝짓기를 위한 남자들의 경쟁과 여자들의 선택이 신체적, 구조적으로 발달되어왔다는 것을 의미한다. 이러한 측면을 나타내는 일반적인 특성은 남자들의 경쟁, 특히 더 많은 자신의 정자를 수정시키기 위한 '정자 경쟁'과 여자들의 '정자 선택', 즉 가능한 많은 정자들 중에서 더 강한 정자를 선택하기 위한 여자들의 전략이다.[4]

3.1. 남자들의 정자 경쟁

우선 남자들의 경쟁 성향이 신체나 생식의 구조에서 어떻게 나타나고 있는지 보자. 남자들의 경쟁적 성향 때문에 나타나는 인간의 신체적 특성 중의 하나는 '성적 이형(二形, dimorphism)'이다(Barash & Lipton, 2002, 250. Brenot, 2003, 38). 성적 이형이란 말 그대로 수컷과 암컷의 외형이 서로 다르다는 것을 의미한다. 이러한 특징은 중복 짝짓기를 하는 여러 동물들에게서 공통적으로 나타나는데, 수컷이 암컷보다 몸집이 더 크고 외형이 더 화려하게 보이는 것이 그것이다. 이것은 수컷들 사이의 경쟁에서는 우선적으로 몸집이 큰 것이 유리하기 때문에 형성된 특성이라고 할 수 있다. 즉 몸집이 큰 유전적 성향을 가진 개체들이 생식에 성공할 확률이 높기 때문에 세대를 거치면서 평균적으로 수컷의 몸집이 점점 더 커지게 되었다는 것이다. 인간의 경우에도 남자가 여자보다 평균적인 몸집이 더 크다는 이형적 특성이 나타나

---

4 이러한 사실은 중복 짝짓기에 있어서 가장 마지막에 교미한 수컷의 정자가 난자와 수정할 가능성이 가장 높다는 '최종 수컷 우세'를 보이는 곤충류나 조류와 달리 인간과 대부분의 포유류에서는 수정 성공확률과 정자가 질 안에 유입되는 순서가 무관하다는 것을 나타낸다(버래쉬·립턴, 2002, 286).

는데, 이것은 결국 남자들이 서로 경쟁하는 관계에 있음을 나타내는 특징이라고 할 수 있다.

남자들의 경쟁적 성향을 나타내는 또 다른 하나의 중요한 특성은 '성적 이성숙(二成熟, dimaturism)'이다(Barash & Lipton, 2002, 250. Brenot, 2003, 42). 성적 이성숙이란 남자들과 여자들의 성숙과정이 서로 다르다는 것을 말한다. 예컨대 시간의 경과에 따른 여자들의 성숙곡선이 일정한 비례를 보여준다면 남자의 그것은 사춘기 이전까지 비례곡선을 그리면서 성장하다가 사춘기에 접어들기 직전에는 성장이 한참동안 지연되고 사춘기 후반에 이르면 다시 급격하게 성장하는 곡선을 그린다. 이 때문에 인생 전체를 보면 평균적으로 남자가 여자보다 더 크지만 11~12세 전후한 몇 년 동안만 일시적으로 남자보다 여자의 평균 몸집이 더 큰 이상 현상을 나타낸다. 이것이 바로 성적 이성숙이다.

이러한 성적 이성숙은 성을 위한 수컷들의 경쟁이 심한 동물들에서 공통적으로 나타나는 현상이다. 인간의 사춘기는 생식능력이 형성되는 시기이다. 이처럼 수컷이 생식능력을 갖게 되면 본격적으로 다른 수컷들과 정자경쟁을 해야 한다. 이미 장성한 수컷이 볼 때 사춘기 이전의 남자아이는 자신의 경쟁 상대가 아니었지만 사춘기가 지난 수컷은 그렇지 않다. 그러나 막 사춘기에 접어들려고 하는 수컷은 아직 장성한 수컷을 상대로 싸워서 이길 수 있는 조건이 형성되어 있지 않다. 따라서 이 경우의 수컷이라면 잠시 자신을 은폐시킬 필요가 있다. 즉 성장을 잠시 멈추어서 아직 생식능력이 없는 어린아이로 보이도록 하다가 적당한 시기가 되면 급속하게 자신의 몸집을 키워서 장성한 수컷들과 대등한 경쟁을 할 수 있게 되는 것이다.

실제로 이러한 성적 이성숙이 일어나는 이유는 생화학적으로 설명될 수 있다. 남성 호르몬 중에 테스토스테론(testosterone)이라는 것이 있는데, 이것은 남성의 2차 성징을 발현시키며, 적혈구, 뼈, 근육 등의 발달을 촉진시킨다. 또한 이 호르몬은 음경, 전립선, 고환의 성장 및 체모와 수염의 발달에 관계하는데, 이것은 결국 남성의 성적 능력과 직결되는 것이다. 그런데 심리적으로 강한 억압을 받으면 이 호르몬의 합성이 억제된다. 예컨대 위계질서가 확고하게 확립되어 있는 사슴집단에서 활발하게 뛰놀고 있던 젊은 수사슴들은 그들을 향해 다가오는 수컷 우두머리를 보자말자 마치 얼어붙은 듯이 온순해지는 경향을 보이는데, 이것은 결국 이 수사슴들에게서 테스토스테론의 합성이 이루어지지 않고 있다는 증거이다(Brenot, 2003, 42). 이처럼 심리적으로 강하게 억압받는 시기에는 테스토스테론의 합성이 억제되기 때문에 뼈와 근육의 발달이 이루어지지 않게 되어 한동안 성장을 멈추고 있는 것처럼 보이는 것이다.

남자들이 서로 경쟁적인 관계에 있다는 것은 이러한 외형적인 특성뿐만 아니라 남성의 생식기 및 생식구조에서도 나타난다. 잘 알고 있듯이 인간의 남자는 영장류에 속하는 다른 동물의 수컷들과 비교하여 음경의 길이가 평균적으로 더 길고, 음경이 발기할 경우 귀두 부분이 돌출되면서 더욱 커진다. 그리고 성교를 할 때 남자는 여자의 질에 음경을 삽입한 후 사정을 하기 전까지 질 속에서 수십 번이나 흡입피스톤운동을 한다. 이러한 인간 남자의 생식기의 특성과 성교의 형태는 모두 질 속에 있는 다른 남자의 정자를 강제적으로 바깥으로 배출시키기 위한 장치이다(Baker, 1997, 204. Barash & Lipton, 2002, 295. 竹內久美子, 2003, 37).

한편, 남자들의 경쟁을 정자들의 경쟁으로 설명하는 가설도 있다. 이 흥미 있는 가설은 영국의 생물학자 로빈 베이커(R. Baker)와 마크

벨리스(M. Bellis)가 발표한 이른바 '자살특공대 정자(kamikaze sperm) 가설'이라는 것이다(Baker, 1997, 10, 70. Barash & Lipton, 2002, 290. 이인식, 2002, 156). 이 가설에 따르면 인간의 정자는 난자와 수정하는 기능을 하는 정자와 이 수정용 정자의 수정을 돕는 기능을 하는 비수정용 정자로 나누어지는데, 이 비수정용 정자는 마치 2차 세계대전 때 활약한 일본군의 자살특공대 카미카제와 같이 자신의 생명을 바쳐 동료를 지원하는 역할을 한다고 한다.[5] 이러한 비수정용 정자가 존재한다는 사실은 그 자체로 다른 정자와의 경쟁 가능성을 말해주는 것이다. 실제로 남자의 정자는 대략 5일 동안 여자의 생식기관 속에서 생존하므로, 한 여자의 생식기관 내에는 여러 남자의 정자들이 공존할 수 있다. 이 경우 정자들은 서로 편을 나누어 결사적인 전쟁을 벌이는 것이다.

이상 몇 가지 주장들을 통해서 우리는 남자들이 자신의 유전자를 물려받은 자식을 얻기 위해서 치열하게 경쟁하고 있다는 것을 확인할 수 있다. 이 경쟁의 승패는 결국 누구의 정자가 난자와 수정하느냐 하는 것으로 결정된다. 따라서 남자들은 자신의 정자가 수정에 성공할 수 있는 확률을 높이는 전략을 세우지 않을 수 없다. 그런데 수정이 '복권추첨식'으로 이루어지는지 아니면 '경마식'으로 이루어지는지는 아직도 확실하게 밝혀지지 않았다(Barash & Lipton, 2002, 290). 복권추첨식이라면 질 내에 자신의 정자 수가 많이 존재할 수 있는 전략을 쓰는 것이 유리하고, 경마식이라면 질 내에 좀 더 빠르고 강한 정자를 주입하는 것이 유리하다.

---

5 수정용 정자는 난자를 획득하려는 정자라는 의미에서 egg-getter라고 하는데, 전체의 1% 이하밖에 되지 않는다. 나머지는 비수정용 정자로서, 동료의 수정을 돕기 위해 스스로 총알받이가 된다는 의미에서 blocker sperm이라고 한다(베이커, 1997, 10, 70).

베이커와 벨리스의 연구에 의하면 인간의 남자는 이 두 전략 모두에 대비하여 최선을 다한다. 이들은 남자가 정자의 수를 조절하여 사정하는 경향이 있음을 알아내었는데, 이것은 복권추첨식 수정전략으로 이해할 수 있다. 이들은 부부사이의 성행위에서 남자에게 콘돔을 착용하게 하여 그의 정액을 수거하여 조사한 결과 성 행위의 여건에 따라 정자의 수가 달라진다는 사실을 알아내었다(Baker, 1997, 112. 이인식, 2002, 157. Barash & Lipton, 2002, 293). 즉 부인이 혼외정사를 하지 않을 것이라는 신뢰도가 높은 남자의 경우 성교 횟수가 늘어날수록 정자의 수가 줄어든 반면, 부인에 대한 신뢰도가 낮은 남자의 경우 성교에서 방출한 정자 수가 비교적 많았다는 것이다. 이것은 결국 복권추첨식에 대비한 남자들의 전략으로 이해할 수 있다.

한편, 경마식을 채택한다면 남자들의 자위행위도 정자경쟁의 일환으로 이해할 수 있다. 베이커와 벨리스는 자위행위를 한 이후 1~2일 동안은 정액 내 정자의 수가 줄어들긴 하였지만 여자의 생식기관 내에 보유되는 정자의 수에는 차이가 없다는 것을 알아내었다(Baker, 1997, 111. 이인식, 2002, 159. Barash & Lipton, 2002, 293). 이것은 곧 질 내에서 살아남을 수 있는 정자의 수가 사정된 정자 전체의 수와 무관하다는 것을 의미한다. 뿐만 아니라 이것은 1~2일 전에 자위행위를 한 경우가 그렇지 않은 경우보다 더 강한—여자의 생식기관 내에서 더 오래 살아남을 수 있는—정자를 방출한다는 사실을 의미한다. 이로써 우리는 남자의 정소에 생성되어 있는 정자들이 방출될 때 일부분만 방출되며, 그 방출순서도 먼저 생성된 것부터 방출된다는 사실을 유추할 수 있다. 그렇다면 남자의 자위행위는 생성된 지 오래된 정자를 인위적으로 방출하고 신선한 정자를 방출하기 위한 준비행위라고 할 수 있다. 이러한 행위를 경쟁에서의 우위를 차지하기 위해 더 강한 정자를 확보하기 위한 전략으로 이해한다면 남자들의 자위행위는 경마식에 대비한 전략이라고 보아야 할 것이다.

3.2. 여자들의 정자 선택

자식을 낳기 위해서 남자들은 서로 경쟁할 이유가 있지만 여자들은 다른 여자들과 경쟁할 이유가 거의 없다. 여자들은 가임기간 중 각자 하나씩의 난자만 가지고 있고, 남자들은 언제나 수억 개의 정자를 가지고 있기 때문이다. 다시 말해 남자들은 한 여자의 단 하나뿐인 난자를 차지하기 위해 서로 경쟁해야 하지만, 여자들은 한 남자의 정자를 서로 나누어 가져도 되기 때문이다.[6] 따라서 남자들은 서로 경쟁하지만 여자들은 서로 경쟁하는 남자들 중에서 하나를 선택하기만 하면 된다. 이를 남자들의 '정자 경쟁'과 비교하여 여자들의 '정자 선택'이라고 한다.

그러나 여자도 결국 자식을 낳는 것이 궁극적 목표이며, 가능한 한 강한 자식을 낳아서 그 자식이 다시 자식을 낳으면서 자신의 유전자가 계속 유지되도록 노력한다. 이 때문에 여자들은 좀 더 강한 자식을 낳기 위한 여러 가지 전략을 쓴다. 여자들의 전략은 크게 세 가지로 나누어진다. 첫째는 일정한 기준에 따라 강한 남자를 선택한 후 이 남자의 정자를 자신의 난자와 수정시키려는 전략이고, 둘째는 여러 정자들 중에서 자신의 난자에 접근할 수 있는 정자의 자격을 검증하는 생식기관 자체의 검증시스템을 가동시키는 것이며, 셋째는 여러 남자의 정자들

---

6 오늘날 우리 주변에서 보이는 한 남자를 차지하기 위한 여자들의 경쟁은 일부일처제라는 제도 때문에 생기는 현상이다. 한 남자로 하여금 그의 배우자 한 사람과만 성교하도록 제한하는 일부일처제 하에서는 둘 이상의 여자들이 한 남자의 정자를 나누어 가질 수 없으므로 여자들은 강한 정자를 가진 한 남자를 두고 서로 경쟁할 수 있는 것이다.

을 서로 경쟁시켜서 최종적인 승자를 선택하는 전략이다.

정자 선택의 첫 번째 전략, 즉 일정한 기준에 따라 선택한 강한 남자의 정자를 자신의 난자와 수정시키려는 전략은 여자가 남자의 성격, 신체, 지성, 경제적 능력 등 다양한 측면을 평가하여 그가 아버지, 보호자, 친구, 동료, 연인으로서 적합한 자질을 갖추고 있는지 그렇지 않은지를 결정한 후 적합한 자질을 갖추고 있는 남자의 정자를 자신의 난자와 수정시키려는 전략이다. 여기서 중요한 것은 어떤 남자가 강한지를 판정하는 기준일 것이다. 이 기준은 간단하다. 일반적인 수준에서 보자면 강한 남자의 기준은 생식능력이 탁월하여 자식을 낳는 데 유리한 조건을 가졌느냐 하는 것과 생활능력이 탁월하여 자신과 자식을 부양하는 데 유리한 조건을 가졌느냐 하는 것이다. 전자는 오직 신체적 특징으로 판정될 수 있지만 후자는 신체적, 성격적, 지적, 경제적 능력이 우월하여 사회의 중심부에 위치하고 있느냐 그렇지 않으냐 하는 것으로 판정될 수 있다.

여자는 우선 생식능력이 발달되어 있는 남자를 선호한다. 로빈 베이커는 생식능력이 우수한 신체적 특징을 가진 남자를 식별하기 위한 다음과 같은 세 가지 규정을 제시한다(베이커, 1997, 189). 첫째는 엉덩이둘레에 대한 허리둘레의 비율이 90% 정도인 체형 및 굳고 단단한 엉덩이를 가진 남자이다. 둘째는 발기와 사정능력이 좋은 남자이다. 셋째는 발진이나 헌 데가 없고 적당히 상쾌한 맛이 나는 음경과 냄새가 좋고 흰빛이 도는 사정물질을 가진 남자이다. 특히 이 세 번째 조건은 펠라티오(fellatio)나 질외 사정 유도의 자연적 이유가 된다. 간혹 여자는 생식과는 무관한 펠라티오나 질외 사정을 유도하기도 하는데, 이는 펠라티오를 통해 음경의 상태를, 질외 사정을 통해 사정물질의 상태를 수시로 검사하고 확인하려는 의도가 포함되어 있는 것이라고 할 수 있는 것이다(Baker, 1997, 190).

또 여자는 사회의 중심부에 위치하고 있는 남자를 선호한다. 이것은 사회의 중심부가 자신과 자식을 안전하게 보호하고 부양할 수 있는 결정적인 조건이 되기 때문이다. 예컨대 원시시대라면 집단의 보스의 여인이 되어 중심부에서 보스의 보호를 받으며 사는 것이 자신과 자신의 아이의 안전을 도모하는 가장 좋은 방법이다(Alberoni, 1992, 45). 오늘날에는 지정학적 위치상의 중심뿐만 아니라 다른 사람의 주목을 많이 받는다는 의미에서의 중심이 중요하게 여겨지기도 한다. 이 때문에 일반적으로 여자들은 평범한 무명의 남자보다는 널리 알려진 유명 인사들에 더 호감을 갖는다. 소녀들은 언제나 인기 스타에 열광하며, 여성용 잡지들은 반드시 유명한 남자의 사생활을 보여준다.[7]

한편, 여자들은 중복 짝짓기를 하는 경우 특정한 남자의 정자를 자신의 난자와 수정시키기 위해 의식적으로 노력할 수 있다. 예컨대 약간의 시간 간격을 두고 두 사람의 남자와 성교한 여자는 자위행위를 통해 인위적으로 오르가즘을 조절함으로써 그 두 사람의 정자 중 한 사람의 정자를 선택하고 나머지를 버리는 전략을 쓸 수 있다는 것이다.

일반적으로 여자는 오르가즘에 이를 때 자궁경부 틈이 벌어짐과 동시에 질 내부로 잠기는 이른바 '텐팅(tenting) 현상'과 '자궁경부 점액'이라고 불리는 강한 산성 물질의 급속한 분비 현상을 겪는다(Baker, 1997, 217). 텐팅 현상은 그 순간 자궁경부에 있는 정액을 자궁 안으로 강하게 흡인하고 난 다음 통로를 닫아버리는 현상으로서 정자

---

[7] 남성용 잡지에 등장하는 여자 모델은 이름보다 용모가 더 중요하지만, 여성용 잡지에 등장하는 남자 모델은 용모보다 이름이 더 중요하다(알베로니, 1992, 43). 남자들은 자신의 자식을 낳아줄 여자들을 찾고, 여자들은 자신의 자식을 안전하게 보호해줄 남자를 찾기 때문이다.

를 흡인하고 난 다음 수정을 방해하는 다른 물질들의 유입을 차단하는 기능을 담당한다. 자궁경부 상단부 샘에서 분비되는 '자궁경부 점액'은 병균이 자궁 안으로 침입하는 것을 막고 질 벽에 남아있는 찌꺼기들이나 병균들 그리고 정액 저장고[8]에 저장되어 있는 정자들을 바깥으로 밀어내며 생리혈을 밖으로 방출하는 필터 기능을 담당한다(Baker, 1997, 38-39). 그런데 이 두 현상은 뒤이어 자궁 안으로 들어가려고 하는 정자에게도 장애물이 될 수 있다. 특히 자궁경부 점액은 강한 산성을 띠는 물질이기 때문에 정자의 활동을 약화시키거나 죽일 수 있고, 또 끈끈한 점액이기 때문에 자궁으로 통하는 통로를 차단하여 정자의 진입을 막을 수 있는 것이다. 따라서 여자는 클리토리스를 자극하는 자위행위를 통해 자신의 오르가즘을 인위적으로 조절함으로써 두 사람의 정자 중에서 특정한 정자를 자궁 안으로 유입하고 나머지를 차단함으로써 '의식적으로'[9] 정자 선택을 할 수 있는 것이다.

정자 선택의 두 번째의 전략, 즉 정자의 자격을 검증하는 검증시스템을 가동시키는 전략은 다시 두 가지로 나누어진다. 하나는 여성의 생식기관 내에 있는 생화학적 물질의 분비이다(Barash & Lipton, 2002, 287). 즉 여성의 생식기관은 그 안에 진입된 정자를 움직이지 못하도록 하거나 난자를 뚫고 들어가는 정자의 능력을 손상시켜 수정을

---

[8] 여성의 질 상단의 자궁경부 벽에는 질 내 투입된 정액이 자궁으로 진입하기 전에 그것을 일정동안 가두어 놓는 자궁경부 소낭들(cervical crypts)이 자리 잡고 있는데, 말 그대로 정액 저장고라고 할 수 있다. 이 소낭들 속에 정액이 저수지에 갇힌 물 모양을 형성하고 있기 때문에 이것을 '정액 풀(seminal pool)'이라고 한다(베이커, 1997, 43, 47. 버래쉬 · 립턴, 2002, 289).

[9] 로빈 베이커에 따르면, 다른 포유류 암컷과 달리 인간(여자)의 클리토리스가 일반적인 형태의 성기삽입 성교에 의해서 자동적으로 자극되기 어렵게 은폐되어 있다는 사실은 클리토리스가 자위행위를 통해 오르가즘에 이를 수 있는 누름단추(push-button)의 기능을 담당하고, 따라서 여자가 '의식적으로' 정자를 선택할 수 있는 조건이 되는 것이다(베이커, 1997, 216-217).

어렵게 만드는 항정자 항체, 그리고 난자의 막에 작용하여 수정을 어렵게 만드는 항체와 같은 생화학물질들을 통해서 이러한 장애물들을 통과하지 못하는 정자를 받아들이지 않는 시스템을 가동시킬 수 있는 것이다.

다른 하나는 성교 후 대략 30여 분 이후부터 여성의 질에서 강하게 방출하는 분비물(flowback)의 분비이다(Baker, 1997, 36. Barash & Lipton, 2002, 288). 이 분비물의 주요성분은 위에서 말한 '자궁경부 점액'이지만, 여기에는 사정된 정액들도 상당히 포함되어 있다. 성교 직후 여성의 질에 유입된 정액의 1/3 정도가 서서히 흘러나와 배출되어 버리지만, 30여 분이 지난 후부터는 이 자궁경부 점액의 분비와 더불어 절반 이상의 정액이 더욱 강한 힘으로 배출되어버린다. 이러한 분비 시스템 역시 약한 정자를 받아들이지 않으려고 하는 여성 생식기관의 검증시스템이라고 할 수 있겠다.

정자 선택의 세 번째의 전략, 즉 정자 경쟁을 유도하는 전략에도 두 가지 측면이 있다. 하나는 여성 생식기관의 구조에 의거한다. 앞에서 보았듯이 여자의 질 상단부의 자궁경부 벽에는 자궁경부 소낭들이 존재한다. 이 소낭들의 존재는 그 자체로 먼저 진입한 정자를 무조건 자궁과 난관으로 통과시키는 것이 아니라 일정한 시간동안 붙잡아두는 기능을 한다. 이것은 시간적으로 나중에 성교한 남자의 정자에게도 수정의 기회를 주는 것으로서, 결국 정자경쟁을 유도하는 장치로 볼 수 있다.

다른 하나는 의식적, 무의식적으로 여자가 중복짝짓기를 유도하는 것이다. 무의식적인 경우의 가장 대표적인 것은 성교할 때 여자가 지르는 소리이다(Barash & Lipton, 2002, 287). 영장류 암컷들의 대부분은 성교할 때 신음소리와 같은 소리를 지르며, 남자의 사정이 일어날 때 특히 더 크게 소리 지른다. 그런데 이 여자의 소리는 생식을 위한 성교에 있어서는 아무런 기능을 하지 않는다. 따라서 이 소리는 암컷이 지금 한 수컷과 교미하고 있다는 사실을 다른 수컷들에게 환기시키는 것으로 해석할 수 있다. 즉 내가 지금 한 수컷과 교미하였으니 나의 난자를 통해 자식을 낳고자 하는 수컷들은 기회를 놓치기 전에 지체하지 말고 나에게 오라고 알림으로써 궁극적으로 여러 수컷들의 정자를 서로 경쟁시키려고 하는 암컷의 전략이라고 할 수 있는 것이다.

의식적인 경우의 대표적인 것은 멀지 않은 시간 간격을 두고 중복 짝짓기를 수행하는 것이다(Baker, 2002, 200). 실제로 여자가 여러 남자의 정액을 체내에 받아들일 수 있는 시간 간격이 짧을수록 그것들 각각의 경쟁력을 더 잘 검사할 수 있다. 즉 동시에 여자의 체내에 유입된 서로 다른 사람의 정자들이라면 동일한 조건에서 전쟁을 치르는 것이라 할 수 있으므로 진정한 경쟁력을 시험할 수 있다는 것이다. 이것은 정자 전쟁을 유도함으로써 승자를 선택하려고 하는 여자가 취할 수 있는 극단적인 방식이라고 할 수 있다.

3.3. 여자의 또 다른 전략: 배란 은폐

여자의 정자 선택과 관련된 모든 전략은 강한 자식을 낳기 위한 것이다. 그러나 강한 자식을 낳는 것만으로 그녀의 생물학적 목적(?)을 완수했다고 볼 수는 없다. 왜냐하면 그 자식이 스스로 생식활동을 하지 못하고 일찍 죽어버린다면 아직 그 목적을 완수하지 못한 셈이기 때문이다. 그러므로 여자는 강한 자식을 낳는 것뿐 아니라 그 자식이 스스로 자립할 수 있을 때까지 안전하게, 그리고 가능한 한 강하게 양육해야 한다. 여자는 이러한 양육을 위한 전략을 쓸 수 있는데, 이것이 바로 '배란 은폐' 이다.

배란기를 '가임기'라고 하면, 여자는 생물학적 목적을 달성하기 위해 이 기간 동안 가능한 한 많은 남자들을 상대로 많은 횟수의 성교를 해야 할 것이다. 이를 위해서는 동일한 생물학적 목적을 가지고 있는 남자들에게 자신이 가임기라는 사실, 즉 배란이 일어나고 있다는 사실을 뚜렷하게 표시하는 것이 유리할 것이다. 왜냐하면 남자들 역시 생물학적 목적을 달성하기 위해서는 가임기의 여자와 성교하는 것이 필수적이므로 경쟁적으로 가임기의 여자와 성교하려고 할 것이어서 이 가임기 여자는 더 많은 남자들과 성교할 수 있고, 이를 통해 정자 경쟁을 유발할 수 있기 때문이다. 실제로 많은 동물의 경우 암컷은 수컷들이 배란을 알아차릴 수 있도록 표시를 낸다. 그러나 현대 여자들은 아무도 배란 표시를 나타내지 않으며, 심지어 여자 자신도 세심한 주의를 기울이지 않는다면 자신의 배란 사실을 알아차리지 못한다. 이것이 이른바 '배란 은폐'이다.

여자의 배란 은폐는 고유한 특질일까? 위에서 본 생물 일반의 생물학적 목적과 관련해서 본다면 여자의 배란 은폐는 목적의 달성에 그렇게 도움이 되지 않는다. 즉 여자의 배란 은폐는 여러 가지 측면에서 불이익을 가져올 수 있다. 예컨대 가임기가 언제인지 알 수 없는 인간은 발정기에만 교미하고 그 이외의 시기에는 교미에 관심이 없이 생존에 유리한 다른 활동을 할 수 있는 다른 동물들과 달리 수정을 위해서 특정한 시간을 정해 두지 않고 지속적으로 성교를 해야 하는데, 이것은 엄청난 시간과 에너지의 낭비를 뜻하는 것이다.

그럼에도 불구하고 현생 인류의 여자들이 배란 은폐의 특질을 유지하고 있다는 사실은 이 특질이 고유한 것이 아니라 진화의 결과라는 사실을 알 수 있다. 그렇다면 애초에 여자는 배란을 은폐하지 않았으나 점차 배란을 은폐하는 유전적 특질들이 발달했으며, 세대를 거듭할

수록 이러한 유전적 특질들을 갖는 여자들의 후손들은 살아남고 그렇지 않은 여자들의 후손들은 사라지게 되었다고 볼 수 있다. 이것은 여자들의 배란 은폐가 자신의 생존 및 자식들의 생존에 유리하게 작용하는 측면이 있다는 사실을 말해준다.

그렇다면 여자의 배란 은폐가 어떤 점에서 유리하게 작용하는 것일까? 지금까지 여자의 배란이 은폐되는 방식으로 진화해온 이유를 설명하는 다양한 이론들이 발표되었다.[10] 그 중에서 주목할 만한 것은 '아비 재택 이론(father-at-home theory)'과 '아비 다수 이론(many-fathers theory)'이다.

1979년 생물학자 알렉산더(R. Alexander)와 누난(K. Noonan)이 발표한 '아비 재택 이론'은 배란 은폐가 아비를 가정에 머무르도록 하는 여자의 전략과 관련되어 있다고 설명한다. 만약 남자들이 여자의 가임기를 식별할 수 있다면 이들은 여자의 가임기에만 성교하고 여자 옆에 머물면서 다른 남자들의 접근을 막으려 하고 가임기가 아닐 때에는 다른 남자들도 이 여자에게 접근하지 않을 것이기 때문에 이 여자를 내버려두고 다른 가임기인 여자들을 찾아 돌아다닐 것이다. 그러나 남자들이 여자의 가임기를 식별할 수 없다면 이 여자를 통해 자신의 자식을 낳기 위해 지속적으로 그 옆에 머물면서 성교를 시도하면서 다른 남자들의 접근을 막아야 할 것이다. 어차피 다른 여자들의 가임기를 알 수 없으므로 불확실한 투자를 하기보다는 한 여자에게 확실한 투자를 하는 것이 더 유리하다고 생각되는 경우, 남자들은 이 여자 옆에 머물면서 자식을 얻고 자식을 양육하는 데 헌신할 수 있는 것이다.

1981년 인류학자 하르디(S. Hrdy)가 발표한 '아비 다수 이론'은 여

---

10 배란 은폐의 기원을 설명하는 다양한 이론들에 대해서는 이인식(2005) 166 이하 참조.

자의 배란 은폐가 다수의 남자들을 자신이 낳은 자식의 아비라고 속임으로써 유아살해를 예방하려는 여자들의 전략과 관련되어 있다고 설명한다. 본성상 자식을 많이 낳으려는 남자는 다른 남자의 아이를 낳아 수유하고 있는 여자들이 자신의 아이를 낳을 수 있는 기회가 없다고 판단하기 때문에 그 아이를 살해하고 그 어미가 다시 가임상태에 이르기를 기다려 자신의 아이를 낳으려고 하는 전략을 쓸 수 있다. 이처럼 남자들에 의한 유아살해가 반복된다면 어떤 여자들은 자식을 많이 낳았다 하더라도 그 중 하나도 성인이 될 때까지 안전하게 키워내지 못하고 생을 마감하고 말 것이다. 이 때문에 이 여자들은 남자들이 특정한 여자가 낳은 아이의 아비가 누군지 알 수 없도록 하는 전략으로 맞서지 않으면 안 되었다. 즉 여자들이 배란을 숨긴 채 여러 남자와 성교할 경우 이 여자와 성교한 남자들은 모두 이 여자가 낳은 아기의 아비가 자기 자신이라고 착각하여 이 아이를 살해하지 않을 것이다. 사실상의 아비가 누구이든지 간에 이 여자는 자신이 낳은 아이를 성인이 될 때까지 키워낼 수 있을 것이고, 결국 자신의 생물학적 목적을 온전히 수행할 수 있는 것이다.

이 두 가설은 여성의 배란 은폐의 진화에 관한 그럴듯한 설명을 제공하고 있지만, 동일한 하나의 사실에 대해 서로 다르게 설명한다. 따라서 우리는 이 둘 중 하나를 지지하고 다른 하나를 폐기해야 마땅하다. 그러나 어느 것을 지지해야 하고 어느 것을 버려야 할지를 결정하기란 쉽지 않다. 이러한 기로에서 1993년 스웨덴의 생물학자 툴베르크(B. Silløn-Tullberg)와 뮐러(A. Møller)는 둘 다 지지하고 둘 다 버리지 않아도 될 방안을 제시해주었다(이인식, 2005, 171).

이들의 연구에 따르면 아비 재택 이론과 아비 다수 이론은 배란 은폐의 오랜 진화과정 중 약간 다른 시기에 관해 설명하는 것으로 보아야 한다. 즉 처음에는 아비 다수 이론이 설명하듯이 여자들이 유아살해를 방지하기 위해서 배란을 은폐하기 시작했지만, 점차 시간이 지나면서는 아비 재택 이론이 설명하는 것과 같이 확실한 양육자를 확보하기 위해 배란 은폐를 가속화했다는 것이다.

이상의 가설들을 고려하면 여성의 배란 은폐 전략은 확실히 자식을 낳는 일에 관련된 전략이라기보다는 자식을 안전하게 양육하는 일에 관련된 전략이라고 할 수 있다. 이 전략에 있어서 핵심적인 것은 남자들로 하여금 아이의 양육에 직·간접적으로 참여하도록 유도한다는 것이다. 그런데 이것은 결국 남자들의 생활방식, 나아가 인류 전체의 생활방식의 변화를 야기하였다. 즉, 남자들의 경우 가능한 한 많은 여자들에게 자신의 정자를 주입하기만 하는 이른바 '복권추첨식' 생식전략을 버리고 한두 명의 여자를 통해 확실하게 자신의 정자로부터 비롯된 자식을 낳아 안전하고 강하게 양육하는 이른바 '경마식' 생식전략을 선호하게 된 것이다. 나아가 남자들이 경마식 생식전략을 쓰게 되면서 여자들의 성을 통제하기 시작했다. 말하자면 남자들이 기꺼이 자식의 양육에 참여할 수 있는 이유는 그 아이가 자신의 정자로부터 비롯된 아이라는 믿음 때문인데, 이러한 믿음을 갖기 위해서 남자는 궁극적으로 아이의 어미가 다른 남자들과 성교하지 않도록 통제하지 않을 수 없는 것이다.

여자의 성에 대한 통제는 남자들 사이의 분쟁을 야기할 수 있다. 그러나 이미 사회적 관계를 형성하고 살아가는 남자들이 모든 다른 남자들을 적으로만 생각할 수는 없다. 그리하여 남자들은 짝짓기와 관련하여 각자의 권리를 서로 인정하는 인위적인 규칙을 만들게 되었다. 이렇게 해서 원시적인 결혼제도가 생겨나게 되었다. 인간의 성이 자연성으로부터 벗어나 문화적인 의미를 갖게 되는 순간이다.

그러나 그렇다고 해서 인간이 생물로서의 자연성을 전적으로 벗어날 수는 없다. "문화는 결국 생명 있는 존재, 인간이 만든 것이므로 언제나 생물학적 현상들과 결부되어 있다."(Wuketits, 1999, 157) 그러므로 생물로서의 인간은 스스로 생존해야 할 뿐만 아니라 결혼하고 자식을 생산하며 그 자식이 종내 경쟁에서 승리할 수 있는 조건들을 만들어주어야 한다. 이러한 의미에서 결혼과 가족생활은 가족 구성원들, 특히 자식들의 경쟁력 강화를 위한 활동이라고 할 수 있다.

4. 성의 생물학적 의미에 입각한 문화비판

지금까지 살펴본 성의 생물학적 의미에 따르면, 성 활동은 하나의 생물 종 자체의 생존을 도모하기 위해서 동종 내 개체들을 서로 경쟁하도록 하는 메커니즘의 한 부분이다. 즉 개체 수의 증대를 통해서 생물 종 자체의 생존을 도모하는 방법인 무성생식과 비교하여 유성생식은 개체 수의 증대에 대한 자연적 한계를 피하기 위해 개체의 질적 향상을 통해서 생물 종 자체의 생존을 도모하는 방법인데, 개체의 질적 향상을 위한 구체적인 방법이 다름 아닌 성 활동을 포함하는 종내 경쟁이라는 것이다. 하나의 생물 종으로서의 인간도 예외가 아니다. 앞에서 살펴보았듯이 실제로 인간도 치열한 종내 경쟁을 치르고 있으며, 성 활동과 결혼 및 가족생활도 이러한 종내 경쟁에서 우위를 차지하기 위한 전략의 일부라고 말할 수 있다.

그러나 이처럼 하나의 생물 종에 속하는 개체들 중의 일부를 도태시키기 위한 종내 경쟁은 종의 개체 수가 지나치게 많아져서 오히려

종 자체의 생존을 위협할 수도 있는 경우를 방지하기 위한 메커니즘으로서, 궁극적으로 생물 종 자체의 생존을 목적으로 하는 생물학적 현상이라고 할 수 있다. 그렇다면 경쟁에서 어느 개체가 선택되고 어느 개체가 도태되든 종 자체의 차원에서는 아무런 의미가 없다. 어떤 개체가 선택되더라도 그것은 생존의 환경에 가장 잘 적응할 수 있는 개체이며, 생물 종 자체의 생존을 유지하는 데 적합한 기능을 담당하고 있는 셈이기 때문이다. 그런데 하나의 생물 종에 속하는 각 개체들은 왜 자기 자신의 자식이 선택되도록 하기 위해 노력하는 것일까?

물론 이것은 자기 자신의 자식이 선택되도록 노력하는 성향의 유전자를 가지고 있는 개체들의 후손들이 선택되고 그렇지 않는 개체들의 후손들이 도태된 것으로 설명할 수 있다. 예컨대 자신의 자식이 선택되도록 노력하지 않는 성향을 가지고 있는 개체라면 성가시고 위험하기까지 한 성 활동을 결코 적극적으로 하지 않을 것이다. 따라서 성 활동에 적극적으로 참여하는, 즉 자신의 자식이 선택되도록 노력하는 성향의 유전자를 가지고 있는 개체들 및 그 후손들만 선택된 것이다.

그러나 자신의 자식이 선택되기를 바라는 것은 각 개체들이 가지고 있는 유전자의 한 성향일 뿐 실제로 선택되는 것이 반드시 자기 자신의 자손이 아니라 하더라도 아무 문제가 없다. 다시 말해서 각각의 개체는 자기의 자식이 선택되기를 바라면서 생식과 양육을 한다 하더라도 자식 세대의 개체들 중에서 자신의 자식보다 더 적합한 개체들이 선택되는 현상에 대해 불만을 가질 이유가 없다는 것이다. 최종적으로 선택하는 것은 '자연'이기 때문에 각각의 개체들은 선택을 '자연'에 맡기고 내버려둘 수밖에 없는 것이다.

이에 반해 인간은 자연환경을 부분적으로 변경시킬 수 있는 능력을 발전시킴으로써 선택을 전적으로 자연에 맡기지 않게 되었다. 그렇다

하더라도 인류가 '인위 선택'을 하고 있는 것은 아니다. 특정한 개인이나 집단이 특정한 개인이나 집단의 유전자만 존속할 수 있도록 직접적으로 선별하지는 않는다는 것이다. 실제로 인류는 이 양자의 복합형이라고 할 수 있는 '문화 선택'을 채택하고 있다. 말하자면 특정한 문화적 환경을 만들어 놓고 각 개체들이 이 문화적 환경에 얼마나 잘 적응하는지에 따라 선택과 도태가 이루어지도록 맡겨둔다는 것이다.

이러한 점에서 인간의 종내 경쟁은 다른 생물 종의 종내 경쟁과 달리 자식들의 양육에 있어서 특별한 교육이 이루어지도록 하는 이유가 된다. 앞에서 보았듯이 종내 경쟁에서 실제로는 어느 개체가 선택되든지 간에 각 개체의 수준에서는 자기 자신의 자식이 선택되기를 바란다는 것은 명백하다. 이 때문에 모든 생물들은 자식의 양육에 최선을 다한다. 그런데 인간 외의 다른 생물 종의 경우 자식의 양육은 각 개체의 자연적 잠재능력이 최선으로 발휘될 수 있도록 훈련시키는 것으로 족하지만, 인간의 경우 문화적 환경에 잘 적응할 수 있도록 하는 특별한 훈련을 시켜야 하는 것이다.

그러나 인간이 선택할 수 있는 전략은 이것만 있는 것이 아니다. 자연 선택에 있어서 자연환경의 변화가 각 개체들의 적응도에 영향을 미치듯이 문화 선택에 있어서는 문화적 환경의 변화가 각 개인들의 적응도에 영향을 미칠 수 있다. 자연환경은 스스로 만들어지고 스스로 변화하지만, 문화적 환경은 그것이 자연환경과 분명하게 구별된다는 점에서 스스로 만들어지고 스스로 변화하는 것이 아니다. 그렇다면 문화적 환경은 전부는 아니라 하더라도 부분적으로는 분명히 인위적인 요인에 의해 만들어지고 변화하기도 한다고 보아야 한다. 따라서 인간은 현재의 문화적 환경을 자신과 자신의 후손에게 유리한 문화적 환경으로 변화시키는 전략을 쓸 수도 있다.

'자본주의'라는 경제시스템은 현재 인류의 문화적 환경을 이루고 있는 중요한 요소들 중의 하나이다. 어떤 사람들은 자식들이 이 문화적 환경에 잘 적응할 수 있도록 자기 자신의 삶을 희생시키면서까지 최선을 다해 훈련시킨다. 또 다른 어떤 사람들은 역시 자신의 삶을 희생시키면서까지 자본주의라는 경제시스템 자체를 다른 것으로 변화시키기 위해서 노력한다. 개별적 차원에서 어떤 것이 더 좋을지 평가하기는 쉽지 않다.

그러나 인류 전체의 차원에서는 어떤 전략을 쓰는 것이 인류의 생존에 유리할까? 참으로 답하기 어려운 문제이다. 다만 이 문제를 풀기 위한 몇 가지 실마리는 뚜렷하게 말할 수 있다. 앞에서 말했듯이 인간에게 있어서도 종내 경쟁은 불가피한 것이다. 그리고 각각의 개인들은 다름 아닌 자기 자신의 자식이 선택되기를 바라고 있다. 그러나 사실상 누가 선택되고 누가 도태되느냐 하는 것은 인간 종 자체의 생존에 있어서는 아무 의미가 없다. 그러므로 우리는 지구환경 내에서 인류라는 종 자체의 생존을 위한 좋은 조건과 나쁜 조건이 어떤 것들인가 하는 문제를 좀 더 깊이 생각해보아야 할 것이다.

현재의 자본주의 경제시스템이 개인들에게 무한한 생산력을 요구하고 인류 전체적 수준에서 지나치게 많은 것을 생산하도록 부추기고 있다는 점은 분명하다. 이러한 점에서 세대를 거듭하면서 이 문화에 적합한 능력을 훈련시키는 전략은 바로 이 '지나친 생산' 때문에 인류를 압박할 가능성이 있다. 단적으로 말해서 더 많은 상품 개발, 더 많은 생산, 더 많은 소비가 인류의 생존을 넘어 개인들 사이의 경쟁의 수단으로 규정된다면 인류 전체적 차원에서 지나친 생산이 가속화될 것이고, 결국 이 때문에 자원이 낭비되고 쓰레기가 많아져서 다음 세대 인류의 삶에 좋지 않은 영향을 미칠 수 있는 것이다. 그러므로 인류 자체의 지속적 생존을 위해서는 지나친 생산을 추구하지 않는 다른 문화를 만들어내는 전략도 충분히 고려되어야 할 것이다.

어차피 인간의 종내 경쟁이 불가피하다면, 다시 말해서 인간들끼리 경쟁하지 않아도 되는 문화적 환경을 만들어내기가 불가능하다면, 최소한 인간들 사이의 경쟁이 인류 전체의 생존에 불리한 조건으로 작용하지 않을 수 있는 방안을 모색하는 것이 바람직할 것이다. 물론 이 경우에는 경쟁의 기준이 달라지기 때문에 현재의 기준에서 유리한 사람들의 반발이 있을 수 있다. 그러나 누가 선택되어도 무방하다는 생물학적 원리를 깨닫는다면 자식을 낳아 기르는 에너지 투입의 대가가 자신의 후손의 생존이 아니라 인류의 생존이라는 점 역시 깨달을 수 있을 것이다. 말하자면 인간은 반드시 자신의 후손이 살아남지 못하더라도 자식을 낳고 기르는 수고를 충분히 감내할 수 있는 것이다. 바로 이러한 점에서 우리는 현재의 경쟁 기준이 인류의 생존에 불리한 조건이 될 수 있다면 기꺼이 더 좋은 기준을 만들어내도록 노력해야 하는 것이다.

참고문헌

이인식(2002), 『이인식의 성과학 탐사』, 생각의 나무
竹內久美子(2003), 『私が、答えます』(태선주 역, 『호모 에로티쿠스』, 청어람미디어).
Alberoni F.(1992), *L' erotismo* (김순민 역, 『에로티시즘』, 강천).
Baker R.(1997), *Sperm Wars* (이민아 역, 『정자 전쟁』, 까치글방).
Barash D. & Lipton J.(2002), *The Myth of Monogamy* (이한음 역, 『일부일처제의 신화』, 해냄).
Bastian T.(2005), *Die Mensch und die andern Tiere* (손성현·박성윤 역, 『가공

된 신화, 인간』, 시아출판사).

Brenot P.(2003), *Inventer le Couple* (이수련 역, 『커플의 재발견』, 에코리브르).

Dawkins R.(1993), *The Selfish Gene* (홍영남 역, 『이기적 유전자』, 을유문화사).

Ridley M.(2002), *The Red Queen* (김윤택 역, 『붉은 여왕』, 김영사).

Wuketits, F.(1999), *Gene, Kultur und Moral* (김영철 역, 『사회생물학 논쟁』, 사이언스 북스).

7 동성애의 사회생물학

강남욱

7장

동성애의 사회생물학

강남욱

1. 머리말

다윈의 진화론에 따르면 인간과 침팬지는 공통조상을 지니고 있다.[1] 이러한 사실은 '문화결정론'에는 치명적이다. 왜냐하면 문화결정론은 문화에 의해 인간의 행동이 주조된다고 보기 때문이다. 문화란 문화결정론에 따르면 인간만이 가지고 있는 동물들과 구분되는 기준점이며, 문화를 통해 인간은 비로소 지구상의 다른 동물들보다 높은 우위를 점유할 수 있었다는 것이다. 이와 달리 진화론은 동물에 대한 인간의 우위성을 부정하고, 오히려 인간과 동물의 근친성을 주장한다. 물론 진화론이 문화의 근본성격을 설명할 수 있는가는 아직 논란거리로 남아 있지만, 19세기 말 진화론의 등장은 기존의 사회이론과 인간

---

[1] 시블리(C. G. Sibley)와 알퀴스토(J. E. Ahquist)의 DNA를 통한 고등 영장류의 계통도에 따르면 침팬지와 인간의 기원을 보았을 대, 인간과 침팬지는 98.4%가 동일하며 거의 700만 년 전에 두 종의 침팬지 공동 선조로부터 분리되었다고 한다(Diamond, 1996, 53-54).

론에는 신선한 충격이었음에는 틀림없다. 이로써 종래에 인간의 본성과 인간의 행동양식을 설명하기 위해 요청되었던 종교적 교설이나 형이상학적 교설이 그 허구성을 하나씩 드러내게 되었다. 종교적 교설이나 형이상학적 교설의 허구를 밝히는 중심에 '사회생물학(sociobiology)'이 서 있다. 다윈의 진화론에 기초한 사회생물학은 오늘날 인간의 본성과 행동양식의 생물학적 유래를 밝힘으로써 인간에 대한 탐구의 새로운 종합을 모색하고 있다.

이러한 사회생물학적 연구는 근본적으로 생물학과 인문·사회과학이 경계를 마주하는 접경지역에서 이루어진다는 특징을 지니고 있다. 이러한 특징을 보여주는 물음들 가운데 하나가 바로 '동성애(Homosexual)'의 문제이다. 우리는 일상 속에서 동성애에 대해 적지 않은 혐오감과 편견을 지니고 있는 것이 사실이다. 이러한 혐오감과 편견은 어디서 유래하는 것일까? 종교적 편견인가? 사회적 혐오감인가? 역사적으로 이에 대한 명확한 대답을 주지 못한다면, 그것은 생물학적 본성을 지니는 것이 아닐까? 이러한 연유로 철학에서 동성애는 분명히 일종의 아킬레스건이었다(김진, 2005, 5). 동성애의 문제가—종교적·사회적 억압에도 불구하고—역사적으로 근절되지 않고 끊임없이 제기되어왔다는 사실 자체만으로도 이제 우리는 동성애 문제를 하나의 인간 행동양식으로 볼 수 있고, 나아가 그것은 우리 조상에게서 생물학적으로 물러 받은 유산으로 볼 수 있을 것이다.

이 글은 동성애를 이와 같이 선천적으로 물려받은 인간 행동양식의 하나로 보고, 동성애가 어떻게 유전될 수 있는가 하는 메커니즘을 고찰할 것이다. 이를 위해 먼저 동성애에 대한 종교적 편견과 사회적 혐오감의 유래를 밝힐 것이며, 다음으로 진화론의 '선택' 메커니즘에서 동성애가 어떻게 유전되어왔는가를 논구할 것이다.

2. 동성애와 종교

오늘날 동성애에 대한 부정적 시각을 갖게 된 가장 큰 이유는 유대적 기독교 때문이다. 동성애가 고대 그리스와 로마에서 사회적으로 허용되던 것과 반대로, 고대 이스라엘은 동성애를 철저히 죄악시하였다. 이러한 죄악관은 근본적으로 원시 기독교의 신화에 따른 것이다. 즉 원시 기독교의 천지창조 신화는 하느님이 인간을 포함한 우주만물을 스스로 창조했다고 말한다. 이에 따르면 인간은 하나님의 모습을 본떠 창조되었으며(먼저 남성이 만들어지고, 남성의 늑골을 이용하여 여성을 만들었다), 따라서 양성(兩性)으로 이루어진 인간은 모두 신과 비슷한 품격을 가지게 되었다는 것이다. 그러나 인간은 신이 아니다. 신은 전지전능하여 불멸의 존재이지만, 인간은 신체적 존재이다. 이러한 신체를 유지하고 보존하기 위해 인간은 먹어야 하고, 섹스를 해야만 한다. 동시에 신체는 결함을 지니고 있고 부끄러움과 모욕에 의해 더럽혀질 수도 있다. 이와 관련하여 기독교는 신의 피조물로서 인간이 창조자의 품위를 지키기 위해 건강을 유지할 만큼만 먹어야 하고, 인류(종)를 보존하기 위한 섹스만을 허용하는 교리를 정립했다.

그밖에 비생산적인 성행위인 동성애를 비롯해 자위행위, 피임행위, 심지어 불임의 배우자와 하는 섹스까지 모두 기독교는 죄악으로 간주한다. 단적으로 말하면 쾌락추구로서 성적 욕구의 해소는 기독교에서 결코 허용되지 않는다. 그래서 성경에는 비생산적인 성을 추구해가는 사람들을 굴절된 모습으로 그려내고 있다.[2] 남자끼리 성행위를 뜻하는

---

2 기독교 성격의 내용 중 동성애에 대한 언급은 8군데 정도에서 찾아볼 수 있지만, 동성애를 금지하고 게이를 사형에 처할 수 있다고 명시한 곳은 레위기에 기록된 내용뿐이다(윤가현, 1997, 81).

남색, 즉 소도미(sodomy)가 『구약』의 가장 사악한 도시로 묘사된 소돔에서 유래했다는 사실이 그 단적인 예이다. 「창세기」 19장에는 하느님이 타락한 도시 소돔과 고모라를 어떻게 멸망시키는가를 묘사하고 있는데, 여기서는 다음과 같이 묘사되어 있다. 즉 두 천사가 롯의 집을 방문했다. 롯은 그들을 주(Load)라고 부르면서 영접한다. 그런데 사람들이 몰려와서 그들을 내놓으라고 아우성을 치자, 롯은 그들 대신에 자신의 두 딸을 내주는 조건을 제시한다. "내게 남자를 가까이 하지 아니한 두 딸이 있노라 청하건대 내가 그들을 너희에게로 이끌어내리니 너희 눈에 좋을 대로 그들에게 행하고 이 사람들은 내 집에 들어왔은즉 이 사람들에게는 아무 일도 저지르지 말라." 이 구절을 조나단 커시(Jonathan Kirsch)는 소돔 사람들이 롯의 집에 온 낯선 사람들을 끌어내어 남색을 즐기려(bugger, sodomite)고 한 것으로 해석한다(Kirsch, 1998, 34). 이것이 타락한 도시 소돔을 하느님이 멸망시킨 이유이다.

그런가 하면 『신약』에는 동성애를 부정하고, 직접적으로 비판하는 구절들이 많이 나타난다. 첫째, 「로마서」 1장 가운데 26절과 27절은 모두 동성애를 비난하는 내용을 담고 있다. "여자들은 정상적인 성행위 대신 비정상적인 것을 즐기며, 남자들 역시 여자와의 정상적인 성관계를 버리고 남자끼리 정욕의 불길을 태우면서 서로 어울려서 망측한 짓을 합니다." 이 구절은 동성애라고 분명하게 밝히지는 않았지만, 비정상적인 행위라 하여 동성애로 해석할 수 있는 여지를 준다. 둘째, 「고린도서」에는 다음과 같이 묘사되어 있다. "사악한 자는 하느님의 나라를 차지하지 못하리라는 것을 모르십니까? 잘못 생각하면 안 됩니다. 음란한 자나 우상을 숭배하는 자나 간음하는 자나 여색을 탐하는 자나 남색 하는 자……는 하느님의 나라를 차지하지 못합니다." 이 구절이 성경의 다른 구절과 비교되는 점은 영문의 호모섹슈얼(homosexual)

이라는 단어가 사용된 것이다. 물론 동성 간의 성행위를 표현하는 그리스 단어들이 있었지만, 신약의 원문에는 호모섹슈얼이라는 단어가 나타나지 않는다. 그러던 것이 1946년도 이후의 기독교 성경 영문 번역서부터 그 단어가 등장하게 된다. 셋째, 「디모데인서」에는 "음행하는 자와 남색 하는 자……, 그들을 다스리기 위해서 율법이 있는 것입니다"라고 적혀 있고, 이 내용은 앞의 고린도인에게 보내는 편지의 구절과 유사하다. 넷째, 「요한묵시록」 21장 8절에는 간음하는 자들은 처벌을 받을 것이라고 언급되어 있고, 또한 22장 15절에는 음란하는 자들은 축복받지 못한다고 언급되어 있다. 여기서도 동성애를 직접 거론한 것은 아니지만, 간음이 비도덕적인 행위로 간주된다는 점에서 동성애도 간음이라고 포괄적으로 해석되고 있다(윤가현, 1997, 83).

이렇듯 유대적 기독교는 동성애에 대한 부정적 시각을 가지고 있었다. 하지만 우리는 2000년 이상 익전히 인류의 인식에 크나큰 힘을 행사해온 이 종교에 대해 비판적으로 접근할 필요가 있다. 즉 기독교는 발생사적으로 볼 때 당시의 문화와 오늘날의 문화를 동치시키고 있지만, 그 전제는 틀린 것이다. 2000년 전의 로마의 문화와 오늘날 현대인의 문화가 다르고, 로마시대의 성의 모습과 오늘날의 성의 모습이 다르듯이, 유대적 기독교의 동성애에 대한 생각과 오늘날의 동성애에 대한 생각은 다를 수 있다. 아니 다르지 않으면 안 된다. 어떤 문화를 다른 문화적 관점을 통해 이해할 수 있는 경우는 서로 다른 두 문화가 그들 구성원이 공유하고 있는 인간성에서 비롯한 어떤 공통적인 특징을 가진다고 가정할 때뿐이다. 이러한 가정이 성립하지 않을 때 문화는 서로 갈라지며, 한 문화의 구성원들은 다른 문화의 구성원들을 이해할 수 없게 된다(Trigg, 2007, 49). 그런 만큼 2000년 전의 역사에 기초한 『구약』과 『신약』을 통해 오늘날의 인간과 성, 그리고 동성애를 이해한다는 것은 당시의 인간의 문화와 오늘날의 인간의 문화가 동일하다는 전제 하에서만 가능한 일이다. 유대적 기독교는 인간의 본성에 대한 오늘날의 여러 생물학적 지식을 알지 못했고, 이러한 연유로 성의 생물학적 중요성을 크게 오해해온 것이 사실이다.

오늘날에도 로마 천주교회는 성적 행동의 주된 기능을 남성이 여성을 수태시키는 것에 한정시키고 있고, 신이 인간 본성에 거스르지 말라는 명령을 내렸다는 자연법에 근거하여 인간행동을 해석하지만, 이 이론도 또한 오늘날 생물학적 관점에서 볼 때 틀린 것이다. 자연법이 제시하는 법칙들은 다만 생물학에 무지한 신학자들의 오류로 인해 잘못 해석된 것이다. 오늘날 생물학은 종교나 세속적 권위의 힘을 빌린 어떠한 강제력도 필요하지 않은 자연선택에 의거할 것을 촉구한다. 이에 따르면 인류는 창조된 것이 아니라 진화해왔다. 인류 진화를 추동해온 유전적 역사의 단서들은 모두 성적 활동이 일차적으로 결합장치로 간주되고, 단지 부차적으로만 생식수단으로 여겨진다(Wilson, 2000, 199-200). 그러나 유대적 기독교는 이 점을 애써 외면하고 있다.

역사적으로 볼 때 『구약』과 『신약』은 서구의 오랜 도덕적 원리의 중심에 자리 잡고 있었음에 틀림없다. 하지만 이는 분명 호전적인 유목민들이 인구증가를 통해 얻을 수 있는 자신들의 세력 강화, 자신들의 영토정복을 위해 사용된 윤리일 뿐이었다. 『구약』이 탄생할 무렵에는 인구의 증가가 곧 국력에 부합하는 것이었을 것이다. 이 점에서 볼 때 당시의 성은 인구의 증가가 가장 직접적인 성의 목적이었으며, 이러한 목적이 지금껏 신성화되어 계승된 것이라고 할 수 있고, 이러한 맥락에서 유대적 기독교는 동성애를 억압할 수밖에 없었다.

3. 동성애와 섹슈얼리티

동성애는 다른 한편으로 사회적 관계 속에서 파악된다. 사회적 관계란 일반적으로 우리가 인간의 행동을 이해하는 기준이다. 이러한 인간의 사회적 관계는 인간을 둘러싼 환경과 본성의 관계에서 가장 잘 이해된다. 이 점에서 볼 때 인간은 본래부터 '환경 종속적'이다. 이 말은 우리를 둘러싼 많은 문화적 환경과 이 문화 속에 군림하고 있는 권위자들을 통해 그들이 가진 전문적 지식과 현재의 인습적 지혜로부터 다양한 개념들을 흡수하고, 이를 통해 인간의 행동양식도 이해한다는 점을 나타내고, 이것은 '빈 서판'의 입장이다. 그러나 영국 경험론의 전통에 서 있는 이 입장은 원천적으로 인간본성에 대한 부정적인 가치판단을 전제하고 있다. 이 입장에 따라 성(sex)을 이해하고자 할 때 필연적으로 생겨나는 것이 바로 '젠더(gender)'의 문제이다.[3]

오늘날 섹슈얼리티(sexuality)로서 성은 생물학적 범주로 가두어 두고 자연스러운 것으로만 인식하는 태도에 대해 강력한 문제를 제기한다. 왜냐하면 역사적으로 볼 때 자연적 '성'을 의미하는 섹스는 사회학적 구성을 필요로 하기 때문이다. 이러한 인식을 바탕으로 하여 획득된 개념이 곧 젠더이다. 다시 말하면 섹스는 생물학적 성을 말하고, 그것은 신체구조, 특히 성기의 생김새에 따라 남녀로 구별되는 성의 정체감을 말한다. 이러한 정체감의 형성에 중요한 기여를 하는 것은 인간 호르몬이나 생식기능의 차이 및 유전자 등의 생물학적 요소 혹은 정신, 심리구조 등의 본질적인 요소들이다(송무, 2003, 107). 이 요소

---

3 성 혹은 성차에 관련된 영미권의 용어를 번역할 때 보통 SEX는 '생물학적 성', gender는 '사회적 성'이라고 한다(오조영란, 홍성욱, 2002, 23).

들은 적어도 역사와 문화를 초월하여 고정불변한 남녀의 차이와 성적 선호의 차이를 만들어낸다. 이에 반해 젠더란 사회적으로 구성되는 남녀의 정체성, 즉 사회, 문화적으로 길들여진 성이다. 이것은 쉽게 말하면 우리가 일반적으로 말하는 '남자다움', '여성다움'으로 표현되는 성이다. 대부분의 사회에는 특정한 생물학적 성(sex)에 부합되는 젠더의 특질이 있다는 믿음이 강하게 자리 잡고 있고, 사회는 그러한 방향으로 남녀의 성을 만들어간다(송무, 2003, 108).

그리고 생물학적 성인 섹스와 사회적 성인 젠더를 모두 포괄하는 개념이 섹슈얼리티이다. 섹슈얼리티란 신체적 차이, 성욕, 욕구, 환상, 출산능력, 젠더 정체성들과 같거나 서로 다른 수많은 신체적, 심리적 가능성들이 한데 묶여 고안된 역사적 구성물을 말한다(오조영란, 홍성욱, 2002, 23). 그러나 섹슈얼리티는 이러한 포괄적 의미를 지닌 개념임에도 불구하고 오늘날 편협성을 지니고 있다. 그것은 오늘날 섹슈얼리티가 인간행위와 활동만으로 표현되고 있으며, 인간의 모든 커뮤니케이션 속에서만 발생하기 때문에 사회적이고 역사적인 맥락 속에서만 논의되고, 결과적으로 인간의 성에 대한 근원적 물음이 도외시되고 있기 때문이다. 다시 말하면 오늘날 섹슈얼리티는 '인간의 생물학적인 측면', 즉 인간의 본성적 측면을 간과하고 있는 것이다. 이러한 섹슈얼리티를 알기 위해서는 인간의 본성적 성(sex)에 대한 설명이 선행되어야 한다. 섹슈얼리티는 문화적으로만 설명될 수 없다. 그럼에도 불구하고 섹슈얼리티를 문화적으로만 설명하려는 착각에 빠진 것은 위에서 말한 인간 본성에 관한 잘못된 '빈 서판'의 전제 때문이다.

이 전제에 따르면 섹슈얼리티는 고정적인 것이 아니라 사회적, 문화적, 역사적 배경과 여러 행위양식들에 의해 결정되는 유동적인 개념으로 해석된다. 이러한 입장은 인간의 성을 남성과 여성으로 구분하고, 이성애(異性愛)를 당연한 것으로 받아들이는 젠더의식을 강화시켰다. 이렇게 하여 형성된 젠더의식은 문화와 함께 한 인간이 사회구성원으로 태어나 죽음에 이르기까지 절대적 영향을 미치며, 끊임없이 반복되면서 인간사회를 지배한다. 즉 인간은 태어남과 동시에 남성과 여성 가운데 하나의 성을 부여받게 되고, 이를 인위적으로 바꾼다는 것은 불가능에 가깝다. 나아가 남성과 여성이라는 이분법적인 성의 토대 위에서 각자의 성은 자신의 성에 맞는 행동양식과 문화를 생산하게끔 강요받게 된다. 하나의 동일한 문화적 전통 속에서 양육되어온 우리는 젠더의 통제를 당연한 것으로 받아들이지 않을 수 없다. 그리하여 우리가 당연한 것으로 받아들여 온 남성과 여성의 구분, 행동양식 그리고 이성애는 거역할 수 없는 우리 섹슈얼리티의 표상이다.

이러한 젠더의식이 하나의 사회의식으로 고착화되면서 16세기 초 영국에서는 동성애를 사형으로 다스리는 법률이 제정되었다. 바야흐로 동성애가 종교적 차원을 넘어 사회적 범죄로 낙인이 찍힌 것이다. 17세기 중엽에는 혼자 사는 대부분 여인들이 마녀로 낙인찍혀 사형을 언도 받았는데, 그 이유로서 성적 이상 행동(sexual deviance)을 들었다. 이것은 성을 철저하게 생산의 수단으로 악용한 사례이다. 19세기에 이르면 동성애는 사회의 범죄적 성향의 표현으로 보는 대신에 정신적 요인에서 비롯된 성적 일탈행위, 즉 일종의 정신병으로 규정된다. 또한 19세기 중반 영국에서는 열악한 노동조건 때문에 여성들의 매춘이 급증하였지만, 당시 빅토리아 시대의 지배계층들은 매춘이나 청소년의 자위행위, 동성애 등을 혐오하였다. 1885년에 시행된 수정 헌법은 결혼허용 연령을 13세에서 16세로 늦추는 동시에 남자들 사이의 모든 성행위를 금지하였다(Tyburn, Wilson, 1998, 33-34).

이로써 우리 사회에는 이성애가 동성애보다 자연스럽고 우월하다는 믿음의 체계가 더 지배적으로 자리 잡게 되었다. 이것은 섹슈얼리티의 근대적 전통에 따른 것이다. 이러한 이성애의 틀 속에서 진정한 사랑이란 오직 남성과 여성 사이에서만 존재한다는 믿음도 생겨났다. 그러나 엄밀한 의미에서 이성애는 이성애적 틀에 입각한 차별이고, 편견이 아닐 수 없다. 이러한 차별이나 편견이 모두 사회적 기원을 지니고 있다는 것은 자명한 사실이고, 이러한 의미에서 이성애는 헤테로섹시즘(heterosexim)[4]이라 불린다. 헤테로섹시즘은 이성(異性)과의 사랑만이 정상적이고 자연스러운 것이라고 고집하는 반면에, 동성애자들의 행위는 일반인의 가치체계에서 벗어난 부도덕한 처사로 평가된다. 아니 동성과의 사랑은 사회적 혐오의 대상인 동시에 공포의 대상이다.

이와 같이 동성애자들의 생활이나 사고구조에 대하여 매우 부정적으로 반응하는 현상을 일컬어 '동성애 공포증 또는 혐오증(homophobia)'이라고 한다. 이 말은 심리치료사이며 작가였던 와인버그(George Weinberg)가 1967년 처음 사용한 용어이다(윤가현, 1997, 242). 그는 동성애 공포증도 다른 공포증처럼 강박적이고 비합리적인 특성을 보인다는 점을 지적한다. 즉 동성애 공포증을 소유한 자는 특정상황에서 여타 다른 공포증 환자가 겪는 두려움과 마찬가지로, 사회 구성원의 누군가가 동성애자라는 사실을 알게 되거나, 동성애자가 눈에 보이거나 회상되기만 해도 두려움이나 혐오를 느낀다는 것이다. 이러한 동성애 공포증 때문에 동성애에 대한 편견이 더욱 강화되는 결과를 가져온다.

그렇다면 이러한 동성애 혐오증은 왜 생겨난 것일까? 정상적인 사회 구성원이라면 모두 태어나서 남녀의 전통적인 성역할을 학습하고

---

[4] 이것은 '이성애적 차별주의'를 일컫는 말이다.

결혼하여 자손을 번식해야 한다고 믿고 있고, 이러한 일반인들의 시각으로 볼 때 동성애자는 우리가 가지고 있는 전통적인 성 역할을 제대로 학습하지 못했기 때문에 생겨난 것으로 본다. 하지만 이러한 설명은 심각한 이성애적 차별주의를 낳을 뿐이고, 문제해결에는 아무 도움이 되지 못한다.

4. 동성애와 동물성: 편견을 넘어서 자연성으로

동성애의 문제가 종교나 사회적 실천 규범에 의해 해결될 수 없다는 것은 근본적으로 동성애가 인간의 본성적 행위에 기초하기 때문이다. 이러한 인간 행동을 이해함에 있어서 우리는 지금까지 간과해온 그저 당연한 것으로만 여겨온 인류의 생물학적 행동 양식에 주목해보자. 예를 들어 사람들의 얼굴표정을 유심히 살펴보면, 피부색깔이 다르고 인종이 다를지라도 인류는 공통적인 얼굴표정을 지닌 것을 알 수 있다. 다른 사람들과의 관계 속에서 모든 인류는 우정, 혐오, 공포, 놀라움에 공통된 얼굴 표정을 가지고 소통한다. 심지어 앞을 못 보는 장님들의 웃음과 얼굴표정도 어느 인종에서나 공통적으로 표현된다. 웃음뿐만이 아니라 다양한 형태를 띠고 존재하는 인류의 많은 문화적 모습 중에는 기존의 우리 가치체계로는 설명되지 않는 특유하게 존재하는 생물학적 행동의 양식들이 내재해 있다.

이러한 생물학적 사실은 성의 문제에서 더욱 뚜렷하게 드러난다. 한 세대 전 알프레드 킨제이(Alfred Charles Kinsey)는 정말이지 충격적인 보고서를 제출한 바 있다. 그것은 미국 여성의 2퍼센트와 남성의 4퍼센트 정도는 완전한 동성애자이고, 남성의 13퍼센트는 최소한 일생 동안 3년은 동성애에 빠진다는 사실을 폭로한 것이다(Wilson, 2000, 201). 위에서 언급했듯이 동성애가 한갓 학습의 문제라면, 오늘날 대중교육이 보편화된 미국사회에서 왜 동성애의 문제가 사라지지 않는 것일까? 킨제이 보고서는 적어도 동성애가 인류에게 존재하는 특유한 행동양식 중 하나임을 암시하는 증거이다.

위에서 살펴본 동성애와 관련한 종교와 사회적 습관은 다만 동성애가 인류사회에서 제거되어야만 하는 당위성을 역설하는 데 지나지 않는다. 이들은 모두 인간 행동을 표현하는 일종의 사회적 현상으로서 동성애를 보지 않고, 외적인 종교적·사회적 척도에 따라 동성애를 억압하기 위한 규범의 정립만이 유의미한 것으로 받아들여져 왔다. 여기서 우리는 다음과 같이 묻지 않을 수 없다. 오랜 역사 속에서 종교적 억압과 사회적 편견에도 불구하고 동성애는 어떻게 소멸되지 않고 오늘날 존속하는 것일까? 이 물음은 동성애가 종래에 생각했듯이 실천규범의 문제가 아니라 생물학적 문제이고, 이러한 생물학적 문제는 인간과 동물 사이의 근본적인 (본질) 차이를 없애버린 진화론에 의해 가장 잘 설명될 수 있음을 보여준다.

다시 말하면 동성애의 문제는 선과 악, 옳고 그름의 이분법에 의해 해결될 수 있는 규범의 문제가 아니라 생물학적 설명을 통해 인간의 이해에 새롭게 도달할 수 있음을 암시한다. 이 점에 기여하는 것이 곧 다윈의 '진화론'이고, 진화론에 기초한 '사회생물학'이다. 진화론과 사회생물학의 가장 큰 전제는 인간이 동물과 동일한 본성을 지니고 있다는 점이다. 진화의 관점에서 동물과 인간은 동일한 해부학적 구조를 지니고 있고, 이에 기초해 볼 때 인간의 행동 역시 진화에 의해 형성된 것임에 틀림없다. 물론 오늘날 인류가 인간 특유의 행동양식을 갖게 된 것은 지구상에 존재하는 다양한 환경에 의한 것이지만, 어쨌든 진화는 인간의 가장 복잡하고 중요한 행동들을 '유전자(gene)'로 설명한다. 유전자야말로 인간과 동물을 무차별적으로 나타낼 수 있는 보편적 기호이다. 이와 같이 인간을 한갓 기호로 나타낸다는 것은 인간을 동물과 다른 존재로 파악하고 동물과 비교할 수 없는 우위성을 가지고 설명해온 사람들로서는 좀처럼 받아들이기 어려울 것이다. 그러나 종래의 규범원리로 설명해온 동성애 문제가 봉착한 딜레마는 이러한 근원적인 전제 비판 없이 해결할 수 없다.

그렇다면 진화에 있어 핵심 원리는 무엇일까? 다시 말하면 진화는 무엇을 판단기준으로 삼는가? 이에 대한 대답은 한 마디로 하면 다음 세대로 넘겨주는 유전자의 수에 의해 평가된다는 사실이다. 자연의 헌법에는 오로지 최대한 많은 수의 자손을 다음 세대에 넘기려는 충동만이 있을 뿐이다. 이러한 충동의 측면에서 본다면, 인간도 동물과 별반 차이가 없다. 그리하여 진화론의 관점에서 볼 때 인간의 신체와 뇌는 사실상 우리 조상들이 10만 년 전에 물려받았던 것과 동일한 유전자로 구성되어 있다(Ports, Short, 2004, 490). 이에 기초한다면, 오늘날 인류의 행동 양식도 과거 인류의 행동 양식과 크게 변한 것이 없지 않을까? 이 점을 우리는 가설적으로 다음과 같이 구성해보자. 즉 인류는 처음으로 수렵채집 생활을 함으로써 작은 규모의 집단을 구성하도록 진화하였다는 것이다. 이것은 인간과 유전적 유사성의 거의 흡사한 침팬지 집단—물론 침팬지 집단보다 훨씬 복잡하지만—과 공통점이다.

그밖에도 인간과 침팬지의 행동에서 공통점은 많다. 침팬지 집단은 특정한 과업을 달성하기 위해 서로 협동하고, 때로는 협력해서 적대적 집단을 공격하기도 한다. 특히 수컷들은 경쟁자를 자리에서 내쫓고 권력을 잡기 위해 협력관계를 바꾸기도 한다. 이것은 인간사회의 계급조직과 일맥상통한다. 인간의 여성과 침팬지의 암컷은 자신들이 태어난 집단을 떠나 유전적으로 남(他者)인 남성, 수컷과 짝을 맺는다. 인간의 아이와 침팬지의 새끼는 긴 수유기간을 통해 임신의 터울을 둔다. 인간과 침팬지는 모두 그들이 낳은 몇 안 되는 자식들을 양육하는 데 수년 동안의 헌신적인 사랑을 투자한다. 이러한 점들이 모두 인간과 침팬지가 공통적으로 갖고 있는 특징들이다.

이것은 인간만이 가지고 있다고 여겨졌던 사회성이 동물에게도 존재한다는 것을 암시한다. 사회성이 동물에게도 존재한다는 것은 진화론적으로 볼 때 인간의 본성이 동물성에서 유래한 것임을 추측하게 한다. 그렇다고 하여 인간이 모든 생물학적 유전 특성을 가지고 있다고 일반화시킬 수는 없다. 진화의 관점에서 볼 때 생명체는 각기 선택적으로 배우고 학습한다. 어떤 자극은 배우고, 어떤 학습은 배제하며, 또 다른 자극에는 중립을 지킨다(Wilson, 2000, 102). 따라서 우리도 인간에게만 적합한 가능성을 지니고 있으며, 이 가능성이 인간 종의 발현과 함께 진화를 통해 동물들에게는 존재하지 않는 인간만의 특유한 행동 양식들을 만들어냈다고 하겠다.

이러한 맥락에서 동성애를 새롭게 이해할 수 없을까? 인류역사에서 동성애는 소멸되지 않고 살아남았다는 것은 동성애가 진화를 통해 생겨난 인간의 특유한 행동 양식이기 때문이 아닐까? 이 점에 관해 우리는 다음 절에서 살펴볼 것이다.

5. 동성애와 진화의 법칙

인간의 행동을 진화론적으로 이해하기 위해서는 먼저 진화가 무엇인지에 대한 원초적인 해명이 필요하다. 진화란 한마디로 말한다면

'변화'를 의미한다. 변화 중에서도 특히 세대 간에 일어나는 생물체의 형태와 행동의 변화를 가리키는 말이다. 모든 생명체의 기본 단위는 DNA이고, DNA의 구조로부터 사회생활에 이르기까지 생물의 형질은 세대를 거치면서 조상의 형질로부터 변화해왔다(최재천, 2002, 25). 즉 오늘날 우리가 지닌 인간의 행동양식들은 모두 우리 조상들이 지닌 형질의 발현으로 시작되었다. 그렇다면 이러한 변화의 원인은 무엇일까? 그것은 다름 아닌 '자연선택(natural selection)'과 '성 선택(sexual selection)'이다.

5.1 자연선택

자연선택이라는 개념을 처음 생물학에 도입한 것은 다윈과 월리스이다. 이들은 1858년 린니언 학회(Linnean Society)에서 공동으로 자연선택에 관한 이론과 그에 관한 실증적 증거를 제시했다. 다윈은 이러한 자연선택과 진화의 설명을 더욱 발전시켜 1859년에 『종의 기원』(*The Origin of Species*)이라는 책을 세상에 내놓는다. 이 책에서 자연선택을 다윈은 다음과 같이 설명한다.

> 환경에 적응하는 데 유리한 유전적 변이를 가진 개체는 그렇지 못한 변이를 가진 개체보다 생존력이 높으므로 더 많은 자손을 생산할 수 있다. 결과적으로 적응적인 변이는 세대를 통하여 점진적으로 그 빈도를 높이게 되며, 적응적이지 못한 변이는 점차로 도태된다. 이와 같이 유전적 변이의 점진적인 축적과 그 편차에 의해 일어나는 진화작용의 메커니즘을 '자연선택'이라고 한다(성기창 외, 1997, 187 재인용).

여기서 다윈이 주목한 것은 생물세계의 경쟁이다. 자연 속에서는 제한된 여러 조건들 속에서 치열한 경쟁이 벌어지고 있으며, 결과적으로 더 효과적인 변이체가 자연선택에 의해 살아남는다는 것이다. 그러나 자연선택은 꼭 경쟁 속에서만 이루어진 것이 아니다. 경쟁 없는 조건 속에서도 자연 선택은 작용할 수 있다. 이러한 사실의 발견이 바로 다윈의 공적인데, 이것은 자연선택이 악조건의 기후나 다른 물리적 환경요인의 결과로도 이루어질 수 있다는 것이다. 결국 살아남을 수 있는 것보다 더 많은 개체들이 생산된다면, 같은 종과 다른 종 사이의 생존투쟁은 필연적으로 발생하기 마련이다. 여기에 환경의 영향까지 더해져 자연선택이 일어난다. 자연선택은 "진화에 있어 가장 중요한 압력이며, 특정 유전자의 모임을 장기간 묶어 놓고 유지시키는 힘"이다. 그러므로 여러 유전자형의 표현형들이 그 다음 세대에 각기 자신을 나타낼 능력이 다르고, 이로 말미암아 유전자형에 있어서 상대적 빈도가 달라지는 것은 바로 자연선택 때문이다(박만준, 강남욱, 2006, 5). 다윈의 주장대로라면 오늘날 인류도 지구의 탄생과 함께 자연선택의 결과물로서 지구에 존재하게 되었고, 또한 자신의 생존을 위해 인간도 인간만의 행동 양식을 이루어 나가지 않을 수 없었던 것이다.

5.2. 성 선택

유성생식을 하는 생물 종들은 지난 5억 년 동안 가장 번성한 생물군인 동물계와 식물계의 양쪽 모두에서 범지구적으로 자신들의 몫을 충분히 확보하고 있다. 성의 단적인 표상이라 할 수 있는 동물의 성기와 식물의 꽃은 그것을 가진 생물종들이 효과적인 번식을 위해 그동안 투쟁하여 쟁취한 결실이다. 다윈이 정의 내렸듯이, 자연선택은 개체들이 가지고 있는 생존능력의 차이에서 비롯된 것이다. 바꾸어 말하면 자연선택은 생존에 방해가 되는 형질을 좋아하지 않는다. 하지만 유성생식을 하는 동물계와 식물계를 볼 때 그들은 자신의 유전자를 선택받기 위해 많은 에너지를 소비한다. 이를 구애행위로 표시해보자. 구애행위는 생물체의 외형을 볼 때 더욱 심각해진다. 각 동물과 식물의 종들은 그들의 생존에 결코 이익이 될 수만 없는 화려한 장식들을 가진다. 그러나 이것은 자연선택에는 전혀 합당하지 않다. 그렇다면 자연은 자연선택 외에 또 다른 창조적 형질을 만들어내는 과정을 새롭게 필요로 하는가? 여기서 다윈은 유성생식을 하는 종에게는 생존능력이 다소 떨어지더라도 짝짓기 경쟁에 도움이 되는 형질을 널리 퍼뜨리는 경향이 있을 것이라고 추론하였다.

이로부터 성의 문제가 생겨났다. 성은 암컷을 차지하기 위한 수컷 간의 경쟁과 암컷이 수컷을 선택하는 두 가지 방식을 통해 진화했다. 다윈은 이 두 가지 방식을 아울러 자연선택에 대응하는 '성 선택'이라고 불렀다(Margulis, Sagan, 1999, 330). 성 선택의 하나는 동성의 개체들이 서로 경쟁을 벌이고, 그들 중에서 승자가 이성(異性)과 접근할 기회를 갖는 것이다. 다른 하나는 이성(異性)의 구성원이 자기들이 좋아하는 짝을 선택한다는 것이다(Buss, 1995, 21-22). 그 메커니즘은 다음과 같다. 이를테면 암컷의 수가 그 배우자인 수컷의 수보다 훨씬 적은 경우를 가정해보자. 이럴 경우 수컷 간의 경쟁은 불가피하다. 이 경쟁을 통해서 수컷 중에는 더욱 강하고 더욱 환경에 잘 적응하는 놈이 살아남을 것이며, 암컷은 살아남은 수컷들 가운데 하나와 관계를 맺을 것이다.

그런데 성 선택은 여기서 끝나는 것이 아니다. 다윈에 따르면, 이런 방식의 선택을 경험한 동물들은 다음 세대 자손들의 형질에도 지대한 영향을 끼친다. 성 선택이란 교미 상대를 얻어내는 특수 과정이며, 이

과정을 들여다보면 해부학적, 생리학적 및 행동학적 메커니즘에 어떤 변화를 일으켜, 그것이 교미 직전이나 교미할 때 발휘되고 있음을 알 수 있다. 즉 성 선택은 한마디로 번식능력의 개인차가 어떻게 진화상의 변화를 이끄는지를 보여준다(Miller, 2004, 65). 성 선택이 주는 이러한 인센티브 때문에 특히 사회성이 발달한 동물은 몸매나 크기, 색깔, 냄새, 생김새 등을 따지고, 상대방을 속이는 그런 섹시함을 추구하는 다양한 행동 습관들을 발전시켜 나간다. 이 점에서 인간도 예외가 아니다. 성 선택은 성에 대한 적응이며 번식능력의 개인차가 어떻게 진화상의 변화를 이끌게 되는지를 기술하는 방법이다.

5.3. 사회생물학과 동성애

우리 인간을 포함한 유성생식을 하는 종이 한 세대에서 다음 세대로 형질을 전달하는 방법은 단 한 가지뿐이다. 그것은 바로 짝짓기를 통한 자식의 생산이다. 만약 인간을 포함한 모든 동물들이 섹스를 하지 않는다고 가정해보자. 그렇게 된다면 이 세상은 어떻게 될까? 세대 간의 대물림은 끝이 나고 말 것이며, 다음 세대에는 그 어떤 유전적 자취도 남기지 못할 것이다. 진화의 관점에서 생물체의 성공은 오로지 자신의 유전자를 다음 세대에 남기느냐 남기지 않느냐로 성공의 여부가 결정된다. 이 점에서 유성생식을 하는 생물에게 섹스는 곧 진화의 중심에 놓여 있다고 하겠다.

그렇다면 여기서 우리는 한 가지 의문을 가지지 않을 수 없다. 다윈에 의하면 인간은 자연선택의 결과물이고, 환경에 적응한 개체가 성 선택을 통해 자신의 유전자를 다음 세대에 남기는 것이 인간의 유일한 목적이다. 그렇다면 동성애는 과연 어떻게 설명될 수 있을까? 다윈의 진화론이 동성애가 인류에게 존재할 수 없는 인간의 행동 양식임을 말해준다면, 그것은 위에서 우리가 비판한 종교적 견해나 사회적 습관과 다를 것이 없지 않은가?

이에 대한 사회생물학의 입장은 조금 다르다. 진화론에서 볼 때 성은 분명 유전자의 번식을 목적으로 한다. 그러나 번식이 성의 목적 전체는 아니다. 비록 낮은 비율이기는 하지만 철저하고 일관되게 자기와 같은 동성을 좋아하는 개체들이 존재한다. 위에서 킨제이 보고서가 말해주듯이, 동성애가 미국의 하부 문화를 형성하고 있다는 것이 엄연한 사실이다(Wilson, 2000, 201). 이러한 동성애는 번식의 성공과 전혀 무관한 행동이다. 그럼에도 불구하고 현실적으로 동성애가 존재한다는 사실을 윌슨은 다음과 같이 설명한다.

나는 동성애가 생물학적 의미에서 정상일 뿐 아니라, 초기 인류 사회 조직의 중요한 요소로서 신화해온 독특한 자선 행위일 가능성이 높다고 주장하고 싶다. 동성애자들은 인류의 진귀한 이타적 충동 중 일부를 운반하는 유전자 담체일지도 모른다.(Wilson, 2000, 201)

바로 여기에 사회생물학의 핵심이 있다. 그것은 바로 생물학적 사실에 입각하여 사회활동을 설명하려는 것이다. 이러한 사회생물학적 연구에 따르면 동성애 행동은 곤충에서 포유류에 이르기까지 인간을 포함한 다른 여러 생명체에 흔하게 나타나는 행동의 한 양상이다. 그 중에서도 이성애의 대안으로서 동성애적 성향이 완전히 발현되는 것은 붉은 털 원숭이, 비비, 침팬지 등 가장 지적인 영장류에 국한되어 나타난다. 이 동물들에게 동성애 행동은 뇌 속에 잠재된 진정한 양성성의 표출로 추정된다. 수컷은 완전한 암컷의 자태를 하고 다른 수컷들의 짝이 되며, 암컷도 이따금 다른 암컷과 짝을 맺는다.

인간의 뇌에도 마찬가지로 양성성의 가능성이 있고, 그것은 때때로 성적인 선호 양상을 전환할 수 있는 사람들을 통해 완전하게 발현된다는 것이다. 그러나 인간은 한 가지 중요한 측면에서 인간이 아닌 영장류와 다르다. 완전한 이성애와 마찬가지로 완전한 동성애가 되면, 동물적인 패턴의 선택 및 대칭성은 상실된다는 것이다. 동성애의 선호는 진정한 것이다. 즉 가장 완전한 동성애 남성들은 남성 짝을 선호하고, 여성들은 여성 짝을 선호한다. 대체로 일부 남성들이 보여주는 여성적인 행동은 성적 상대의 선택과 무관하다. 현대 사회에서 이성의 복장을 선호하는 성도착자 가운데 동성애자는 극히 드물며, 대다수의 동성애 남성은 복장과 행동 면에서 이성애 남성과 크게 다르지 않다. 동성애 여성도 마찬가지이다.

6. 혈연선택과 동성애

윌슨에 따르면 '동성애는 (성적) 결합의 한 유형'(Wilson, 2000, 202)이다. 동성애가 결합의 한 유형이라면, 동성애도 이성애와 크게 다르지 않다. 그것은 어디까지나 인간이 가지는 이성애적 행동이 서로의 관계를 확고히 하는 중요한 수단이라는 점에서 그렇다. 이러한 관점은 동성애에 대한 새로운 인식방법을 제공한다고 하겠다. 동성애가 이성애와 크게 다르지 않다면, 이성애적 성향이 자연선택과 성 선택을 통해 오늘날 인류의 생존을 가능하게 했듯이, 동성애도 역시 유전적 근거를 가질 수 있음을 말해주기 때문이다. 이 점을 확실하기 위해서는 동성애적 유전자를 지닌 사람이 진화에 있어서 분명한 어떤 인센티브를 지니고 있어야만 한다. 동성애적 유전자는 어떤 인센티브를 지니고 있으며, 우리는 이를 어떻게 논증할 수 있을까? 이를 위해 오늘날 인류의 화려함이 아닌 과거 수렵, 채집 사회 속에서 인간의 삶 속으로 들어가볼 필요가 있다.

우선 분명한 것으로 추정해볼 수 있는 것은 초기 인류의 성에 따른 역할이 오늘날보다도 분명했을 것이라는 사실이다. 자연은 성 역할을 극명하게 보여주는데, 인류도 또한 자연 상태에 가까울수록 성 역할이 뚜렷하게 구별되었음은 자명하기 때문이다. 수렵과 채집을 하는 초기 원시사회에서 우리 선조들의 성 역할을 다음과 같이 구분해볼 수 있다. 즉 남성은 경제적 주체로서 가족에게 원활한 단백질의 공급을 위해 한 동안 공동체를 떠나 사냥에 나서야 했을 것이고, 여성은 채집의 역할을 담당하고 있었을 것이다. 그런데 이렇게 성 역할을 분담하는 것은 새로운 문제를 야기한다. 그것은 곧 '원시적 공동체'에서 사냥을 나간 남성이 없는 틈을 타고 여성들이 다른 남성들에 의해 (성적으로) 약탈될 가능성이 매우 높다는 사실이다. 이것은 사냥을 떠나는 남성들에게 여간 고민거리가 아닐 수 없다. 이러한 문제점을 해결함에 있어 동성애 유전자를 가진 사람이 필요했다는 것이 윌슨의 가설이다. 남성들에게 자신의 유전자를 다음 세대로 넘길 수 있게 하는 소중한 자산인 여성이 공동체를 이루고 있는 집단이 아닌 타집단의 남성들을 통해 약탈될 수 있다는 것이다. 타집단의 남성들로부터 자신들의 소중한 자산인 여성을 지키기 위해 물리적으로 남성의 힘을 지녔으나 성 선택에 있어 자신들과는 다른 동성애자들이 필요하게 된 것이다. 그리고 이러한 동성애자들을 통해 공동체의 여성을 지킴으로써 남성들은 질적 양적으로 우수한 단백질을 집단에 원활히 공급하게 된다. 이와 같이 동성애 유전자가 유전적 이익을 줄 수 있다면, 이성애 유전자와 마찬가지로 동성애 유전자도 유전되어 오늘날 우리에게도 존재한다는 가설이 충분히 설득력을 지닐 수 있는 것이다.

그런데 문제는 동성애자들에게는 자신의 유전자를 가진 자식이 없는데, 어떻게 동성애 성향을 유도하는 유전자들이 집단 전체에 퍼질 수 있을까 하는 점이다. 이에 대한 대답으로 우리는 동성애자가 존재함으로써 그들의 가까운 친족들이 더 많은 아이들을 가질 수 있었다는 가설을 든다. 여기서 우리는 '선택'이라는 말에 주목할 필요가 있다. 같은 종 내에서 다른 개체와 필연적으로 생존경쟁을 벌이는 경우를 상기해보자(예를 들어 정자 경쟁을 생각해 보자). 이때 선택은 분명히 단 하나의 개체로서 성립될 수 있는 성질의 것이 아니다. 선택이란 동일한 종 내에서 누가 더 우수한 형질을 가지고 있어서 자신의 유전자를 다음 세대에 넘길 능력이 있는가를 판단하는 것이다. 따라서 선택은 집단 수준에서 일어난다고 말할 수 있고, 이를 우리는 '집단선택(group selection)'이라 부른다. 한 혈연집단(lineage group)에 속하는 둘 이상의 개체에 대해 이들을 하나의 단위로서 이들에게 영향을 미치는 것이 바로 이에 속한다(Wilson, 1997, 135). 개체수준에서 바로 위로 올라가면, 혈연집단은 여러 가지로 구분되는데, 예를 들어 형제자매, 어버이와 그의 자식들, 그리고 8촌 정도로 가깝게 관계되는 가족집단 등이 있다. 이와 같이 선택이 어떤 집단들 가운데 한 개의 집단에 대해 단위적으로 발휘되거나 같은 혈통 사이에 공유하는 유전자 빈도에 어떻게든 영향을 주도록 어떤 개체에 작용하면, 이 과정은 '혈연선택(kin-selection)'이라 부를 수 있다.

이제 다시금 우리 선조들의 친족 중심 집단을 떠올려보자(즉 한 개체군 내에서 혈연으로 연결된 한 네트워크가 있다고 상상해보자). 이들 혈연집단들은 한 구성원이 그 집단의 다른 구성원의 개체적응도를 저하시키는 한이 있더라도 이 네트워크의 구성원들의 평균적 유전적응도를 전체적으로 증가시키는 방향으로 상호 협동하거나 이타적인 혜택을 베풀 것이다. 이 말은 집단의 구성원들이 함께 살거나 개체군 내에서 흩어져 살지만, 필수적인 조건으로서 이들이 개체군 내 다른 나머지 구성원들과 비교적 긴밀한 접촉을 유지하면서 이 집단에 전체적으로 이익을 주는 방향으로 함께 행동한다는 것을 의미한다. 이와 같이 혈연선택은 개체군 내의 혈연망의 복지를 증진시킨다(Wilson, 1997, 147). 이 가설에 기초해볼 때 원시 공동체에서 동성애자들은 사냥과 채집을 하거나 주거지에서 더 가정적인 역할을 함으로써 같은 성별을 지닌 사회 구성원들을 도와주었을 수 있다. 그들은 부모라는 특수한 의무에서 해방되어 가까운 친족들을 보조하는 데 영향을 미치는 위치에 서게 되었을 것이고, 나아가 선지자나 무당, 예술가, 부족의 지식 보유자 역할을 맡았을지도 모른다. 이러한 동성애자의 집단 속에서의 모습은 오늘날 원시 사회에 그대로 남아 있다. 인류학자들의 연구에 따르면 일부 원시 문화에서, 남성 동성애자들은 여성의 옷차림과 태도를 취하고 심지어 다른 남자와 결혼하기도 하는 베르다치(berdache)[5]가 되곤 한다. 그들은 주술사, 즉 중요한 결정에 영향을 미

---

[5] 16세기 이후, 스페인계 선교사와 프랑스계 캐나다인들은 북아메리카 북부의 인디언 마을들에서 서구의 가치관으로 이해할 수 없는 '이상한 존재'를 발견했다. 그들은 남자 같이 보이는데도 여성 옷을 입고 다니면서 밥 짓기, 빨래, 아기 돌보는 일 등 서구의 관점에서 본다면 여성의 일들을 하고 있었다. 스페인계 선교사들은 당시 고국에 불어 닥쳤던 가톨릭의 마녀사냥과 남색자 처벌을 익히 보아온 터에, 인디언 마을에 있는 '이상한 존재들' 역시 악마의 아들딸이며 남색을 하는 범죄자라고 생각했다. 그들은 인간만을 골라 물어죽이도록 훈련된 사냥개를 풀어 그 '이상한 존재'를 살육했다. 이 이상한 존재들, 생리학적으로는 남성이면서 여성의 역할을 하고 있거나 그 반대인 사람들은 북아메리카 북부의 인디언 마을들에서 쉽게 찾을 수 있었다. 155여 개 정도의 부족들에 걸쳐 광범위하게 존재했던 것이다. 북아메리카에 이주한 프랑스계 프론티어들은 그들을 '베르다치(Berdache)'라고 불렀다. 이 베르다치라는 용어가 처음 등장한 것은 1704년 그 자신이 베르다치였던 북아메리카 인디언 원주민의 회고록에서였고, 1877년 워싱턴 메사츄에서 출간된 인류학에 관한 출판물에 공식적으로 처음 사용되었다.

칠 수 있는 강력한 존재가 되거나, 여성의 일을 하고, 불을 피우고, 화해시키고, 족장의 조언자가 되는 등 각기 다른 방식으로 전문화했다(Wilson, 2000, 204-205). 이러한 베르다치를 통해 동성애자를 본다면 자매, 형제, 조카 등 친척들이 생존율과 번식률을 높이는 이익, 즉 자연선택과 성 선택에 있어서 더 나은 이익을 얻는다면, 동성애로 특화된 사람들이 공유하는 유전자들은 상대적으로 자신들의 유전자 가치보다 뒤떨어지는 이성애자들에게 있는 유전자들을 희생시키면서 증가할 것이다. 그 결과 개인에게도 동성애적 성향을 갖는 유전자가 당연히 포함되게 된다.

이것은 무엇을 말하는가? 물론 이러한 사례가 오늘날 동성애를 옹호하고 설명하는 충분조건은 되지 못한다. 그렇다 하더라도 오늘날 사회생물학이 말하는 동성애의 생물학적 논거는 동성애자를 보는 새로운 시각을 제공해주고 있음에 틀림없다. 분명한 사실은 오늘날 동성애자가 존재한다는 사실이고, 이들은 종교적 억압과 사회적 편견으로 인해 고통 받고 있다는 사실이다. 이러한 사실은 동성애자를 한갓 사회적 소수자로 평가하는 이분법적 잣대로는 해결될 수 없음을 말해준다. 동성애자를 이분법적 잣대로 평가하려 한 것은 종래의 실천 규범적 접근법이 지닌 한계이다. 동성애자라 할지라도 모두가 우리와 다르지 않은 인류의 이웃이다. 이것은 사회생물학이 우리에게 알려준 사실이고, 이로써 우리는 인간의 특수 현상인 동성애 현상을 통해 좀더 근원적인 인간본성의 물음에 다가갈 수 있음을 말해준다. 바로 이 점에 사회생물학의 의의도 있다.

7. 맺음말

인간을 규정함에 있어서 종래의 가장 큰 틀은 인간이 자연과 구별되어야만 한다는 점이다. 이러한 사실은 인간만이 '이성적 존재'라는 형이상학을 낳았고, 이 형이상학에 기초하여 인간의 문화도 설명된다. 오직 문화를 통해서만 인간은 자신과 공동체의 이익을 확대할 수 있다는 이러한 생각이 문화결정론을 낳고, 문화결정론이 '인간중심주의'를 낳았지만, 문화결정론도, 인간중심주의도 결코 인간을 행복하게 해주지 못한다는 사실을 현대문명은 여실히 보여준다.

역사적으로 보더라도 자연이 배제된 인간사회에서는 문명 스스로가 '포식자'가 된다. 종교와 윤리라는 이름으로 사회적 약자를 도태시켜온 역사가 이 점을 잘 말해준다. 위에서 우리는 동성애자가 오늘날 사회적 약자의 지위로 전락해 버리고 말았음에도 불구하고, 인간의 동성애적 행동이 오랜 진화의 산물임을 논증하였다. 이와 같이 인간 진화 과정을 추적하여 인간의 본성을 밝히려는 것이 사회생물학의 목표이다. 이러한 목표의 정상에서 볼 때 종교나 사회적 습관의 '빈 서판' 전제는 허구이다. 이 허구를 분쇄하고 참된 인간본성에 나아가지 않는 한, 인간의 불행은 극복되지 않는다. 인간본성을 부정하지 않으며 인간을 이해하는 것이야말로 우리가 추구해야 할 목표이다.

참고문헌

David Buss(1995), *Evolution of Desire*, (김용석, 민형경,『욕망의 진화』, 서울: 백년도서).
Edward O. Wilson(2000), *On Human Nature*, (이한음,『인간 본성에 대하여』,

서울: 사이언스북스).
Edward O. Wilson(1997), *Sociobiology*, (이병훈, 박시룡,『사회생물학』, 서울: 민음사).
Geoffrey Miller(2004), *Mating Mind*, (김명주,『메이팅 마인드』, 서울: 소소).
Lyn Margulis and Dorion Sagan(1999), *What is Sex?*, (홍욱희,『섹스란 무엇인가?』, 서울: 지호).
Malcolm Ports, Roger Short(2004), *Ever Since Adam and Eve*, (최윤재,『아담과 이브 그후』, 서울: 들녘).
Richard A. Posner(2007), *Sex and Reason*, (이민아, 이은지,『성과 이성』, 서울: 말글빛냄).
Roger Trigg(2007), *The Shaping of Man*, (김성한,『인간 본성과 사회생물학』, 서울: 궁리).
Steven Pinker(2004), *The Blank Slate*, (김한영,『빈 서판』, 서울: 사이언스북스).
Susan Tyburn, Colin Wilson(1998), *Breaking The Chains : The Struggle For Gay Liberation*, (『동성애자 해방 운동의 역사』, 서울: 연구사).
Jared Diamond(1996), *The Third Chimpanzee*, (김정흠,『제3의 침팬지』, 서울: 문학사상사).
Jonathan Kirsch(1998), *The Harlot by Side of the Road Forbidden Tales of the Bible*, (오성환,『길섶의 창녀들: 성서의 금지된 이야기들』, 서울: 까치).
김진(2005),『동성애의 배려윤리적 고찰』, 울산: 울산대학교출판부.
박만준, 강남욱(2006),『성의 진화 그리고 인간의 성문화』, 서울: 경문사.
성기창 외(1997),『생물진화학』, 서울: 형설출판사.
송무 외(2003),『젠더를 말한다』, 서울: 도서출판 박이정.
오조영란, 홍성욱(1999),『남성의 과학을 넘어서』, 서울: 창비.
윤가현(1997),『동성애의 심리학』, 서울: 학지사.
최재천(2002),「다윈의 진화론-철학 논의를 위한 기본 개념-」,『진화론과 철학』, 철학연구회 2002년도 추계 연구회발표회 논문집.

8 예술 발생의 생물학적 조건

백영제

8장

예술 발생의 생물학적 조건[1]

백영제

1. 들어가는 말

35억 년이라는 오랜 진화의 시간을 경과하여 오늘날 자리하는 지구상의 수많은 생물 종들 중에서 유독 인간은 그 존재능력과 자질에서 어떤 특별한 무엇을 따로 갖추고 있으며, 따라서 여타의 생물들과 인간을 동등 심급에서 취급하고 비교한다는 것은 있을 수 없는 일이라고 생각하는 입장이 일반적으로 자리한다. 예컨대 천지창조 마지막 날 신의 모상(模像, imago Dei)대로 특별히 만들어졌다는 『성서』의 기술(the Genesis, 1: 26-27)을 바탕으로 하는 기독교 인간학과 창조론의 입장에서는 우리 인간이 애초부터 인간으로 창조되어 지구에 자리해왔다는 이해와 입장을 고수해오고 있다.

또 일찍이 아리스토텔레스가 그의 니코마코스 윤리학에서 말한 지

---

[1] 이 글은 『大同哲學』 제41집(2007.12)에 실린 논문을 일부 수정 보완한 것이다.

혜(phronesis)라든가 윤리적 덕목(ethike arete), 그리고 데카르트적 전통에서 강조되어온 인간 고유의 이성능력 등을 바탕으로, 문화적 존재로서의 인간이 갖는 특별함에 대한 고려를 견지하고 있는 기존의 인문학적 전통도 이와 마찬가지로 인간을 하나의 생물 종으로 다루어보려 하는 사회생물학적(sociobiological) 또는 동물행동학적(ethological) 관점에 대체로 반감을 내보인다.

그러나 진화론과 생물학의 관점에서 우리 자신을 새롭게 조명하고 그리하여 더욱 종합된 새로운 인문학의 필요성을 말한다고 해서, 기존의 인문학에서 강조하는 인류의 오랜 문화적 소양과 도덕적 감수성을 폄하하거나 소홀히 여기면서 모든 것들을 생물학적 차원으로 돌려버리는 환원주의적 우를 범하고자 하는 것은 결코 아니다. 진화론에 적극적인 관심을 갖는 인문학적 문제의식은 오히려 인류의 풍부한 문화적 자산들이 갖는 진정한 의미와 그 내력에 대해 더 포괄적이고 합당한 이해와 설명이 가능하기를 바라며, 궁극에는 "우리가 누구이며, 어떠한 배경과 계기를 가지고 특별한 존재능력의 소유자로서 지구에 등장하게 되었는가?" 하는 물음에 대해 좀 더 명확한 답이 주어질 수 있기를 바라는 입장이다.

인류 역사를 통틀어 단 한 번도 대량학살을 수반하는 참혹한 전쟁을 멈춘 적이 없다고 할 만큼 개인이나 집단으로서의 인간은 충분히 이기적이고 교활하며 배타적 공격성과 야만적 폭력의 행태를 여실히 드러내 보인다. 이와 같은 인간의 어두운 기질과 면모를 기존의 인문학에서는 대체로 문화와 환경의 그릇된 영향에 의해 빚어지는 결과들로 간주하는 편이었다.

인간의 행동이 유전에 의한 것인지 아니면 환경에 의한 것인지, 진화의 산물인지 아니면 문화의 산물인지, 타고난 것인지 아니면 교육에 의한 것인지에 대한 본격적인 논의는 17세기 후반 로크(J. Locke)로부터 시작되어, 이른바 문화결정론의 입장이 오랫동안 주류를 이루어왔다.[2] 그러다가 19세기 중반에 영국의 사회과학자 스펜서(H. Spencer)가 인간의 사회적 질서는 진화의 결과라는 주장을 펴고, 거의 같은 시기에 다윈(Ch. Darwin)이 자연선택 이론을 제출하고 『종의 기원』을 발표하면서부터 생물학적 결정론의 입장이 대두되어 격렬한 논쟁이 시작되었다. 20세기에 들어서서도 미국의 인류학자 보아스(Franz Boas) 같은 연구자에 의하여 문화 혹은 환경이 인간의 성격이나 행동을 결정한다는 주장과 반박이 우세하게 되었는데, 나치즘과 같이 노예제도 이래 가장 조직화된 인종차별이 현실화되는 시대 상황들이 진화론자들의 입지를 좁게 하는 결과를 초래했다고 볼 수 있다.

 1920년대에 사모아 섬의 원주민 현장연구를 바탕으로 발표된 미드(Margaret Mead)의 논문 「사모아에서의 성장: 서양문화의 이해를 위한 원시사회 청소년에 대한 심리학 연구」(1927)는 전통적 인문학들이 내세우는 이른바 문화결정론의 전형으로, 인간들이 갖는 각종 결함들, 이를테면 스트레스, 노이로제, 질투심, 폭력성, 성적 불감증 등 모든 문제들이 본성에 의한 것이 아니라 잘못된 문화와 문명의 소산이라고 결론짓고 있다. 프란츠 보스의 제자이기도 한 미드는 그러한 주장의 근거로 폴리네시아 주민들의 여유로움과 평화스러움, 그리고 어떠한 억압이나 콤플렉스도 갖지 않는 행태들을 열거하였지만, 이후의 연구자들에 의해 미드의 연구는 인간 행동이 문화적 패턴들에 의해 결정된

---

2 로크가 그의 저서 *Essay concerning Human Understanding* 을 통해 말하고 있는 요점은 인간의 마음이 백지이며 거기에 환경이 성격을 써넣어가는 것으로 모든 인간 행동은 습득된 것이라는 것이다. 이러한 초기적 입장은 Marxism을 포함하여 20세기에도 줄곧 영향력을 가지게 된다.

다고 보는 선입견과 함께 지나친 일반화와 표본 집단 선택의 오류가 있었던 것으로 확인되었는데, 그들 원주민들의 일상 안에서도 폭력과 강간, 전쟁, 질투심 등의 행태들이 역시 발견된다는 것이다.[3] 화가 폴 고갱과 마찬가지로 타이티 원주민의 순수성을 부각시키면서 문명이야 말로 악의 근원이라고 했던 『모비딕』의 작가 멜빌(Herman Melville)의 경우도 현지의 젊은 여성들만을 주로 관찰한 결과로 보이며, 남태평양을 낙원의 표상으로 묘사한 이들의 시각은 남성들의 부재를 통해서만 성립된다.

자신이나 집단의 생존 이익을 위해 타인들을 억압하거나 심하게는 무참히 살해하기까지 하는 인간의 잔인함과 폭력적 기질의 요인으로는 후천적인 환경의 탓도 물론 자리할 것이다. 다만 사회생물학은 거기에 더하여 생물학적인 선천적 기질로서의 유전적 요인이 또한 작용하는 것은 아닌가 하는 문제의식을 갖는다. 만일 하나의 과학으로서 이러한 사실들이 명확히 밝혀지게 된다면, 기존의 인문학이 갖는 관념론적 오류와 한계가 극복되면서 인문학과 인간학의 지평은 더 폭넓게 확장되어 올바른 종합의 가능성을 확보하게 될 것이다.

에드워드 윌슨[4]은 주저 『사회생물학 : 새로운 종합』의 마지막 장 「인간 : 사회생물학에서 사회학까지」에서 현재 동물들에게 합리적으로 적용되고 있는 보편적인 생물학적 원리들을 사회과학에까지 확장

---

[3] 마거릿 미드의 사모아 섬 원주민 연구가 갖는 오류에 대한 연구로는 Freeman(1999)이 대표적이다.
[4] 하버드 대학 생물학과 교수인 에드워드 윌슨(Edward O. Wilson)은 1975년에 출간된 주저 *Sociobiology : The New Synthesis* 를 통해 사회생물학을 공식화하고 제창하였으며, 20세기 후반에 다윈주의가 다시 부상하고 재조명되는 데에 결정적인 역할을 한 인물이다. 퓰리처 상을 두 차례나 수상하였으며, 그의 궁극적 관심사는 분리되어 있는 제 학문 분과들의 새로운 종합이다.

시킬 수 있다고 보면서, 인간의 행동을 이해하는 데 사회생물학적 방법론이 가장 유효하고 중요한 역할을 할 수 있을 것이라고 전망한다(Wilson, 2000, 547-575). 그리고 그의 세 번째 저작인 『인간 본성에 대하여』(*On Human Nature*, 1978)의 서문에서는 "인간 행동을 체계적으로 연구하려면 인간 정신의 미로 속에서 주제들을 도출해내면서 사회과학만이 아니라 철학과 과학적 발견 과정 자체를 포함하고 있는 인문학도 고려해야만 한다."(Wilson, 2000, 16)고 말하고 있다. 실제로 책에서 다루어지고 있는 문제들은 유전자 결정론과 윤리적 선택의 문제 사이에서 생겨나는 딜레마의 문제를 포함하여 문화적 진화, 공격성, 성(性), 이타주의, 종교 등 인간 본성과 관련되는 생물학적, 사회과학적, 인문학적 주제들을 망라하고 있다.

월슨은 전통적인 철학자나 윤리학자들이 윤리 체계의 규칙들이 만들이지게 된 기원에 관심을 갖기보다 결과에 비추어 문제를 다루는 한계를 지닌다고 지적한다. 인간에 대한 더 정확한 지식에 바탕을 둔 새로운 윤리를 탐구하려면, 인간의 내부를 면밀히 들여다보고 정신의 장치를 해부하면서 그것의 진화사를 되짚어볼 필요가 있다는 것이다. 인간의 감정적 반응들과 또 그것에 바탕을 둔 일반적인 윤리적 실천 행위들은 수천 세대 동안 자연선택을 거치면서 상당한 수준까지 프로그램되어왔으며, 그럼에도 인간을 전자계산기와 구별해주는 것은 우리의 정신세계가 고결하다는 믿음에 의해서가 아니라 유전자를 통해 물려받은 다양한 감정적 지침들 중에서 궁극적으로는 우리 스스로가 의식적으로 '선택' 해야 한다는 점에 있다는 것을 또한 강조한다.(Wilson, 2000, 28-30)

이러한 인간 본성의 기본 구조를 월슨은 인간 본성의 딜레마로 말하고 있지만, 그가 제시하는 연구의 기본 전제는 자연과학과 사회과학 및 인문학을 통합적으로 다루되 인간 본성을 자연과학의 한 부분으로 연구하는 것이다. 다음과 같은 윌슨의 진술은 우리 인간의 존재론적 토대를 구성하는 생물학적 정체성에 대한 윌슨의 흔들릴 수 없는 입장을 확고하게 보여준다.

나는 인간 본성을 연구하는 일에 어떤 이데올로기적이거나 형식주의적인 지름길이 따로 있다고 생각하지 않는다. 자연과학인 신경생물학을 힌두교의 정신적 지도자의 발치에 앉아 배울 수는 없으며, 유전사의 결론들을 입법부를 통해 결정할 수도 없다. 무엇보다 우리 자신의 육체적 행복을 위해서라도 윤리철학을 현인들의 손에 그냥 맡겨두어서는 안 된다. 설령 인류의 발전이 직관이나 의지력을 통해 이루어질 수 있다 하더라도 서로 경합하는 발전의 기준들 중에 최적의 대안을 선택하는 일은 생물학적 본성에 대한 탄탄한 경험적 지식을 통해서만 가능하다.(Wilson, 2000, 31)

사실 우리 인간은 풍부한 미적, 도덕적 감수성을 지니면서 위대한 사상의 역사와 함께 드넓게 펼쳐진 미적 전망을 풍성히 담고 있는 예술문화의 역사를 또한 간직해온 정신적 존재이다. 그러나 동시에 잔혹한 폭력과 억압과 이기적 탐욕을 통해 결코 아름답다고 할 수 없는 행태를 또한 일삼는 존재이기도 하기에, 존재한다는 것 그 자체가 문제라고 할 수 있다. 그런데 여기서 생물학적 방법론만으로는 다루기가 쉽지 않은 문제가 바로 우리 인간이 갖는 능동성과 자율성일 것이다. 위에서 인용했듯 선택의 개념으로 윌슨이 말하고는 있지만 자유의 문제는 그 자체로 형이상학적 주제로 인식되어 왔고, 생물학의 방법으로 우리 자신과 관련한 모든 문제들을 규명하고 해결할 수 있을 것으로 볼 수는 없을 듯하다.

그럼에도 중요한 것은 윌슨이 한결같이 주장하고 강조하듯 "우리 자신이 누구인가?"라는 인문학적 물음에 대한 유효한 답이 생물학에서부터 우선적으로 주어지며, 또 그렇게 되어야 한다는 점이다. 이는 곧 전통적인 사회과학과 인문학이 누락하고 있는 부분을 진화론적 사회생물학의 연구를 통해 채워야 한다는 의미이기도 하다. 그리고 지금 여기서 '인간'을 문제 삼고 있는 것은 예술행위와 예술 활동의 주체가 우리 자신이기 때문인데, 다시 말해 예술의 기원과 그 발생의 문제를 알아보는 일은 동시에 우리 인간 자신의 내력을 알아보는 일과 동일한 과제이기 때문이다. 결국 예술이 무엇이고 어떤 계기와 배경을 가지고 발생했으며 또 왜 존속하고 있는가 하는 물음들에 대한 대답은 그것이 우리 인간 자신에게 밀접하고 고유한 것인 한, 생물학과 진화론적 접근으로부터 우선적으로 찾아야 한다는 것을 또한 의미한다.

이른바 '아래로부터의 미학'이 과학적이며 실증적인 연구방법을 채택한다는 취지 아래 생물학적, 인류학적, 사회학적 견지에서 예술학을 다루고자 한 적이 있기는 하지만, 전반적으로 예술학은 그 방법론에서 관념론적 전통이 우세하였음이 사실이다. 그런데 이와 같은 전통적인 미학 예술학은 여러 다른 학문들과 마찬가지로 인류 문화사와 우리 자신의 생물학적 토대를 별개의 것으로 간주해왔던 편이기 때문에, 예술의 발생 문제를 포함하여 인간 미의식의 형성 배경을 설명함에 있어 일정한 한계를 가질 수밖에 없다는 것이 필자의 생각이다. 예컨대, 우리가 익히 접하는 미술사 관련 저서들의 첫 장을 펴보면 대체로 1만 년이나 1만 5천 년 전의 돌조각이나 동굴벽화에 관한 이야기들로 시작하는데, 그렇다고 구석기 말미에 해당되는 이 시기가 예술 발생의 시점이 된다는 의미로 받아들여지는 것은 아닌 것이다. 예술의 발생은 그보다 훨씬 더 거슬러 올라가는 것으로 보인다.

오늘날 인문사회과학의 제 부문들에서 진화론적 방법론을 취하는 새로운 학문분과들의 기본 입장은 인간의 생물학적 정체성과 문화적 정체성 간의 상관성에 착안하는 것이며, 문화의 형성과 그 기원의 생물학적 동기와 원천을 규명하고자 하는 것이다. 예술을 포함하여 도덕, 종교, 정치, 경제, 과학, 교육 등 제 문화 현상의 진화론적 배경을 밝혀보는 것은 에드워드 윌슨의 표현대로 새로운 종합을 위하여 필수적인 일일 뿐만 아니라 모든 진화론적 접근과 학문적 성찰의 출발점이 된다. 모든 문화는 그 발생의 토대에 생물학적 배경과 근거를 가지며, 따라서 문화는 진화의 산물이라는 것이 윌슨을 위시한 동시대 진화론자들의 공통된 견해이다.

한편 인류문화사 안에서 자리해온 예술사의 발전은 인간 특유의 의식능력인 상상력 및 감정능력의 발달과 밀접한 관련을 갖는다고 우선 생각해볼 수 있다. 여기서 우리의 관심사는 감정능력의 발달과 관련이 있을 고도의 미적 감수성이 우리에게 주어지게 된 진화론적 동기가 무엇인가 하는 것이며, 이것은 예술의 발생 문제와 함께 진화예술학이 규명하여야 할 선차적 과제로 자리한다. 도덕적 감수성의 획득과 더불어 주어졌을 고도의 감정능력과 풍부한 미적 감수성은 인간으로 하여금 스스로의 존재론적 폭과 깊이를 확장하도록 이끌었고, 인간은 새로운 상상력의 힘으로 얻게 되는 미적 전망과 미적 지평에 눈뜨게 되면서 이른바 미적 존재(Homo estheticus)로 발돋움하였을 것이다. 진화예술학의 주된 과제는 이와 같이 미적 존재로서의 인간이 보여온 주요 행태들에 대한 생물학적 해명에 집중될 것이며, 예술문화에 대한 종합적 이해의 학문적 기초를 튼튼히 다지게 되는 작업이 될 것이다.

이어지는 2장에서는 예술적 활동과 행위의 주체로서 우리 인류가 어떠한 진화론적 과정들을 거쳐 미적 존재로 발돋움하게 되었는가 하는 문제를 인류학자 헬렌 피셔라든가 리처드 랭험의 견해를 중심으로 알아볼 텐데, 아직 정설로 확고하게 된 것이 아니라 할지라도 매우 주목할 만한 시사점들을 발견해볼 수 있으리라 생각한다. 그리고 3장에서는 예술 발생의 생물학적 배경과 관련하여 동시대에 가장 활발한 연구 성과를 내보이고 있는 엘런 디사너예이크와 낸시 에이컨의 설명들을 참조하면서 살펴볼 것이다. 특히 디사너예이크는 주목받는 여러 저술들을 통해 진화예술학의 주요 논점들에 대한 기초적인 연구의 선례를 남기고 있는 대표적인 학자이다.

예술학에서 다원주의와 관련한 연구가 본격화된 것이 지난 20세기 후반일 정도로 인문학과 생물학의 단절과 상호불통은 오랜 것이었다. 주제의 성격상 제한된 지면에 충분히 다룰 수는 없지만 예술 발생과 기원에 대한 생물학적, 신화론적 문제 취급의 필요성을 강조하면서 진화예술학의 주요 논점들을 우선 다루어보는 것으로 글을 구성해보고자 한다.

2. 인류의 기원과 미적 존재

인류의 기원에 관한 학문적 연구는 생물학 일반과 고고인류학에서 꾸준히 진행되어왔고, 지난 20세기 후반의 분자생물학 등의 연구는 인류 출현에 대한 더욱 뚜렷한 배경과 시기를 확인해주고 있다. 지금으로부터 약 3,500만 년 전에 출현한 초기 영장류로부터 1,000만 년 정도를 경과하여 다시 분기한 침팬지는 지적 능력이나 감성적 능력에서 좀 더 우월하고 섬세한 특성들을 보이면서 우리들 인류의 직전 조상으로 자리하며, 이러한 침팬지의 계통수 안에서 약 800만 년 전 즈음에 기후와 지리적 변동을 수반하면서 최초의 인류가 갈라져 나왔다는 것이 거의 정설로 받아들여지고 있다.

여기서 우리의 관심은 최초의 분기 이후 과연 얼마만큼의 시간이 경과하고 어떠한 변천의 과정을 거쳐서 단지 생물학적 존재에 불과했던 우리의 초기 조상들이 '문화적 존재'로서 등장하게 되었는가 하는 점에 있다. 그리고 여기서 말하는 문화적 존재란 관심사에 따라 여러 가지로 이해될 수 있겠으나, 침팬지와 유전자상 1.6% 차이를 갖는 인류의 생물학적 정체성만을 염두에 둔 것이 아니라, 뇌 용적 1,400cc로 상징되는 고도의 지능과 합리적 사고능력을 포함하여 풍부한 미적, 도덕적 감수성과 매우 복잡한 감정능력 등을 두루 갖추면서 종교와 예술과 사상의 역사를 가진 '인간'을 의미한다.

미국 럿거스 대학 인류학과 연구교수 피셔(Helen E. Fisher)는 저서 *The Sex Contract*(1983)에서 다윈의 성 선택(sexual selection) 개념을 바탕으로, 인류의 조상들이 일찍이 특유의 짝짓기 방식과 그 안에서 경험된 관계의 감정이 가져다준 특별한 결속을 통해 일부일처와 가족의 형성을 이루게 되었다는 것을 풍부한 인류학적 증거들을 들어 잘 보여준다. 피셔에 의하면 발정기의 한계를 벗어나 언제라도 섹스가 가능하고 배우관계를 맺어 한 쌍을 이루면서 긴밀한 유대를 갖는 능력과 습성이야말로 공격성을 극복하면서 오늘날과 같은 인간성을 성립케 한 긴 역사의 바탕이 된다는 것이다.(Fisher, 1993, 269)

피셔는 과거 중부 아프리카의 발달된 아열대 삼림지대가 기후 변동으로 쇠퇴하게 되었을 때, 새로운 음식을 찾아 수상(樹上) 생활을 포기하고 평원으로 나아간 최초의 프로토호미니드가 앞발을 손처럼 빈번히 사용하게 됨에 따라 직립의 행태로 자연 선택되어가고, 이어서 결과적으로 골반과 산도가 좁아지면서 초래된 난산의 문제를 미숙아를 조산하는 방식으로 해결할 수밖에 없었던 조건과 상황이 오늘날 우리가 부부라고 부르는 특별한 관계의 성립을 가져온 배경과 원인이 된다고 설명한다.(Fisher, 1993, 75-152) 즉 출산 이후에도 미숙아를 특별히 보살펴야 하므로 먹이 획득의 노동활동이 어려운 산모의 처지는 특정한 수컷의 지원과 도움이 필요했고, 음식과 섹스를 교환하면서 이윽고 특정한 두 개체간의 지속적이고 고유한 관계가 성립하게 되는데, 피서는 이를 저서의 제목으로 쓰고 있듯 성의 계약이라 부른다.

그런데 좀 더 긴밀한 결속으로 맺어진 이 관계는 시간의 흐름에 따라 우리의 초기 조상들로 하여금 더욱 풍부하고 복잡한 여러 감정능력을 길러 갖도록 작용했을 것이다. 상대에 대한 애틋함이라든가 질투심과 함께 중요한 것은 개체생존권의 상호 존중과 같은 이타적 감정인데, 자기중심적인 태도를 뛰어넘어 상대에 대해 배려하고 형편과 입장을 살피게 되는 놀라운 변화와 그러한 의식의 확장이, 이처럼 최초의 부부관계를 형성하고 경험하면서부터 주어졌을 것이라는 것이 피서가 말하는 성의 계약의 핵심적인 내용이다. 그리고 필자는 최초의 지속적인 부부관계의 성립이라 할 만한 것을 가능케 한 이러한 변화와 확장이 우리의 선조들에게 주어진 그 시점이야말로, 곧 우리 인류가 한갓 침팬지의 수준에서 인간이라 불릴 수 있을 존재로 바뀌게 된 결정적인 변환의 시점으로 이해한다.

피서는 1974년 선사인류학자 요한슨(Don Johanson)에 의해 발견되어 '루시'라는 이름으로 명명된 화석과 1976년 메리 리키(Mary Leakey)에 의해 발견된 호미니드의 화석에 대해 분석된 내용들을 바탕으로, 이러한 계약이 이루어지게 된 시기를 약 400만 년 전 즈음으로 추정하고 있다(Fisher, 1993, 144-152). 결국 '짝이 된다'는 사실은 인간의 마음 깊은 곳에 새겨져 관계의 결속을 강화하고 유지하면서 인간 특유의 감정능력을 발전시켜온 계기가 되었다는 것인데, 여기서 말하는 감정능력이란 미적 감수성과 도덕적 감수성을 포함하여 한마디로 사랑의 능력이라 하겠다.

살펴본 바와 같이 부부의 성립과 출현을 설명하는 피셔의 연구는 문화적 차원과 생물학적 차원의 연관과 양자 사이의 연결고리를 보여주는 좋은 사례가 된다. 구달(J. Goodall)을 위시한 지난 20세기 후반의 침팬지 연구에서 그들이 우리 인류와 많은 점에서 놀랍도록 닮았다는 것이 관찰되고 확인되고는 있지만, 예술과 종교와 사상 그리고 언어를 포함하여 문화라는 이름으로 말해지는 인간 특유의 고도화된 존재능력에 의한 두 종 간의 차이는 너무나 뚜렷한 것이다. 그럼에도 문화의 성립에 생물학적 토대와 배경이 작용하였고 오랜 시간과 과정을 거쳐서 형성되었지만 거기에 진화론적 요인이 자리하는 것이 사실이라면, 지금까지의 전통적인 모든 인문학 체계는 다시 검토되어져야 할 근본 과제를 갖게 되는 것이다.

한편 영국 출신의 하버드 대학 인류학 교수 랭험(Richard Wrangham)은 저서 *Demonic Males : Apes and the Origins of Human Violence*를 통해 인류가 갖는 배타적 공격성과 폭력성 그리고 전쟁행위와 같은 행태가 자연과 분리된 문화적 현상이기보다 근본적으로는 인간 이전의 과거로부터 이어져온 기질적 특성임을 자신의 오랜 침팬지 연구에서 확인된 사례들을 바탕으로 잘 보여준다. 제인 구달도 현장연구에서 목격한 바 있지만, 침팬지의 기습살해와 같이 동족을 의도적으로 잔인하게 죽이는 폭력적 행태는 전쟁의 방식을 통해 대량학살을 자행하는 인류의 폭력성과 함께 고등동물로서는 예외적인 특성의 하나로 확인된다.

랭험의 연구는 계통수상 매우 가까운 두 영장류가 갖는 행태의 공통점에는 명백한 진화론적 관련성을 갖는다는 점을 강조하고 있다. 아득한 과거로부터 지금에 이르기까지 지구상 그 어디에도 진실로 평화로운 인간사회가 항시적으로 존재했다는 증거는 찾아볼 수 없다는 것과, 아울러 그러한 인간의 폭력성은 인류 전체의 보편적인 특성이 아니라 가부장적 사회구조를 바탕으로 주로 남성들의 것임을 확인해준다. 1980년대 미국 사회를 모델로 시행된 통계조사는 살인과 강도, 폭행, 절도, 방화, 무기소지 등 주요 사회적 범죄에서 여성 대비 남성의 범죄율이 대략 7배에서 13배에 이른다는 사실을 보여주는데, 동서고금을 통틀어 공통된 남성 중심의 가부장적 사회질서와 더불어 이러한 폭력성이 보편적으로 자리하고 있다는 것은 인류의 배타적 공격성이 결코 문화만의 소산이 아니라 생물학적 토대에 연관된 기질적 요인으로 애초부터 자리하는 것임을 말하고 있다.(Wrangham, 1998, 136)[5]

여기서 필자가 특별히 인류의 배타적 공격성과 폭력성에 관심을 갖는 이유는 그것이 인간이라는 이름으로 지니는 미적, 도덕적 감수성의 자질과 대척점에 놓이는 특성으로 간주되기 때문이다. 아울러 필자의 주된 관심사는 앞에서 잠깐 언급하였거니와 인간 특유의 풍부한 미적 감수성을 중심으로 윤리적 덕성과 종교적 세계관 등 인류의 풍부한 문화적 자산들이 획득되게 된 배경인데, 살펴본 바와 같이 헬런 피셔나 리차드 랭험과 같은 관련 학자들이 공통적으로 말하고 있는 사항은 문화적 차원과 생물학적 차원의 긴밀한 연관이다.

한편으로 랭험은 보노보(Bonobo)와 함께 영장류 중에서 가장 평화

---

[5] 공격성(aggression) 문제에 대한 최초의 본격적인 연구자로는 1966년 *On Aggression*을 저술한 노벨상 수상자 로렌츠(Konrad Lorenz, 1903-1989)를 꼽을 수 있고, 윌슨도 주저 *Sociobiology : The New Synthesis*의 제 11장을 이 문제에 할애하고 있다.

스러운 모습을 보여주는 남아메리카의 무리키 원숭이의 예를 통해, 적자생존의 자연선택은 수컷의 성 선택에서 꼭 배타적 공격성만을 설정하지는 않았을 것이란 가설도 세워보고 있다. 무리키는 상대를 물리적인 힘으로 제압하거나 잔인한 투쟁의 방식으로 경쟁하지 않고, 이른바 정자경쟁이라 불리는 방법을 통해 다정하고 평화스러운 가운데, 교미전에 다른 수컷의 정액을 제거한다거나 풍부한 양의 정자 생산능력을 기르고 품질이 더 우수한 정자를 생산하는 등의 방식으로 경쟁한다는 것이다.(Wrangham, 1998, 204-206) 또한 인류보다도 더 늦게 분기한 보노보는 자신들의 선조이자 사촌이기도 한 침팬지와는 판이하게 다른 기질과 행태를 비교적 짧은 진화의 시간 안에서 갈라진 특이한 경우로 꼽힌다. 한마디로 보노보 사회는 수컷에 의한 성 차별이나 물리적 억압이 없고, 집단 구성원들 간에 어떠한 폭력적 행태도 보이지 않는 매우 평화스러운 유인원임이 밝혀져 있다. 영장류 중에서 가장 활발한 섹스를 즐기는 것으로도 유명한데, 하루에도 수 십 차례의 섹스를 행한다는 것은 그것이 생식을 위한 일이 결코 아님을 알게 한다. 즉 쾌감을 얻기 위한 것에서도 더 나아가, 마치 우리가 인사를 나눌 때 악수나 포옹을 하듯이 개체 상호간의 친교를 위한 수단으로 빈번한 성행위를 나누는 행태가 발달하게 되었다고 이해할 수 있다.[6]

이에 비해 동물행동학적 측면에서 기질적으로 상통하는 인류와 침팬지는 특히 남성과 수컷의 경우 육체적으로는 테스토스테론의 작용에 의한 다 방향 관절의 넓은 어깨와 근육질의 힘센 팔로써 물리력을

---

[6] 1960년대부터 본격화된 침팬지 연구와 더불어, 인류와 가까운 또 하나의 사촌격인 보노보에 대한 연구도 지난 20세기 후반부터 활발하게 수행되어오고 있다. 대표적인 연구보고서로는 영장류학자 Frans de Waal이 저술한 *Bonobo : The Forgotten Ape* (1997)가 있고, 국내에 번역서도 출간되어 있다(김소정, 2003).

행사하며, 심리적으로는 자존심의 감정과 지배의 욕망으로 무장되어 있어서 결코 평화적인 방식에만 의존하지 않는다. 여기서 랭험은 인류의 남성들이 무의식적이고 비이성적으로는 악마적이라 할 만큼 교활하고 계산적이며, 집단화의 경향을 가지면서 이른바 내외집단편견을 통해 타 집단에 대한 맹목적인 적대감과 적개심을 갖는데 주목한다. 그리하여 나치의 유태인 학살과 보어인의 부시맨 사냥, 유럽인들의 아메리카 원주민 학살, 보스니아의 인종 청소 등 모든 인종 차별적 폭력과 함께, 지역 차별, 종교 차별, 성 차별, 계급 차별 등 오늘날에도 여전히 그대로 상존하는 인류의 어두운 자화상이라 할까 결코 이성적이라 볼 수 없는 야만적 행태들은 인류에게 상속된 DNA 분자 속의 파괴적인 요소임을 단언한다.(Wrangham, 1998, 226-230)

그러나 랭험은 저서 *Demonic Males*의 마지막 장에서 카카마란 이름의 어린 침팬지가 갖고 노는 나부토막을 '카카마의 인형'이라 명명하면서, 인류 이전의 침팬지에게서 이미 폭력성을 극복할 수 있을 희망의 한 단면을 엿본다. "인류의 위험은 단지 사악한 남성들이 지배한다는 데에 있지 않고 그들에게 불타는 지능과 창의력이 있다는 데에 있으며, 인간의 위대한 두뇌야말로 자연이 생산해낸 가장 무서운 결과이다. 그러나 한편으로 인간의 지능은 그것이 지혜로 이어질 때 가장 희망적인 자연의 선물이기도 하다"(Wrangham, 1998, 295)는 점을 또한 강조한다. 필자는 이와 같은 랭험의 언설을 미적 존재로서 인간이 갖는 미적 능력들과 연관시켜 이해해보고자 하는 입장을 기본적으로 갖고 있다.

앞에서 살펴본 피셔와 랭험의 저서 안에서 직접적으로 언급되고 있지는 않지만, 성의 계약을 통해 인간이 본격적으로 획득하게 되었다고 피셔가 말하는 고도의 '감정능력'과 저서의 마지막 장에서 랭험이 말하고 있는 '지혜'는 그것이 인간 의식의 총체적 수준에서 미적 차원에 도달하고 있다고 볼 수 있는 점에서 공통이다. 인간이 갖는 주요 존재 능력을 본능과 지적 능력과 감정 능력으로 구분하고, 그것을 각각 정체성과 관련한 차원과 연결해본다면, 다음과 같이 다소 거칠게나마 도식화해볼 수 있을 것이다.

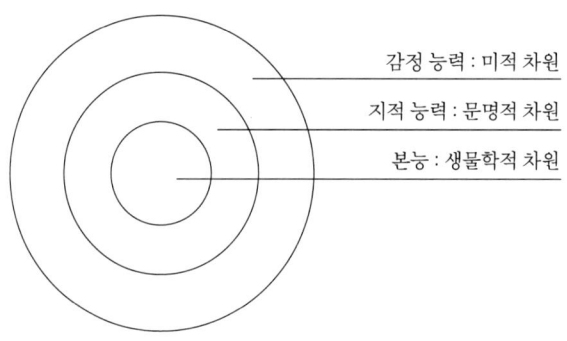

위의 도식에서 미적 차원은 시공간의 현실적 영역 안에서 작동하는 문명적 차원과 생물학적 차원을 자신 안에 포괄하면서 궁극적으로는 지금 여기의 현실을 초월하는 열려진 차원으로 설정된다. 그러므로 엄밀히 그리자면 윗부분을 터놓아야 한다. 여기서 문제는 우리의 조상들이 언제 어떠한 계기에 의해서 미적 차원이라 부를 수 있는 또 다른 지평으로 나아가게 되었을까 하는 점이다.

앞서 다루었듯이 피셔는 일부일처의 체제로 발전되는 부부의 관계 경험 안에서 고도화된 감정 능력을 말하였는데, 여기에는 미적 존재 능력이라 할 요소가 명백히 자리한다고 볼 수 있다. 왜냐하면 상호 관계 안에서 (이기적 유전자의) 자기중심적 시각에서 벗어나 상대의 입장을 최소한의 객관적인 관점에서 살필 수 있게 되었다는 놀라운 변화야말로 미적 감수성의 핵심으로 이해할 수 있기 때문이다. 그리고 이는 또한 미적 차원의 본령이라 할 초월이 최초로 경험된 계기라 볼 수 있기 때문이다. 물론 여기서 말하는 감정이란 지엽적이거나 단편적인 어떤 감정을 뜻하지 않고, 생(生) 감정이라는 표현과 같이 총체적이고 최종적이며 포괄적인 수준의 감정을 의미한다.

랭험이 말하는 지혜도 합리성의 문명적 차원에 머물지 않고 의식의 종합적인 최고 수준에 이르러 얻어지고 작동된다는 점에서 마찬가지로 미적 차원에 결부된다고 하겠는데, 결국 인용된 두 사람의 진화론자들은 생물학의 용어와 방법론으로 호모 사피엔스의 여러 가지 특성과 진화의 과정을 말하고는 있지만, 우리 인류가 어느 특정 시점 또는 시기에 어떤 구체적인 경과와 계기를 통해서 '미적 존재'로 발돋움하게 되었다는 것을 확인해주고 있는 셈이다.

필자는 평소 '인간'의 개념과 '미적 존재'의 개념을 거의 동일한 의미로 이해하고 있다. 다시 말해, 언제부터인가 더욱 풍부해진 미적 감수성을 바탕으로 미적 지평과 미적 전망에 눈뜨고 미적 차원으로 진입하면서 자신의 존재론적 수준을 혁명적으로 확장하였을 때가 곧 우리 조상이 '사람'으로 된 시점으로 파악한다. 그리고 고도의 감정능력과 함께 인간은 상상력의 의식능력을 길러 가짐으로써 결정적으로 미적 존재로 되었다고 할 수 있는데, 왜냐하면 과거와 현재와 미래의 시간들을 통시적(通時的)으로 관계하면서 가능태에서 현실태로 존재를 실현하는 것에 관련하는 미적 양상과 현상들은 우리의 지적능력과 감정능력에 의해서도 다루어지지만 상상력에 의하여 주로 취급되기 때문이다. 다시 말해 이 세계와 우리 자신, 우리들의 삶을 좀 더 바람직한 상태로 변경하고자 하는 미적 전망의 선취(先取, Vorgriff)는 지적, 감성적 능력과 함께 결정적으로는 상상력의 힘에 의한 것이다. 그런데 합리성에 바탕하는 지적능력과 구별되면서 호모 사피엔스를 특별한 존재능력의 소유자로 만든 상상력이란 놀라운 힘이 어떻게 해서 주어지게 되었는가 하는 물음에 대한 진화론적 설명은 결코 쉽지 않을 것이라 짐작된다.

지금까지 우리는 공격성과 미적 감수성이라는 인간의 극단적인 양면과 관련하여 간략하나마 그것의 진화생물학적 배경들을 검토하고 살펴보았다. 그리하여 감정능력의 발달은 종 전체를 공멸의 위기로 빠뜨릴 수 있는 배타적 공격성과 폭력성을 견제하면서, 우리의 선조들로 하여금 상호 배려나 존중과 같은 새로운 삶의 방식을 채택케 하였고, 이러한 변화의 핵심을 우리는 '미적' 인 것으로 이해해볼 수 있다는 것이었다.[7]

그런데 인간의 예술문화는 곧 이러한 미적 요소들을 바탕으로 시작되고 성립하는 것으로 또한 이해되기 때문에, 인간 개념과 예술 개념은 그 의미에서 상통할 뿐만 아니라 발생과 기원의 시점도 일치하는 것이다. 이제 우리는 예술 발생의 생물학적 배경에 대해서 오늘날의 진화예술학이 접근하는 방식을 살펴보고, 예술학의 근본 문제들에 대한 진화예술학의 입장과 설명들을 검토해보고자 한다.

---

[7] 미 개념이나 미적 가치가 인간만이 독점적으로 관계하는 것이 아님은 물론이다. 그러므로 여기서는 생존 내지 생명과 관련한 존재실현의 문제에서 미적 감성과 같은 특별한 의식능력을 새로이 획득한 우리 인간의 진화사적, 문화사적 맥락에 한정해서 제한적인 의미로 사용되는 개념이다.

3. 예술 발생에 대한 진화예술학의 해명

　진화예술학을 포함하여 진화윤리학, 진화경제학, 진화심리학, 그리고 진화인식론 등 오늘날 '진화'라는 접두어를 쓰고 있는 학문 분과들은 모두 다원주의를 공통분모로 하면서, 기존의 인문 사회과학에다가 사회생물학이라 불리는 새로운 관점과 문제의식을 도입하고 있다는 공통점을 갖는다. 앞에서 윌슨의 견해를 중심으로 생물학과 인문학의 새로운 종합이 왜 필요한지에 대해서는 이미 언급하였으므로, 여기서는 좀 더 구체적으로 예술에 대한 사회생물학적 방법론의 적용으로 성립되는 진화예술학의 현황을 간단히 알아보고 이어서 인류 진화의 역사 안에서 장차 예술이라 불리게 되는 어떤 행동들이 최초로 발생하게 되는 생물학적, 진화론적 계기와 배경을 둘러싼 진화예술학의 몇 가지 주요 논점들을 검토해보고자 한다.
　다윈 이래의 진화론적 이론들은 흩어진 여러 학문 분과들이 개념적으로 다시 재통합되는 데에 중요한 기여를 했다고 할 수 있는데, 왜냐하면 무생물로부터 생물이 진화하게 되는 과정이라든가 다양한 식물들과 동물들 그리고 미생물종들까지도 포함하여 그 모두를 하나의 계통수 안에 위치시킬 수 있다는 사실을 밝혀줌으로써 과거의 오랜 '정신-물질'의 이원론과 '생물학적인 것-문화적인 것'이라 구분해온 이원론이 더 이상 유효하지 않다는 것을 보여주었기 때문이다.
　이와 같은 진화론적 패러다임에 입각하는 사회생물학은 정신과 문화에 대한 논의를 대뇌생리학과 같은 범주 안에 넣어서 오로지 물질화하려는 의도를 갖거나 모든 것을 생물학적 차원으로 돌려버리는 환원주의적 우를 범하고자 하는 것이 아니라, 오히려 "인간과 같은 지적인 동물들의 행동에 대한 연구와 그 이론적 성공을 위해서는 유전적 인과율(genetic causation)을 함부로 묵살해버리지 않으면서 그 요인들을 환경적, 경험적 요인들과 결합시켜서 다루는 것이 중요하다."(Bedaux, 1999, 9)는 주장을 통해서 제 과학들의 올바른 종합을 꾀한다.

따라서 진화예술학은 기본적으로 기존의 예술학이 간과했거나 무시해온 유전적, 생물학적 요인들을 새롭게 조명하여 규명해보고자 하는 동기를 갖지만, 모든 인간의 행동과 문화적 양상들이란 유전자와 환경의 상호작용의 산물이라는 인식을 유지함으로써 유전적 결정론만을 고집하지는 않는다. 문화와 관련한 학문은 생물학이나 심리학의 법칙에 대해 독립적이라 주장하는 기존의 입장[8]에 반대하는 진화론자들의 다음과 같은 글은 문화에 대한 사회생물학과 진화예술학의 기본 입장과 생각을 매우 잘 대변해주고 있다고 여겨진다.

문화란 집단 안에서 살고 있는 개별자들이 오랜 진화의 시간 안에서 지녀온 심리학적 메커니즘에 의해 만들어진 산물이다. 문화를 포함한 인간의 사회적 행동은 매우 복합적이고 다양하지만, 그렇다고 인간의 정신이 사회적 산물이라거나 빈 서판(blank slate)[9]이기 때문은 아니다. 대신에, 인간의 문화와 사회적 행동은 그것이 다른 인

---

[8] 진화론자들이 인문사회과학의 베를린 장벽 또는 지적 베를린 장벽이라고 말하는 '표준적 사회과학 모델(the Standard Social Science Model)'은 인간의 유아들이 가지고 태어나는 생득적 장비들이 즉각 사용될 수 있도록 완성품으로 만들어진 것이 아니라 미발달된 것이어서 후천적 경험과 학습에 의하여 그 성격과 기능이 결정되고 실제화 된다는 기본 가정을 고수하기 때문에, 정신적 발달을 포함한 모든 문화적 과정은 비생물학적인 것으로 간주한다.

[9] 'blank slate' 라는 표현은 깨끗이 닦아낸 서판이라는 의미의 중세 라틴어 'tabula rasa'의 영어 의역인데, 언어심리학, 인지심리학의 권위자이고 진화심리학 분야에서 활발한 연구, 저술 활동을 보여주고 있는 하버드 대학 교수 핑커(Steven Pinker, 2002)의 저서 제목이기도 하다. 2004년에 국내에도 번역 출간되었다.

간들에 의해 의도적으로 혹은 비의도적으로 제공된 정보들을 포함하여 이 세계로부터 주어지는 정보들을 사용하고 처리하는 프로그램에 의해서, 믿을 수 없을 만큼 뒤얽히고 우연적인 조합의 기능을 발휘하는 프로그램에 의해서 발생되는 것이기 때문에 그토록 풍부하고 다양한 것이다.(Bedaux, 1999, 16)

이러한 진술은 생물학적 결정론만을 내세우는 것도 아니고, 물론 환경 결정론으로 치우쳐 있는 것도 아니다. 문화를 가진 인간에 대한 사회생물학의 적용은 개미의 사회생물학과는 비교될 수 없을 정도의 복잡한 문제임을 잘 알고 있는 것이다. 다만 유전적 요인들과 진화론적 배경을 묵살하거나 간과하고서는 우리 자신의 전체상에 결코 도달할 수 없다는 것을 강조할 뿐이다.

진화예술학은 인간 행동의 그 어떤 것도 생명체로서의 생존에 관련한 필요와 요구를 떠나서 성립하는 것은 없다는 기본 전제에서 출발한다. 그러므로 예술문화의 본질적 성격이 무엇이고 생활세계 안에서 나타나는 주요 기능은 무엇이며, 무엇 때문에 발생했고 어떤 이유로 계속 유지되면서 발달해온 것인지에 대한 물음을 전통적 예술학과 마찬가지로 던지되, 다윈주의 전통의 진화론을 바탕으로 원천과 최초의 배경으로까지 거슬러 올라가는 방식을 취한다.

진화예술학이라 불리는 분야가 등장한 것은 불과 30년이 채 되지 않고, 관련 전문 학자도 그렇게 많아 보이지는 않는다. 여기서 주로 참조하게 될 디사너예이크(Ellen Dissanayake, 1999)[10]가 자신의 두 번째 저술인 *Homo Aestheticus : Where Art Comes From and Why*(1992)

---

10 독립(independent) 학자로 활동 중인 Ellen Dissanayake는 젊은 시절 십수 년간 스리랑카

를 쓰는 동안 참조한 24권의 인간행동학(Human Ethology)과 관련한 진화론 분야 서적들 대부분이 인간의 예술적 행동이란 주제에 대해서 무관심하였고, 7권의 저작에서 오직 5명의 저자들만이 진화론적 전망 안에서 다루어진 예술의 문제를 서술하고 있었다고 할 만큼[11], 대부분의 진화론자들은 예술 문제에 대해 무관심하고 소홀했던 편이다. 그러나 1990년대 이후부터 관심이 확대되면서 이미 적지 않은 연구물들이 제출되고 있어서 조만간 활발한 논의가 이루어질 것이라 기대된다.

여기서는 이미 선행적 연구를 수행하고 있는 디사너예이크와 낸시 에이컨의 저작들을 참조하면서, 그들이 예술 발생의 주요 계기 및 동인으로 제출하고 있는 making special 개념, 예술의 진화론적 기원이나 목 개념과 성 선택 개념, 그리고 releaser 개념을 차례로 살펴보고자 한다.

3.1. making special

디사너예이크는 자신의 첫 번째 저서 *What Is Art For?* (1988)의 4장에서 예술의 본질과 그 발생적 배경을 설명하기 위한 키워드로서 'making special', 즉 어떤 특별한 것을 만든다는 뜻을 가진 용어를 제출한다.[12] 디사너예이크도 기존의 일반적인 가설들과 마찬가지로 최

　　와 나이지리아, 파푸아뉴기니에서 교사직을 겸해 거주한 적이 있고, 1985년에 미국으로 돌아와 현재는 시애틀에 거주하면서 워싱턴 대학에서 강의하고 있다. 진화예술학 분야의 대표적 학자로 평가되고 있다.
11　여기서 디사너예이크가 밝히고 있는 5명의 저자들은 Desmond Morris(1967), J. Z. Young(1971, 1978), Valerius Geist(1978), E. O. Wilson(1978, 1984), 그리고 I. Eibl-Eibesfeldt(1989)이다.
12　'making special' 개념은 그녀의 두 번째 저술 3장에서 예술의 핵심(the core of art)을 말하면서 더 발전적으로 다루어지게 된다.(Dissanayake, 1988, 74-106)

초의 예술이 제의적 의식들과 더불어 발생하고 발전했을 것으로 본다. 그러나 문제를 좀 더 선명하게 다루기 위하여 스스로 making special이라 부르는 어떤 특별한 행동패턴에 주목하는데, 이는 제의와 관련된 행동들 중에서도 특히 집단의 동일성을 강조하고 종족중심주의적 경향을 증대시키는 것과 같은 목적과 관련된 것으로 이해해볼 수 있다는 설명이다.

말하자면 각각의 집단(문화생산단위)들이 자신들에게 고유한 방식의 making special을 개발하고 발전시켜감에 따라, 특정 집단의 구성원들이 스스로 타 집단의 구성원들과 다르다는 것을 느끼거나 그들보다 자신들이 우월하다고 느끼는 것이 더 쉬워지게 되었다는 것이다. 그런데 인간은 한편으로 집단의 공통된 관심사에 따라 행동하지 않으려는 개별적 경향성을 또한 갖기 때문에, 여기서 말하는 것처럼 어떤 외부적 압력에 직면하여 집단의 단결과 응집을 유도하고 조성하는 것이 생존적 이해에 매우 중요한 사항이 되었을 것으로 생각해볼 수 있다. 즉 집단의 구성원들 간에 서로의 행동을 주시하면서 협력에는 보상하고 변절은 벌하도록 하는 어떤 문화적 책략을 창안하는 일은 매우 유용한 것이며, 바로 그 문화적 책략이 예술로 성립되었다고 보는 것이다. 그리고 여기서 말하는 making special이란 한마디로 평범(ordinary)하고 일상적인 어떤 것을 비범(extra-ordinary)하고 주목해볼 만한 어떤 것으로 바꾸어내고 또 그렇게 연출하거나 만들어낸다는 의미이다.

디사너예이크는 다시 묻는다. "영어에 그런 단어가 없기는 하지만, 어떤 무엇 또는 어떤 무엇들을 '예술적인 것으로 만들(artify)' 때 우리가 하는 일이란 무엇인가? …… 그리고 우리는 언제 무엇 때문에 선과 형태들을 표현하고 움직임들을 나타내는가? 우리는 언제 무엇 때문에 다양한 말들의 질서나 리듬을 반복하며, 언제 무엇 때문에 우리들은 대조적인 색채들을 사용하고, 언제 무엇 때문에 인간조건에 관해 성찰된 이야기를 하는가? 결국, 언제 무엇 때문에 어떤 특색을 과장하는가?'(Dissanayake, 1999, 32) 이러한 근원적인 질문들은 우리가 어떤 미적 요소들을 가지고 장차 예술이라 불리게 되는 행동들을 수행하거나 또는 그러한 사물들을 만들 때, 그러한 우리들 행위의 근본적이고 궁극적인 동기와 이유는 무엇인가를 묻고 있는 것이다.

그런데 다윈주의의 핵심어인 자연선택(natural selection) 개념과 관련하여 볼 때, 예술이라는 이름의 행동패턴이 성립 발달하고 결국에는 문화의 중요한 한 부문으로 자리 잡게 되었다는 것은 예술적 행동이 '선택적 가치'를 갖는다는 것을 말해준다. 간단히 말해서 이는 예술적 행동이 생존에 유익하고 필요했으며, 그것도 절실히 요구되었다는 것을 의미한다. 그것이 아니라면 진화의 시간 안에서 살아남을 수 없기 때문이다.

디사너예이크는 또한 '어떤 특별함을 만든다'는 것도 장르마다 각기 조금씩 다른 성격을 갖는다는 것을 주목한다. 춤과 신체장식은 다소 개별적인 것으로 적합성과 미의 개인적 연출을 어느 정도 허용하며, 음악은 주로 협동적 노동과 작업에 도움이 되고, 시(詩)는 다른 이들에게 설득적인 힘을 갖는다고 구분한다.(Dissanayake, 1999, 33) 그러나 그의 일차적 관심사는 다양한 예술적 행동들 안에 공통적으로 자리하는 하나의 적응적 본질을 찾아보는 일이다. 그리고 어떤 강력한 선택적 가치를 가지면서 모든 예술 행동들에 공통으로 놓여 있는 적응적 본질로서 그가 말하는 것은 making special이다. 인간 본성 안에는 어떤 특정의 사물이나 행동들을 특별한 것으로 만드는 보편적이고 생득적인 경향성이 자리하며, 이에 기초하여 예술이라 불리는 인간의

제작행위나 표현행위가 생겨났다는 설명이다. (Dissanayake, 1988, 107)

3.2. 성 선택과 예술

생존경쟁이라는 말이 수십 억 년의 생명의 역사를 전부 대변해내는 것일 수는 없겠지만, 예술적 행동이 진화의 오랜 시간 안에서 어떤 선택적 가치를 갖고 발전해온 것임을 기본적으로 받아들인다면 예술과 생존경쟁의 관련을 생각해보지 않을 수 없다. 우선 다음과 같은 디사너예이크의 말을 음미해보자.

> 영토를 구분하여 결정하거나 음식자원들을 가리킬 때의 새들의 노래라든가, 화려한 깃털장식과 갈기와 꼬리, 그리고 이성을 유혹하는 반점들과 정자새들의 장식된 징자들, 정말 눈부시게 장관을 이루는 춤들과 의식화된 구애의 연출 등, 이 모든 것들은 궁극적으로 성 선택(sexual selection)[13]에 이바지한다. 그리고 찰스 다윈도 그렇게 보았듯이, 음악과 춤과 시각적인 것들을 통해서 미와 기술과 용맹을 인간이 펼쳐 보인다는 것도 성적(性的) 성공을 촉진하기 위한 동기에 의하여 유래하였다는 것을 가정해보는 것은 너무도 쉬운 일이다. (Dissanayake, 1999, 34-35)

현대의 모든 예술이 언제나 개별적인 성적 목적에 봉사한다고 말할

---

13 성 선택 개념은 포괄적으로는 자연 선택 개념의 일부로 포함되는 것이지만, 공작새 수컷의 화려한—그러나 너무 크게 발달하여 천적 앞에서는 치명적일 수 있는—꼬리 깃털의 예와 같이 성 선택과 자연 선택의 방향이 서로 어긋나는 경우도 적지 않기 때문에 진화론에서는 종종 별도로 다루어진다.

수 없다는 것은 너무도 당연하다. 그리고 예술이 오로지 성적 매력을 높이고 이성을 매혹하기 위한 경쟁의 연출 수단이라고 말하는 것도 가능하지 않다. 그러나 도덕의 기원을 성 선택 이론으로 설명하는 진화윤리학이나 진화심리학의 근년의 동향을 참조하면,[14] 최소한 예술 발생에 대한 부분적인 가설로서는 검토될 여지가 충분해 보인다. 왜냐하면 인간을 포함한 동물의 그 어떤 행동도 결국에는 개체보존이나 종족보존 어느 쪽이든 생존에 도움이 되는 쪽으로 정향되고 선택되기 때문이다. 다시 말해 도덕적으로 훌륭한 개체가 짝짓기에서 성 선택되듯이, 미적으로 풍부하고 어떤 예술적 표현에서 탁월한 개체가 성 선택된다는 것은 당연하다고 볼 수 있기 때문이다. 디사너예이크가 말하고자 하는 핵심은 예술이 한 개인의 특정한 우세함과, 그러므로 성적(性的)으로 뛰어나다는 것을 보여주는 하나의 경쟁적인 방식일 수 있다는 것이다.

모든 시대와 모든 개인 및 집단들, 모든 장르들 안에 공통된 것으로 자리하는 예술의 본질(what)을 디사너예이크는 making special이라 말한다. 그러면 그러한 일을 행하게 된 구체적 동기와 이유(why)는 무엇인가? 이에 대한 그의 답변은 공격성이나 경쟁심의 발달만큼이나 중요했을 협동과 결속 및 도덕의 발생(Dissanayake, 1992, 11-12)과 함께

---

[14] 도덕의 기원에 대한 진화론의 해명은 앞서 유전자 공유 비율을 높게 가지는 혈연관계에서 상호 도움을 주는 방식으로 도덕이 발생했다고 설명하는 '혈연선택' 이론(W. D. Hamilton, 1964)과 집단 안에서 이타적 행위는 서로에게 도움이 되었기 때문에 발달하게 되었다고 보는 '호혜적 이타주의' 이론(R. Trivers, 1970)이 있었으나, 양자 모두 궁극적으로는 이기주의로 귀결된다는 점에서 타당성에 한계를 갖는다. 이에 비해 밀러(Geoffrey Miller)와 같은 진화심리학자들은 성 선택에 의해 도덕이 주어지게 되었다고 보는데, 수컷 공작새의 화려한 깃털과도 같이 이기적 생존이익에는 배치되지만 자신을 임신시킨 파트너의 지속적인 지원을 필요로 했던 여성들의 선택적 요구에 의해서 '본의 아니게' 도덕적 품성을 길러 가지게 되었다는 설명이다.(Miller, 2004, 443-514)

성 선택도 한 요인일 수 있다는 것이다.(Dissanayake, 1992, 65-66)

그러나 디사너예이크는 동물들의 유사 예술적 행동과 같은 성격, 즉 성 선택에서 의사소통 강화를 위한 메시지의 성격을 예술이 갖는다 하더라도, 인간이 발달시키게 되는 고도의 감정능력과 맞물리고 또 인간에게 고유한 것으로 주어지는 생각의 힘—암컷을 유인하기 위해 둥지를 장식하는 등의 본능으로 수행하는 동물들의 행태들과는 아주 다른 인간의 반성적 사고능력—에 의해 인간의 예술은 성 선택을 위한 메시지의 강화라는 생물학적 수준으로 그치지 않는다는 점에 또한 주목한다.(Dissanayake, 1999, 37)

3.3. 'releaser' 로서 예술

진화론의 토대 위에서 동물행동학적 방법론에 따라 예술학의 근본 문제들과 관련한 연구를 수행한 또 한 사람은 에이컨(Nancy E. Aiken, 1998, 1-2)이다. 자신의 저서 앞 대목에서 엘런 디사너예이크의 견해와 입장에 대체로 동의한다고 밝히고 있지만, 그는 'releaser' 라는 핵심어를 중심으로 예술의 기원과 발생의 문제에 대한 독창적인 이해방식을 제출하고 있다. 에이컨은 예술학의 근본문제들에 대한 전통적인 접근들이 만족스런 답변을 제시하지 못했다는 지적에서부터 논의를 시작하는데, 말하자면 20세기의 인류에게 성공적인 사냥은 더 이상 관심사가 아니며 주술적 제의를 행하는 현대인도 없다는 것이다.[15] 에이컨이 강조하고자 하는 것은 모든 시대의 모든 예술에 대해 포괄적으로 적용할 수 있는 것이 무엇인지를 밝힐 수 있어야 한다는 것이고, 그러한 연구는 동물행동학적인(ethological) 관점과 방법에 의해서 착수되어야

---

15 Nancy E. Aiken, *The Biological Origins of Art*, Westport: Praeser, 1998, p. 1-2

한다는 점이다.

　사실 동물행동학이란, 어떤 하나의 종(種) 안에서 어떤 특정한 행동이 지속될 때, 그 이유는 무엇이며 그러한 행동이 갖는 목적은 무엇인지를 다루는 학문이다. 여기서 '어떤 하나의 종'을 인간으로 바꾸고 '어떤 특정한 행동'을 예술적 행동으로 대치시켜보면, 동물행동학적 문제취급의 당위성을 말하는 에이컨의 주장에 동의할 수 있을 것이다.[16]

　인간은 자신의 감각에 주어지는 사물 현상에 대해서 인지적으로 반응하거나 혹은 정서적으로 반응한다. 에이컨은 어떤 시각적이거나 청각적인 이미지들에 대한 정서적 반응(emotional response)들이 곧 예술을 발생하게 한 원리가 된다고 본다. 여기서 그가 말하는 정서적 반응이란 선이나 형태, 색채, 그리고 소리 등으로 된 어떤 형상이나 배열에 대한 반사적인 반응으로서 주어지는 것을 의미한다.(Nancy E. Aiken, 1998, 3) 예컨대 뾰족한 형태와 같은 어떤 형상이 실제로 관찰자들에게 특정의 반응을 불러일으키는 힘을 갖는다고 가정해보면, 그리고 그러한 가정이 보편적인 사실로 확인된다면, 이는 얼마간의 예술작품들이 어떻게 해서 보편적인 호소력을 갖게 되는가 하는 것을 설명하고 있는 것이다.

　이와 관련하여 에이컨이 염두에 두고 있는 것은 예술에서 일어나는 반사적인 정서적 반응이 곧 미적 반응이라는 것이고, 그래서 미적 반응에서 보편적 성격을 확인하기 위하여 인류학자 스타우트(D. B. Stout)의 분류를 참조하면서 아래와 같이 4가지 방식으로 미적 반응을

---

[16] 이러한 주장이 예술의 문제를 단지 동물행동학적 시각에서 다루고자 한다는 의미는 당연히 아니다.

우선 구분한다.(Nancy E. Aiken, 1998, 15-17)

① 개인의 통상적인 정서적 접촉인 연상을 통해서 환기되는 미적 반응
② 정서적인 내용을 가진 대상에 의해서 환기되는 미적 반응
③ 어떤 기술의 완결성이나 독특함에 의해 환기되는 미적 반응
④ 선, 형, 색, 소리 등의 어떤 형상적 배열에 의해 환기되는 미적 반응

여기서 위의 3가지 방식은 개인적인 기억이나 문화적 관습에 대한 지식 또는 예술사에 대한 지식 등에 의존하며, 따라서 관찰자 또는 감상자의 기억과 지식에 따라 상대적이고 주관적인 미적 반응의 방식이 된다. 그러나 네 번째 방식에서 나타나는 미적 반응은 개인의 기억이나 지식에 외존하는 것이 아니라 인간이라는 생물종 안에 자리잡아온 자극-반응 프로그램에 의존한다. 선, 형, 색, 소리의 어떤 특정한 결합은 특정 반응을 대체로 불러일으키기 마련이며, 먼저 프로그래밍되어 있는 자극-반응 메커니즘에 따른 반응 패턴을 보여주게 되는 것이다.

에이컨이 예술의 본질적 요소이자 예술의 존재이유로서 제시하고 있는 releaser란 바로 이러한 자극-반응의 메커니즘 안에서 어떤 반사적 반응을 초래하는 자극이라는 의미이다. 물론 용어의 직해는 '어떤 무엇으로부터 벗어나게 해주는 인자(因子)', 또는 간단히 '해방시켜주는 자'의 뜻이지만, 정서적 반응을 불러일으키는 자극으로서의 releaser이다. 이 지점에서 에이컨은 엘런 디사너예이크와 비교되는 자신의 입장을 표명하고 있는데, 디사너예이크가 사회적 통합 수단으로서의 예술 개념을 주로 생각하는데 비해서 자신은 예술의 궁극적 목적

과 발생의 열쇠로서 '어떤 releaser에 의해서 환기된 정서적 경험' 이라는 개념에 더 집중한다는 것이다.(Nancy E. Aiken, 1998, 49, 63-66, 164)

그러나 필자가 보기에 양자의 차이는 사회와 개인의 관계처럼 구분해서 볼 사항이 아니고 하나의 전체로 통합되어져야 할 것으로 이해된다. 왜냐하면 making special이라는 방식을 통해 사회적 통합 수단으로서 예술이 기능하였다면, 그러한 기능을 수행하는 구체적인 이행이 곧 자극(releaser)에 대한 개인들 혹은 집단의 정서적 반응과 미적 경험이기 때문이다. 사실 이 대목에서 에이컨은 '쾌(pleasure)'의 감정에 대해서 언급하면서 자신과 디사너예이크 사이에 근본적인 차이가 없음을 말하기도 한다.

가령 어떤 고대 선조들이 과도하고 소모적이며 열광적인 춤을 춘다고 할 때, 그들은 "지금 우리들의 춤이 우리들 집단의 결속을 가져다 줄 것이므로 이렇게 지쳐 떨어져나가도록 춤출 것이다"라고 하지는 않을 것이다. 또 "우리들은 춤이 가져다주는 특별한 정서적 경험들이 우리 아이들을 교육시키는 데 효과적임을 알아채고 있기 때문에 춤을 춘다"라고 하지도 않을 것이다. 그들로 하여금 육체와 정신의 극한에 이르기까지 춤추도록 하는 것은 쾌의 감정이라는 것이 두 사람의 공통된 견해이다.(Dissanayake, 1988, 164)

쾌의 개념은 학문의 역사 전체를 관통하는 것일 정도로 중요한 주제이지만, 여기서는 생물학적으로 의미 있는 자극들에 대한 반사적 반응으로부터 얻어지는 것이라는 의미에서의 개념이다. 그렇다면 예술 발생의 계기라는 맥락 안에서 말하는 쾌의 감정이란 더 구체적으로 어떠한 것이며, 장차 어떻게 해서 복잡한 심리적 메커니즘을 형성하게 되는 것일까? 또 그것은 어떠한 존재론적 함의를 갖게 되는 것일까? 이어지는 물음이 무엇이든 인간 자신과 관련된 모든 문제는 에드워드 윌슨이 주창하였듯 우리의 생물학적 본성에 대한 탄탄한 경험적 지식을 바탕 삼는 것이 당연하다고 하겠다. 이제 시작 단계인 진화예술학의 성과가 기대되는 이유도 여기에 있다.

4. 맺음말

지금까지 우리는 지난 20세기 후반에 다시금 강력히 부상한 다윈주의를 바탕으로 인문학과 생물학의 새로운 종합을 내세우는 사회생물학에 주목하면서, 우리 인간이 지니는 풍부한 미적 감수성의 진화사적 내력과 예술 발생의 생물학적 배경을 이른바 진화예술학적 관점과 방법론에 따라 살펴보았다.

그리하여 예술학의 근본문제들에 대한 해명에 일정한 한계를 드러내는 기존의 미학 예술학이 간과했거나 빠뜨리는 부분을 사회생물학과 동물행동학적 방법을 적용하고 있는 진화예술학이 보완할 수 있으리란 전망을 가져볼 수 있었고, 아울러 미적 존재로서의 인간이 지니게 된 미적 감수성이 도덕적 감수성과 함께 일찍이 부부관계로 해석될 수 있는 최초의 고유하고 특정한 양성간의 지속적인 관계가 형성되면서 우리들의 초기 선조들에게 주어지기 시작했다는 것을 생각해볼 수 있게 되었다.

그리고 예술 발생의 생물학적 배경과 관련해서는 진화예술학의 대표적 학자들 중의 한 사람들로 꼽히는 엘런 디사너예이크와 낸시 에이컨의 견해를 참조하면서 검토하였는데, 예술적 행동의 핵심적 본질로서 디사너예이크가 제시하는 making special 개념은 성 선택 개념과 함께 어떤 평범한 것을 비범한 것으로 변경함으로써 발생하는 선택적 가치가 개인이나 집단의 생존(survival) 가능성을 높인다는 의미를 내포한다는 것을 알 수 있었다. 또한 에이컨이 말하는 releaser 개념도 어떤 반사적인 정서적 반응을 불러일으키는 자극이라는 의미를 바탕으로, 예술 발생의 근본 동인을 생물학적으로 설명하는 하나의 방식일 수 있음을 확인하였다.

현대 의학이 고도로 발달한 오늘에도 인류는 각종 암을 비롯해서 합리적 과학의 힘으로 해결하지 못하는 불치병을 갖고 있다. 그런데 지난 19세기에는 오늘날 완치가 가능한 결핵과 같은 질병이 불치병으로 자리하였을 것이고, 투병 당사자는 치유 가능성이 전무하다는 사망선고를 받은 오늘의 암 환자가 그러하듯 과학의 힘에 의뢰하기를 그치면서 기도라는 제 3의 문제해결 방식을 취했을 것이다. 이와 같이 인간의 본성과 행동에 대한 생물학적 연구는 그것이 진척되는 수준에 따라 계속적인 환원이 이루어질 것이기 때문에, 사회과학이나 인문학은 그동안 자신들의 몫으로 여겨왔던 많은 부분을 생물학에 점차 넘겨주게 될 것이다. 윌슨은 이와 관련하여 생물학이 인간 본성을 푸는 열쇠이며, 따라서 생물학적 환원을 퇴보로 보는 것은 전적으로 잘못된 생각이라 말한다. 그러나 동시에 어느 한 분야의 법칙들은 그것의 상위 분야에 반드시 필요하지만 상위 분야의 목적에는 충분하지 않다는 것도 말함으로써 월권이라든가 범주적 오류에 대한 우려를 불식시키고 있다.

생물학과 인문학의 새로운 종합은 절실함과 동시에 매우 당연한 요청이라 하겠으며, 이제 남은 문제는 관련 학계와 전문 학자들의 적극적인 관심과 실질적인 연구의 참여이다. 실제로 1975년 윌슨이 주저 『사회생물학: 새로운 종합』을 발표한 이후 학계의 반응은 일부 인문

사회과학 분야 학자들의 반발과 함께 생물학 내부에서 일어나는 비판이 오히려 거세기도 하였지만, 적지 않은 인문 사회과학자들이 윌슨의 주장을 수용하면서 오늘날 사회생물학적 문제의식은 학문의 영역을 넘어 대단히 폭넓게 확산되고 있는 추세이다.

인간의 예술 행위를 두고 어떤 이는 한 마디로 '자유의 표명'이라고 말한다. 하나의 예술작품이 담고 있는 작품세계는 언제나 '또 다른 세계(another world)'로 성립하는데, 그것은 예술행위의 핵심적 의미와 기능이 인간 자신과 이 세계와 또 그 안에서 이루어지는 삶의 '변경'에 있음을 말해주는 것이다. 윌슨은 이러한 문제를 선택 개념을 통해 풀어내고, 또 복잡함에 따른 예측 불가능에 의해 우리는 자유롭고 분별력 있는 존재가 된다고 말한다. 그런데 한편으로는 미적 존재로서의 인간이 관련하는 자유의 문제를 생리적 메커니즘의 기계론적 설명 방식으로 간단히 환원하기에는 우리 자신이 품어온 마음의 소망과 고통의 저절함이 너무도 크다는 생각이 든다. 그러나 우리가 우리 자신에 대해 어디까지 알 수 있게 될지는 몰라도, 그 방법적 절차와 순서에서 생물학이 갖는 중요성을 강조하는 진화론자들의 주장에는 동의하지 않을 수 없다.

서두에 언급했듯이 특히 3절의 진화예술학적 주요 논점들과 관련해서는 제한된 지면 안에 충분한 논의가 가능하지 않았다. 여기서는 우선 예술학적 근본과제의 종합적 해명을 위해 요청되는 진화예술학의 필요성을 강조하면서 문제 제기의 수준에서 그치고, 더욱 구체적이고 활발한 논의들이 필자뿐만 아니라 여러 연구자들에 의해서 이어질 수 있기를 바란다.

참고문헌

Aiken, Nancy E.(1998), *The Biological Origins of Art*, Westport: Praeser.

Dissanayake, Ellen(1988), *What Is Art For?*, Seattle: Univ. of Washington Press.

Dissanayake, Ellen(1992), *Homo Aestheticus: Where Art Comes From and Why*, New York: The Free Press.

Dissanayake, Ellen(2000), *Art and Intimacy: How the Arts Began*, Seattle: Univ. of Washington Press.

Dissanayake, Ellen(1999), "Sociobiology and the Arts: Problems and Prospects", in: *Sociobiology and the Arts*, ed. by J. Baptist Bedaux, Amsterdam: Editions Rodopi B.V..

Fisher, Helen E.(1993), *The Sex Contract* (박매영 옮김, 『性의 계약』, 정신세계사).

Fisher, Helen E.(2000), *The First Sex* (정명진 옮김, 『제 1의 성』, 생각의 나무).

Freeman, Derek(1999), *The Fateful Hoaxing of Margaret Mead*, Colorado: Westview Press.

Goodall, Jane(2001), *In the Shadow of Man* (최재천/이상임 옮김, 『인간의 그늘에서』, 사이언스북스).

Hinde, Robert A.(1988), *Ethology* (장현갑 옮김, 『동물행동학』, 민음사).

Mayr, Ernst(1998), *One Long Argument*, (신현철 옮김,『진화론 논쟁』, 사이언스북스).

Miller, Geoffrey(2004), *Mating Mind* (김명주 옮김, 『메이팅 마인드』, 도서출판 소소).

Pinker, Steven(2004), *Blank Slate* (김한영 옮김, 『빈 서판―인간은 본성을 타고 나는가』, 사이언스북스).

de Waal, Frans(2003), *Bonobo : The Forgotten Ape* (김소정 옮김, 『보노보』, 새물결).

Wilson, Edward O.(2000), *Sociobiology : The New Synthesis*, Harvard Univ. Press.

Wilson, Edward O.(1978), *On Human Nature* (이한음 옮김, 『인간 본성에 대하여』 사이언스북스).

Wilson, Edward O.(2005), *Consilience: The Unity of Knowledge* (최재천/장대익

옮김, 『통섭: 지식의 대통합』, 사이언스북스).

Wrangham, Richard(1998), *Demonic Males : Apes and the Origins of Human Violence* (이명희 옮김, 『악마 같은 남성』, 사이언스북스).

Wuketits, Franz M.(1999), *Gene, Kutur und Moral: Soziobiologie - Pro und Contra* (김영철 옮김, 『사회생물학 논쟁』, 사이언스북스).

Jan Baptist Bedaux ed.(1999), *Sociobiology and the Arts*, Amsterdam : Editions Rodopi B.V.

M. von Cranach ed.(1979), *Human Ethology*, Cambridge: Cambridge Univ. Press.

Eckart Voland ed.(2003), *Evolutionary Aesthetics*, Heidelberg: Springer.

9

생명과 복잡계
―베르그손의 생명진화와
윌슨의 통섭적 사유를 중심으로

안 호 영

9장

생명과 복잡계 — 베르그손의 생명진화와 월슨의 통섭적 사유를 중심으로

안호영

1. 머리말

고대인들은 질서와 무질서[1]의 관념이 혼재되어 있는 우주관을 가지고 있었지만, 그리스 자연철학자들에 이르러서는 이성이 강조되면서 자연스럽게 우주를 질서로만 사고하려는 세계관이 등장했다. 이러한 세계관은 이후 근세에 이르기까지 과학과 철학의 보편적 우주관으로 자리를 잡아왔다. 그러나 무질서의 관념은 사라지지 않았으며 신비적 사유나 신화 속에서 그 명맥을 유지하였다. 이런 상황에 관해서 베르그손(H. Bergson)은 고대 자연철학, 근대과학, 근대철학의 자연관 등에서 설명되는 자연이 이성주의적인 측면에서 해석되어왔다고 지적한다. 자연이 질서를 가진다는 것은 곧 자연에는 어떤 규칙성이 존

---

[1] 본 논의에서는 복잡성에 대한 발생론적인 이해를 부각시키기 위해 '카오스'와 '코스모스'를 대립적으로 설명하는 기존의 용어를 피하고 '질서'와 '무질서' 용어를 사용했다. 특히 '카오스'라는 용어는 복잡계의 한 형태로 사용하고 있다.

재한다는 것이고, 자연현상 속에서 그 규칙이 발견되었을 때 현상들은 예측이 가능하다고 믿는 것을 의미한다. 이러한 예측가능하다는 믿음 위에 시작된 학문이 자연과학이다. 이러한 자연과학적 사고는 근대에 와서 마침내 뉴턴의 물리학으로 대표되는 기계론적, 환원론적 그리고 결정론적 과학으로 발전하게 되었다. 적어도 이러한 근대 자연과학에서 혼돈이란 매우 간단한 것으로서 현재 발견된 과학의 규칙으로는 실타래가 얽혀 있는 정도의 풀기 어려울 뿐인 복잡성에 불과하다는 것이다. 그렇기에 복잡성은 언젠가 속속들이 추론될 수 있다고 확신한다. 그렇게 되었을 때 혼돈은 더 이상 존재하지 않을 것이며, 결국 뉴턴(I. Newton)의 법칙만이 존재하게 될 것이라고, 근대 자연과학자들은 믿고 있다. 이런 상황 속에서 생명에 관한 논의는 거의 외면받아왔다.

그러나 오늘날의 복잡계 연구는 생명을 이루는 구성요소들이 맺고 있는 전체적인 관계를 새로운 과학적 사유의 영역으로 끌어들이기를 요구하는 것처럼 보인다. 왜냐하면 생명의 해석은 전체적인 관계 속에서 드러나는 질서에 관한 관념뿐만 아니라, 드러나지 않은 질서 혹은 잠재적인 질서의 관념까지도 포함하기 때문이다. 특히 생명 자체가 가지는 결정성과 비결정성이 이런 전체적인 관계 속에서 조망되면서 오늘날 생명이 새로운 주목을 받고 있는 것이다. 그러나 생명의 본질적 속성인 비결정성으로 인해 기계론적 환원주의의 시도는 좌절될 수밖에 없다. 생명의 전체적인 관계를 구성요소들 간의 복잡한 대응관계로 환원시켜 설명한다면, 그것은 결국 기존의 기계론에 변수가 새롭게 첨가되는 문제로 전락할 우려가 있기 때문이다. 그렇다면 복잡계 연구는 생명의 연구와 관련해서 얼마나 도움을 줄 수 있을까?

물론 복잡계 연구는 최근의 일이지만 이미 인류의 시작과 더불어 무질서, 즉 비결정성 내지 불확정성의 관념은 어렴풋이 인지되고 있었다. 그럼에도 불구하고 그 근원, 즉 세계관적 토대가 무엇인지에 대해서는 그리 진지하게 고민하지 않았던 것 같다. 베르그손이 주장하는 것처럼 그 토대가 본래 비결정적인 것임을 간과한 채로 다만 지성적으로 설명될 수 없는 부분을 신화적인 요소로 설명하려고 했을 뿐이었다. 과학적 설명과 무관한 신화적 설명방식은 비유적인 것에 불과하다. 왜냐하면 그것은 가지적 세계 바깥의 영역에 대한 것이기 때문이다. 그러나 다른 한편으로 신화적 설명은 또한 비유적인 것만이 아닌 측면도 있는데, 가지적 세계 바깥에 대해 우리가 알 수 있는 적절한 수단이 없기 때문에 그렇다. 신화는 잘 알려진 방식을 통해 과학적 설명과는 다른 방식이지만, 드러나지 않은 질서와 드러나는 질서의 의미를 확인할 수 있게 해준다. 다음의 예를 보자.

　　남해에 임금이 있어 그 이름을 숙(儵)이라고 하고 북해의 임금을 홀(忽)이라 하고 중앙의 임금을 혼돈(渾沌)이라 하였다. 언젠가 숙과 홀이 혼돈을 찾아가서 극진한 대접을 받았다. 숙과 홀은 혼돈에게서 받은 대접에 감격하여 진심으로 그 은혜를 갚고자 했다. "사람에게 이목구비 일곱 구멍이 있다. 아름다움을 볼 수 있는 눈, 묘한 소리를 들을 수 있는 귀, 맛있는 음식을 먹을 수 있는 입, 편히 숨 쉬고 잘 수 있는 코가 그것이다. 혼돈에게 홀로 이런 것이 없으니 우리가 힘을 합해 뚫어줍시다." 두 임금이 힘을 합하여 혼돈에게 매일 한 구멍씩 구멍을 뚫어갔다. 마지막 이레 되는 날에 이목구비의 일곱 구멍이 완성되자 혼돈이 죽고 말았다(『莊子』, 〈內篇〉, "應帝王").

이 예는 무질서에서 질서를 찾는 것 자체가 이미 무질서를 무화시키고 질서로 만드는 것임을 보여주는 것이다. 또한 이는 오늘날 복잡계 속에서 질서를 찾는 노력과 생명을 설명하려는 노력 모두가 앞으로 직면하게 되는 문제점을 비유적으로 미리 보여주는 것이다. 즉, 이러한 신화적 접근방식처럼 우리는 비결정성 속에서 끊임없이 새로운 결정성을 찾으려 하고, 또 새로운 질서를 찾을 수 있다고 기대한다는 것이다. 결국 복잡계를 탐구한다는 것도 이와 동일한 방식이 될 것임을 은연중에 경고하고 있는 것이다. 이러한 문제의식에서 이 글을 시작한다. 그리고 이러한 노력 속에는 복잡계를 새로운 단순계로 만들려는 숨은 욕망과 의도가 있음을, 베르그손(H. Bergson)의 독해뿐만 아니라 생물학적 인식론 및 생명진화와 관련된 복잡계의 발생론적 사유를 통해 고찰할 것이다(Bergson, 2005b, 14).[2] 나아가 오늘날 새롭게 제기되는 '통섭적' 사유도 또한 근원적으로 질서와 무질서, 결정성과 비결정성의 통합을 추구하는 인간의 원초적 노력임을 생물학적 인식론을 통해 논증할 것이다.

2. 발생론적인 측면에서 본 복잡계

2.1. 논의의 배경

오늘날 복잡계가 주목을 받는 이면에는 현대문명의 여러 병폐들이 어디에 기인했는지에 대한 반성과 관련이 있다. 또한 이미 결정되어 있는 질서 속에서 질서의 창조자인 궁극적 실재를 찾아 헤매는 형이상

---

2 베르그손은 그의 주저인 『창조적 진화』(Bergson H., *L' Evolution créarice*, 황수영 옮김, 아카넷, 2005) 서문에서 인식론과 생명이론의 관련성을 명백히 하고 있다.

학적인 노력은 자연을 대상화시키고 객관화시켜서 결국 분석의 대상으로서만 그것을 바라보았지, 참여의 과정으로 세계를 바라보는 데는 실패하였다. 세계를 대상화하면서 야기된 자연파괴와 환경오염 등이 그 대표적 사례라 할 수 있겠다. 또한 물리학에서 말하는 예측가능성에 대한 신뢰는 곧 인간 이성에 대한 신뢰로 이어져 이성 우월적인 철학의 흐름을 주도하였다. 그러나 오래 전부터 알려져 왔으나 최근에야 그 실체가 비로소 드러나고 있는 비선형 방정식과 결합된 복잡계의 출현으로 인해 자연과 생명을 바라보는 새로운 시야가 열리고 있다.

이와 같이 복잡계에서는 상황이 사뭇 달라져, 오히려 기존의 과학들은 그 해석들의 일면성 때문에 독단적인 해석이라고 치부되기 일쑤이다. 잘 알려진 바와 같이 복잡계에 대한 관심은 오늘날 현상만은 아니다.[3] 즉 기존의 과학은 드러난 질서로부터 추상된 법칙을 통해 설명력을 갖게 되었지만, 드러나지 않은 질서가 주목받기 시작하면서 새로운 접근이 필요하게 된 것이다. 복잡곘 과학은 결국 드러난 질서와 드러나지 않은 질서가 서로 얽혀 있는 상황에서 그 설명을 어떻게 해나갈 것인가 하는 문제와 관련이 있다.

여기서 우선 우리가 관심을 갖는 '복잡'이라는 말에 대해 개념을 정리한 후에 논의를 진행시킬 필요가 있다. 우리말에서 '복잡하다'라고 하면 흔히 온통 뒤죽박죽이 되어 혼란스러운 상태를 연상하는 경우가 많다. 혼란스러운 상태를 말하는 complicated는 함께 엮임으로써 혼란스럽다는 것이다. 이에 반해 질서정연한 상황이 복잡함을 뜻하는 complex는 다양하게 얽혀 있어 겉보기에 쉽사리 구조가 눈에 들어오

---

[3] 세계의 창조를 이야기하는 동·서양의 종교와 신화는 기본적으로 혼돈과 질서의 모티브를 통해 오늘날까지 전승되고 있는데, 이것은 복잡계를 기본으로 하고 있다.

지 않지만, 나름대로 질서를 가지고 있다는 의미이다.[4] 곧 복잡하다는 의미는 전체를 이루는 구성요소들 간의 상호작용이 복잡하다는 것을 의미한다. 따라서 각 구성요소들의 성질이 모여 전혀 다른 전체의 특성을 어떻게 만들어내는지 그 원리를 파악하는 것은 꽤나 어려운 문제일 것이다. 여기서 주의할 것은 복잡계에서 구성요소들의 속성이 '복잡하다'는 것은 아니라는 것이다. 왜냐하면 복잡계를 구성하는 구성요소들이 꽤 균일하고 명확한 패턴을 갖는 경우도 많기 때문이다.[5]

오늘날 복잡계를 해석하는 한 방식으로 '전체적으로 바라본다'는 말을 자주 쓰는데, 그 의미는 사물의 구성요소에만 초점을 맞추는 것이 아니라 '구성요소들이 맺고 있는 전체적인 관계를 중심으로 보는 것'을 의미한다. 특히 생명은 그 자체로서 이미 전체이기 때문에 복잡계와 관련해서 많은 주목을 받아왔다. 이 지점에서 생물학을 기반으로 독특한 인식론을 전개한 베르그손의 관점을 살펴볼 필요가 있다. 베르그손은 과학을 통해서 철학으로 나아가는 프랑스 철학의 합리적 전통을 존중하는 철학자이다. 그는 과학의 유용성을 인간 진화와 관련된

---

[4] 오늘날 복잡계에 대한 연구는 많은 분야에서 다양하게 이루어지고 있다. 일반적으로 복잡계는 카오스를 포함하는 좀더 폭넓은 '개념'이다. 복잡계와 카오스를 자세히 소개한 책은 컬러트(Stephen H. Kellert, 1995), 프리고진·스텐저스(Ilya Prigogine and Isabelle Stengers, 1990), 카스트(John L. Casti, 1997)등이 있다.

[5] 포앵카레(Jules-Henri Poincaré)의 비선형 연구는 '닫힌 체계의 역학'으로 알려진 뉴턴 물리학의 허점을 발견하는 것에서 시작한다. 오직 두 개의 물체로만 되어 있는, 가령 태양과 지구, 또는 달과 지구와 같은 계에 대해서 뉴턴의 공식은 정확히 풀릴 수 있으나, 이 경우 다른 행성들의 영향은 모두 무시해야 하며, 한 걸음 더 나아가 세 개의 물체를 다루게 되면, 뉴턴의 공식은 풀리지 않게 된다는 점을 발견한 것이다. 해답을 얻기 위해서는 일련의 근사를 취해야만 한다. 포앵카레는 이상적인 이체 문제에 비선형의 복잡성을 증대시키는 항을 더함—즉 되먹임—으로써 제3의 물체의 운동이 나타내는 작은 효과에 대응하도록 하고, 이렇게 해서 만들어진 새 방정식을 풀어보려 했으나, 그가 발견한 것은 곧 어떤 궤도들이 매우 작은 요동을 가해주기만 해도 무질서하게 심지어는 혼돈의 양상으로 변화한다는 것이다.

필연적인 부분임을 '삶의 요청'이라는 개념으로 정리하고 있다. 그러나 시간과 공간을 분석하면서, 과학적 노력이 '지속(la durée)'[6]으로서 시간을 공간화하는 것임을 통찰했을 때, 과학은 유용할지언정 생명의 의미에 대해서는 많은 오해를 낳을 수 있음을 지적한다. 또한 생명을 환원주의에 입각해서 보는 과학의 경향에 깊은 우려를 표명했음에도 불구하고 과학의 역할도 인정하고 있다.

복잡계 연구는 다양한 시도 속에서 오늘날 새로이 각광받는 분야로 자리매김하고 있다. 프리고진(I. Prigogine)은 쓴 『혼돈 속의 질서』를 통해 비결정성의 의미를 과학의 영역 속에서 드러냈음에도 불구하고, 생명이 물질에 어떤 작용을 하는지를 구체적으로 설명하지 못했기 때문에 드러난 질서를 지각하는 지성과 지성의 출현을 설명하는 그의 생물학적인 인식론은 크게 주목을 받지 못했다. 이런 지성의 역할과 그것의 발생에 대한 조명이 없었기 때문에 복잡계가 비결정적이고 유기체적인 관계임에도 불구하고 결국은 새로운 질서를 찾아 새로운 해석을 하려는 욕망을 떨쳐버릴 수 없었던 것처럼 보인다. 그렇지만 이런 욕망은 어떤 것을 사유의 영역 속으로 편입시키려는 인간의 노력 때문에 생길 수밖에 없는 것이지 않을까? 그렇다면 바로 지금 이런 복잡계에 대한 우리의 인식이 어떻게 발생론적으로 출현했는지 알아보자.

이런 인식 하에서 이 글은 복잡계에 대한 논의를 베르그손과 관련시켜서 검토할 것이다. 또한 다윈의 진화론을 다시 조명해보는 계기로

---

[6] '지속'은 베르그손 철학의 핵심이다. 이 개념은 베르그손의 저작 전편에 걸쳐 여러 측면에서 다양하게 설명되고 있다. 그 때문에 수많은 베르그손 연구자들은 자신들의 초점에 맞추는 측면이 무엇이냐에 따라 나름대로 독특한 방식으로 설명한다. 이에 관해서는 이미 국내에서도 연구가 체계적으로 이루어져 있는 편이기 때문에 이글에서 '지속'의 개념에 대한 논의는 생략한다. 참고문헌에 소개된 베르그손의 저서와 베르그손에 대한 개설서를 참조할 것.

서 복잡계의 발생론적인 측면에서 살펴봄으로써 복잡계에 대한 새로운 논의 가능성을 모색해보고자 한다.

2.2. 지성과 물질: 결정론적 세계관의 출현

근대의 과학자들이 물질적 운동을 수학적 법칙으로 설명하는 데 몰두하는 경향은 오늘날까지도 계속되며, 생명현상도 물리법칙으로 설명하려는 시도들은 그러한 경향을 재차 확인하는 좋은 예가 된다. 즉, 생명현상을 물질현상에 종속된 것으로 보는 관점으로부터 생물학의 경시현상이 나타나고 있는 것이다. 한편 진화론이 대두되면서 생물에 대한 전반적인 이해가 높아졌으며, 생물학이 과학적으로 조명을 받는 본격적인 계기가 되었다.

그러나 복잡계의 출현이 베르그손이 설명하고 있는 지속에서 발생론적으로 나타나는 과정을 고려하지 않고서 단지 새로운 질서를 찾는 데에만 집중할 경우, 이러한 고려 역시 생물의 고유한 속성을 경시하는 경향을 은연중에 부추기게 될 가능성이 농후하다. 즉 앞에서 언급한 관점으로부터 생물학의 경시현상이 나타나는 것과 유사한 상황이 되는 것이다. 이것은 새로운 의미에서 물질을 다루는 방식으로 생명도 조작이 가능하리라고 보는 지성의 오래된 정복욕구의 일면에 지나지 않는다는 것인데, 이것은 복잡계의 연구가 기본적으로 물질이나 그것의 추상화된 것과 관련된 경우가 많기 때문일 것이다.

복잡계가 본격적으로 등장하기 이전에는 뉴턴 역학을 기반으로 하는 고전역학적인 체계를 통해서 물질과 외부대상을 인식하였다. 베르그손은 고전역학적인 체계가 지성이 물질 전체를 인식하는 것은 아니며, 오히려 그것은 고립된 개체들, 즉 물체로 파악하는 부정적인 인식이라고 설명하고 있다. 특히 지성이 다루는 물질의 모습은 부분들의 상호외재성, 불연속성, 가분성, 불가침투성으로 나타나는 제작의 방식과 관계되어 있다. 무엇보다도 생명은 지성 앞에서 자신의 본성인 연속성과 통일성을 포기하고 불연속적인 부분들로 나누어지며, 운동성 대신에 고정성으로, 질적 변화 대신에 양적 변화로 이해된다. 지성은 생명을 본래적으로 이해할 수 없게끔 단죄시키고 있다는 것이다.

여기서 우리들은 지성과 '정신(l'esprit)'을 혼동하지 말아야 한다. 지성은 정신기능의 일부에 불과하며, 그 기원은 물질에 의해 자극받고 물질에 적응하기 위해 정신이 자신의 본래적 방향을 역전시켜 탄생한 기능이다. 물질이 지성을 자극한 것은 사실이지만 그것의 형식을 결정한 것은 아니며, 거꾸로 지성이 자신의 형식을 물질에 강제적으로 부과한 것도 아니다. 지성과 물질은 같은 방향으로 운동하며 서로 점진적으로 적응함으로써 결국 하나의 공통된 형식에 도달하게 되는 것이다. 베르그손은 수학의 실서가 자연에 그토록 잘 맞아 떨어지는 이유를 바로 그것이 내재해 있는 질서, 곧 적극적 질서가 아니기 때문이라고 말한다. 만약 자연 속에 그러한 수학적 법칙들이 내재한다면, 우리가 그것을 알아낸다는 것은 기적에 가까운 일이 될 것이다. 그러나 물질적 현상이 지성의 범주에 의해 구성되는 것이라면, 이번에는 과학의 실제적 성공이야말로 불가해한 것이 될 것이다. 이와 같은 이율배반은 앞서 본 바와 같이 물질성과 공간성을 일치시킨 데서 나오는 것이다.

그것은 좀 더 구체적으로는 질서의 관념과 연관되어 있다. 일반적으로 우리는 질서란 무질서를 극복하고 생겨나는 현상으로 생각한다. 이에 반해 무질서란 절대적으로 아무런 규칙도 없는 카오스와 같은 것으로 생각한다. 그렇지 않다면 질서라는 현상이 그렇게 경이롭게 여겨지지는 않을 것이다. 질서란 실재론자의 경우 적어도 가능적으로는 있을지도 모르는 자연의 무질서에 객관적 법칙이 부과됨으로써 생겨난 것으로 파악하고, 관념론자의 경우에는 감각적 다양성이라는 무질서에 우리 지성의 구성적 능력이 부과됨으로써 질서가 생겨난다고 본다. 어떤 경우이든 질서는 무를 극복하는 적극적인 것이다. 이 때문에 자연의 질서와 그것을 표현하는 수학적 법칙은 기적에 가까운 경이로 우리에게 다가온다. 베르그손에 의하면 인식론의 작업은 자연의 질서를 표현하는 법칙이나 유적 본질을 고찰하는 것으로는 충분치 않으며, 질서의 이면에 가정된 무질서의 관념을 올바르게 조명하는 것으로 시작해야 한다고 역설한다.

베르그손은 사물의 질서란 '실재가 사유를 만족시켜 주는 정도'에 비례한다고 한다(Bergson, 2005b, 224). 즉 질서는 객관적인 것이든 주관적인 것이든 인간정신과 무관하지 않다는 것이다. 정신은 의식을 최대로 긴장시킴으로써 상태들이 상호 침투하는 자유로운 운동을 하거나, 아니면 긴장을 이완시키고 역방향으로 운동하면서 상태들이 서로 외재화되는 기하학적 메커니즘에 도달하게 된다. 어느 쪽으로 운동해도 우리는 거기서 질서를 발견한다. 전자는 생명의 질서이며, 후자는 기하학의 질서이다. 이 두 가지의 질서가 하나의 정신 속에서 함께 드러난다는 것은 우연이 아니다. 우리는 베토벤의 교향곡을 들을 때도 훌륭한 질서를 발견하는 반면, 수학공식의 질서에도 감탄한다. 예술과 수학은 한 정신의 두 활동인 것이다. 두 활동은 전혀 무관한 종류의 질서라기보다는 어떤 방식으로든 관련을 맺고 있다는 점을 베르그손은 지적하려 한다.

사실상 과학적 조작은 완전히 인공적인 것이 아니며, 베르그손에 의하면 물질 자체가 기하학적으로 다룰 수 있는 고립된 체계를 향하는 경향이 있다고 보았다. 우리가 물질을 나눌 수 있는 연장 실체나 불가침투성에 의해 정의하는 것도 바로 이 경향에 따른 것이다. 고전역학은 이 경향을 절대화한 것이다. 그러나 그것은 어디까지나 경향에 지나지 않는다. 고립화는 완벽하지 않으며, 과학이 고립된 체계를 만드는 것은 연구의 편의를 위한 것이다. 고립되고 닫힌 것으로 이해된 물질적 체계도 현실 속에서는 어떤 외적인 영향을 받고 있음이 명백하다. 사실상 이 영향은 다른 영향과 이어져 그것들을 포괄하는 제3의 영향과 연결된다. 이와 같이 하여 이 체계들은 전 우주에까지 연속적으로 확장되고 있다. 결국 베르그손이 "우주는 지속한다"(Bergson, 2005b, 224)라고 말하는 데까지 이른다.

현대 물리학은 이런 관점을 지지하고 있다. 물리학자들은 광자가 어떤 실험을 통해 측정하느냐에 따라 때론 입자로, 때론 파동으로서 행동한다는 것을 알게 되었다. 이 이론은 두 개의 양자가 몇 미터 간격으로 떨어져서 상호 통신할 수 없게 놓아둔 경우에도 불구하고 어떤 신비로운 방식으로 서로 연관관계를 맺을 수 있다고 예견하였다. 결국 봄(D. Bohm)과 같은 과학자들은 우주가 근본적으로 분리할 수 없는 하나의 '흘러가는 전체'로서 관측자는 관측되는 것과 필수적으로 분리될 수 없는 것이라는 이론을 제시한다. 봄은 입자들 혹은 파동과 같은 부분들이 흘러가는 전체의 집약적인 형태임을 이론화하였다. 이에 따르면 부분이 독립적으로 보인다는 그런 의미에서 부분들은 단지 상대적으로만 독립적일 뿐이다. 즉 우주의 어떤 부분도 독립적으로 존재할 수는 없으며, 우주가 흘러가는 전체라는 사고는 이후 복잡계 이론에도 그대로 수용된다.

2.3. 생명과 행동: 생물학적인 인식론 요구

만일 철학이 생물학적·심리학적 사실들에 대한 탐구를 전적으로 실증과학에만 맡겨버린다면 어떠한 일이 일어나겠는가? 과학은 틀림없이 자연현상 전체에 대하여 기계론적 개념체계를 씌우려 할 것이라는 점을 베르그손은 지적한다. 과학의 이러한 강력한 경향은 지능의 본질적 메커니즘에 연유하고 있기 때문에, 지능은 본래 물질에 작용하기 위해 형성된 생물학적 기능으로서 어떤 운동이 시작되었을 때 그것이 목표에 이르기까지 거쳐 갈 모든 과정을 예측코자 하고, 그것은 이미 잠재적으로 보편적 기계론을 가정하고 있다. 따라서 철학은 과학과 지능이 이러한 본질적 경향을 폭로함과 동시에 이제까지 과학에게만 전담시켜 놓았던 사실 탐구의 과정에 애초부터 비판과 더불어 적극적으로 참여해야 한다고 베르그손은 강조한다.

지능의 메커니즘, 기능, 인식론적 한계 그리고 진화선상에서 나타나는 그 생성과정을 밝히는 베르그손의 생물학적 인식론은 이와 같은 과학 비판의 이론적 바탕을 이루고 있다(Bergson, 2005a). 생물학적 인식론은 인식 과정을 생명체가 자신을 둘러싼 환경 속에서 적응하며 살아가는 과정으로서 이해할 것을 주장하고 있다. 살아 있는 유기체는 자신에게 주어지는 외부환경의 작용을 감각기관을 통해 파악하고 이에 대해 신체적 행동으로 반응함으로써 평형을 유지한다. 신체는 감각-운동 기관으로서, 이 신체를 중심으로 인식과 행동 과정은 불가분의 관계에 있다(Bergson, 2005a, 136-137). 바로 이러한 관점에서 베르그손은 지각을 시작하고 있는 행동으로 규정하고 있다. 베르그손에 의하면 생명과 물질의 구분은 잠정적인 것일 뿐인데, 지성의 작용이 이런 경향을 더욱 더 강화시킨다는 것이다. 그러나 지속의 관점에서는 차이가 없다. 모든 인식 과정을 행동과의 연관 속에서 파악할 것을 주장하는 이 생물학적 인식론은 인식론의 역사에 혁명적인 사고방식의 전환을 가져왔다.

신경계의 진보는 베르그손이 『물질과 기억』(*Matiére et Mémoire*)에서 고찰했듯이 비결정성의 증가를 나타낸다. 무수한 뉴런들의 연결과 교차로 이루어진 신경체계는 생명체의 운동의 비결정성과 자유 그리고 결정성을 동시에 함축하고 있다. 결정성은 본능적인 것과 연관되고, 비결정성은 지성적인 부분과 연관된다. 인식의 관점에서 볼 때 본능과 지성, 이 두 기능의 차이를 좀 더 철학적인 용어로 규정할 수 있다. 우선 본능은 의식으로 내재화된 인식이 아니라 행동으로 외재화된 인식이다. 가령 벌이 자신의 먹이가 될 곤충을 잡기 위해 단 한 번의 침으로 신경중추를 찔러 죽이지 않고 마비시키는 행위는 외과의사의 시술을 연상시킬 정도로 정확하다. 이러한 행동을 가능하게 하는 본능적 인식이 있다고 한다면, 그것은 학습되지 않고 특정한 대상에 대해 특정한 효과를 거둘 수 있는 선천적 능력이 될 것이다. 즉 본능적 인식은 사물에 대한 정언적 명령으로 표현된다. 적어도 특수한 어떤 대상에 대해서는 절대적인 확신성을 가진다는 점에서 그러하다. 반면에 지성은 특정한 대상에 대해 정확히 들어맞는 것이 아니라 대상들의 관계를 세우고 그것을 가언적 명제 속에서 형식화하는 것으로 이루어진다. 본능과 지성을 포함하는 의식은 '가능적인 또는 잠재적인 행동의 지대에 내재하는 빛'이라고 한다(Bergson, 2005b, 145).

베르그손은 생명적 힘의 역할은 물질에 불확정성을 삽입하는 것이라고 한다(Bergson, 2005b, 127). 오늘날에는 물질의 본성조차 불확정적이라는 견해가 지배적이지만, 생명은 거기에 훨씬 더 커다란 불확정성을 삽입하는 것이다. 그 때문에 각각의 종과 개체들은 비록 안정된 형태를 띠고 있다 하더라도 생명적 힘의 예측 불가능한 표현들에 불과하며, 언제든 변화할 수 있는 가능성을 내포한다. 물론 이것은 매우 긴 시간적 과정이기도 하다. 그러나 근본적으로 볼 때 진화란 변화가능성을 인정하지 않는다면 일어날 수 없는 과정이다. 이런 변화의 가능성이 행동으로 구체화되는 생명의 진화 때문에, 감각을 통해서 구체화된 행동을 조정하는 인식은 결정성과 비결정성 사이에서 행동의 관념을 형성시킨다. 이렇듯 생명체에서는 인식과 행동이 불가분의 관계를 가지고 있다. 이 지점에서 근본적으로 고정되고 결정적인 것들의 발생적인 토대를 비결정성에서 가져올 수밖에 없을 것이다.

생물체가 외부의 자극을 단순히 받아들이기만 하는 것이 아니라 이것을 적극적으로 이용하기 위해서 복잡한 구조를 가진 장치들을 스스로 만들어갈 수 있는 내적인 능력, 이것을 베르그손은 생명현상의 본질로 보고 있다. 이 과정에서 등장한 복잡계를 사유의 영역으로 끌어들이려는 이유는 생물학적인 인식론을 기반으로 설명할 수 있다. 또한 생명의 출현은 진화를 통해서 이루어지며, 이런 과정은 곧 발생론적인 과정으로 복잡계를 바라볼 수 있는 여지를 보여준다.

2.4. 진화와 복잡계: 발생론적인 전개

베르그손은 진화 자체가 창조적 성격을 가진다고 말하는데, 그것은 진화가 제작의 방식으로서가 아니라 유기화의 방식으로 일어나기 때문이다. 생명적 현상은 유기화 작업으로 이루어지만, 지성이 생명현상을 물질현상으로 환원시켜 설명할 때, 지성은 생명체를 유기 조직이 아니라 제작품으로 간주하는 것이다. 그때 생명체는 어마어마하게 복잡한 구조를 가진 하나의 기계가 된다.

그러한 관점에서 볼 때 진화 속의 변이들이 생겨나는 원인은 '생명의 충력' 속에 있다. 생명은 우주 속에서 물질적 운동과 대립하는 하나의 흐름 또는 운동으로 존재하며, 이것이 어느 순간 특정한 조건이 갖추어지면 물질의 운동 속에 삽입될 수 있다. 생명적 흐름은 언제나 구체화되기를 열망하는 잠재태이기 때문에 적절한 조건이 되면 물질과

'타협'한다. 이 순간은 하나의 폭발처럼 갑자기 일어난다.

그가 설명하는 생명 진화의 과정에서 생명은 점차 소진되는 힘이 아니라 지속적으로 상승하고 강화되는 힘이다. 그것은 물질적 저항을 극복하는 정도만큼 고등한 생명체로 도약한다. 그런데 생명적 도약의 결과로 나타난 다양한 종들은 다소간 생명의 본래적 특성들을 소유하게 된다. 이 특성이란 위에서 보았듯이 두 가지 상반된 경향이 있다. 하나는 생명체 안에 혼재하는 이질적 경향들이며, 다른 하나는 그럼에도 불구하고 전체로서 하나와 단일성을 유지하는 경향이다. 고등 생명체에서 세포들이 서로 작업분담을 하면서 하나로 연합하고 있는 모습은 이질성과 단일성의 결합이라는 말로 적절하게 표현할 수 있다. 또한 동물의 많은 종들에서 보이는 사회를 이루려는 경향도 이에 근거한다. 다양한 종들로 이루어진 생명계 전체가 유지하는 조화도 역시 근원적 단일성에서 유래한다. 그러나 무질서와 불규칙성, 갈등과 투쟁도 그에 못지않게 확연히 드러난다. 이것을 베르그손은 최초의 단일한 힘이 진화과정 속에서 대등하지 않은 방식으로 분산되었기 때문이라고 말한다. 따라서 생명계의 전체적 조화는 원리적으로(en droit) 존재할 뿐이며, 사실적으로는(en fait) 존재하는 것이 아닌 것이다(Bergson, 2005b, 94).

우리가 생명계에서 보는 것은 조화보다도 '상보성'이다. 즉, 생명체들은 일단 형성된 후에 고정된 모습으로 있는 것이 아니라 그 각각이 '다발로' 변화하는 새로운 종들을 만들어내는데, 이것을 진화의 과정이라고 말한다. 이처럼 생명의 탄생은 하나의 질적 도약이다. 또한 그런 질적 도약으로부터 생겨난 생명체들은 탄생의 초기부터 오늘날까지 부단한 질적 변화를 겪으면서 진화해왔다는 것이다. 그러므로 '상보성'은 각 종들이 완벽하게 독립적인 삶을 살 수는 없는 생명계의 현실에서 다른 종들에 의존하는 경향으로 나타나지만, 그것은 본래 하나의 뿌리에서 출발한 다양한 경향들의 현재적 존재방식이기도 하다. 여기서 '상보적'이라는 의미는 이미 논의한 것처럼 '전체적으로 바라본다'라는 뜻을 갖는 복잡계의 관계성에 주목한 개념이다. 이 관계성을 지성의 인식론적 측면에서 설명하려는 것이 결국 질서의 관념과 '통섭적' 노력 속에서 더욱 구체화될 것이다.

물론 베르그손은 진화에 상당한 정도의 우연적 요인들이 내재하고 있다는 점을 지적하고 있다. 생명의 흐름은 다른 형태로 분할되었을 수도 있으며, 물질의 저항을 비롯한 여러 요인들에 의해 예측 불가능한 형태로 진행되었던 것이다. 그것이 바로 진화에서 창조를 이야기할 수 있는 근거이기도 하다. 왜냐하면 창조의 근원은 예측불가능성이며, 그것은 곧 복잡계의 발생론적인 근원을 갖는 진화와의 관련성을 통해 설명하는 것과 일맥상통하기 때문이다. 그리고 생명이 자신이 본래 가지고 있던 자유와 창조성을 가장 많이 실현할 수 있는 방향으로 진화해왔다는 점이다. 본질적으로 비결정성 속에서 생명진화가 시작되었으며, 지성도 출현하였다. 이렇게 출현한 지성은 복잡계에서 새로운 질서를 찾는 노력을 근원적으로 하고 있는 것이다. 생명과 의식 그리고 물질이 동근원적인 기반을 가지고 있음을 논리적이고 정교한 필치로 펼쳐나가고 있는 베르그손은 생물학적인 인식론을 통해 비결정성을 발생론적으로 설명함으로써 복잡계의 의미를 더욱 더 구체적으로 드러낼 수 있었다. 결국 복잡계는 본래적 속성이기도 하지만 생명 진화와 밀접하게 관련되어 있다는 것이다.

3. 복잡성 속의 질서관념

우리가 일반적인 경험에 있어서는 무질서 그 자체란 존재하지 않으며, 기대했던 것과 다른 것이 나타날 때를 '무질서하다'고 표현한다. 또한 실제로 거기에는 언제나 어떤 종류의 질서가 있기도 하다. 이처럼 무질서의 관념은 정신이 자신의 요구에 맞지 않는 다른 질서에 마주하여 자신의 실망을 표현하는 것일 뿐이다. 이렇게 생성된 무질서의 관념이 철학에 도입되면, 그 진정한 의미는 사라지고 공허한 이론으로 변하게 된다. 그러나 앞에서 살펴본 것처럼 생명진화와 발생론적 복잡성에 대한 설명은 근원적인 면에서 이 세계를 비결정성으로 바라보고 있음을 알 수 있다. 그러므로 이런 비결정적인 세계를 두고 복잡계라고 부른다면, 그 본질적 특성을 부지불식간에 놓치게 되어 기존의 질서관념으로 회귀할 수는 없지만, 새로운 의미의 질서를 찾게끔 충동된다. 그러나 이런 경향은 발생론적인 측면에서 살펴본다면, 당연할 뿐만 아니라 오히려 그러할 수밖에 없음을 베르그손은 생명의 진화라는 관점을 통해서 주장한다. 즉 질서의 관념과 연관된 물질성과 공간성의 일치 때문에 무질서를 극복하고 질서가 생긴다고 생각한다. 이런 설명 속에서 복잡계가 들어설 여지가 있는 것인가?

그렇다면 복잡계란 도대체 어떤 의미를 지니고 있는 것일까? 복잡계의 과학이 요구되는 근거는 다음과 같이 다섯 가지 정도로 요약할 수 있다. 우선 요소환원주의를 배격하는 것이다. 요컨대 전체는 '부분의 합'보다 크다는 것을 의미하며, 전체는 그 부분의 합이 아닌, 전체 그 자체로서 이해되어야만 한다. 과학의 대상으로서 바라보는 전체는 개체가 아닌 집합적 대상을 의미하는 것이다. 즉, 생명의 진화에서 살펴봤듯이 전체란 애초부터 부분으로 나눌 수 없다. 두 번째로 실험실에서 통제된 상황에서 수행된 실험에서 보여주는 것과는 달리 객관적 관찰이 불가능하다는 것이다. 무엇보다도 관찰자의 의식이나 사고가 실험내용에 영향을 미치기 때문이다.[7] 이것으로부터 실제의 상황이나 사물은 대단히 복잡한 요인들의 복합체이며, 우리는 이중에서 우리가 알고 싶어 하는 소수의 선택된 변인만을 알 수 있다는 것이다. 셋째로 두 번째의 결과로 인해서 동일한 결과가 반복적으로 재현될 수 없다는 것이다. 즉 초기조건에 민감한 의존성—나비효과—때문에 동일한 조건일지라도 같은 결과를 얻을 수 없다는 것이다. 따라서 사소하다고 생각하는 실험오차이지만 결과에는 막대한 영향을 미치기 때문에 초기 조건을 무시하면서 일관된 법칙을 이끌어낼 수 있었던 종전의 과학은 제한적으로만 유용하게 된다. 그것은 아주 특수한 경우일 뿐이며 사소한 오차, 관찰자의 주관에 따라 결과의 차이가 크게 나는 것이 실제의 세계상이며, 우리의 생활상이다. 네 번째로 인과론에 기반을 둔 결정론이 더 이상 타당하지 않다는 사실이다. 결국 이론법칙과 초기조건만 있으면 시간도, 공간도 문제되지 않는다고 호언하던 인과론적인 결정론은 현실에 대한 제한적인 해석일 뿐이라는 것이다. 일반적으로 시간과 공간은 비가역적이며, 극히 특정한 경우에만 가역적일 뿐이다. 그러므로 선형적, 인과적 설명은 그 적합성을 상실한다. 마지막으로, 무엇보다도 생명에 대한 새로운 접근이 요청된다는 것이다. 과학이 생명을 다룰 때만큼 당혹스러워 하는 경우도 드물다. 생명현상을 통해

---

[7] 오스트리아의 물리학자 슈뢰딩거(Erwin Schrödinger)가 설명한 '슈뢰딩거의 고양이'는 밀폐된 상자 속에 독극물과 함께 있는 고양이의 생존 여부를 이용하여 양자역학의 원리를 설명한 것으로 양자물리학의 전개와 더불어 등장했다. 상자 속 고양이의 생존여부는 그 상자를 열어서 관찰하는 여부에 의해 결정되므로 관측행위가 결과에 영향을 미친다는 것을 이 이론을 통해 설명하였다.

이러한 복잡성의 발생적인 의미가 드러난다면, 기존 과학이 가지는 해석의 한계를 명백히 할 것이며, 복잡계로 명명된 새로운 체계의 의미가 드러날 것이다. 생명의 출현과 그 진화적 상황은 기존의 물리과학으로는 결코 접근할 수 없다. 이는 기존의 복합계적인 설명의 한계와 가능성을 동시에 보여주는 영역임을 발생론적인 설명을 통해 알아보았다.

그러나 언뜻 보기에는 복잡하고 혼돈스러운 것도 사실은 이미 그렇게 결정되어 있다는 점에서 실제로는 혼돈스럽지 않다고도 생각할 수 있지 않을까? 위의 논의들로부터 추론할 수 있는 복잡계란 결정론을 따르는 계이지만 정해진 단순한 행동이 아니라 극히 복잡하고 불규칙하면서 불안정한 행동을 보여주고, 초기 값을 정했다고 생각해도 그 이후 상태가 변동을 계속하며 먼 장래의 상태가 어떻게 될지 전혀 예측할 수 없는 현상으로 정의할 수 있다. 여기서 복잡계를 이론화할 수 있는 계기는 복잡계가 그 복잡한 현상 중 일정한 규칙(즉, 기이한 끌개)과 단순한 행동(즉, 자기반복 혹은 되먹임)에 따라 움직인다는 것이다. 그러므로 복잡계를 설명하려는 노력은 본질적으로 지능과 연관해서 생각해야 한다. 이 때문에 지능의 기능과 작동기제, 인식론적 한계 그리고 진화선상에서 나타나는 그 생성과정을 밝히는 베르그손의 생물학적 인식론은 인식과정을 생명체가 자신을 둘러싼 환경 속에서 적응하며 살아가는 과정, 즉 삶의 요청으로서 이해할 것을 주장하고 있다. 인식과정은 본질적으로 살아 있는 유기체와 외부환경 사이의 작용, 반작용을 의미하기 때문에 복잡계도 인식의 과정 속에서 질서적인 어떤 것으로 정의될 가능성이 높다.

이런 설명과정을 통해 복잡계 정의 속에 숨겨진 욕망을 드러낼 수 있었다. 무엇보다도 복잡계의 본질적인 특성인 비결정성 속에서 지성의 출현을 발생론적으로 살펴볼 때, 이런 욕망의 출현이 예견될 뿐만 아니라 오히려 그것은 정당한 과정임을 알 수 있었다. 일반적인 경험에 있어서는 무질서 그 자체란 존재하지 않으며, 우리는 기대했던 것과 다른 것이 나타날 때 무질서하다고 표현한다. 그러나 실제로 거기에는 언제나 어떤 종류의 질서가 있다고 기대한다. 이와 마찬가지로 오늘날 복잡계 연구는 자연의 비결정성과 무질서를 인정하는 동시에 이와 같은 질서관념에 대한 숨겨진 욕망을 동시에 포함하고 있다. 이처럼 복잡계의 관념은 정신이 자신의 요구에 맞지 않는 다른 질서에 마주하여 자신의 실망을 표현하는 것 뿐만 아니라, 삶의 요청 속에서 이런 비결정성과 무질서의 극복을 동시에 포함하고 있음을 알 수 있다. 그러므로 복잡계를 제대로 조망하기 위해서 인식론적인 접근은 자연의 질서를 표현하는 법칙을 고찰하는 것만으로는 충분치 않으며, 질서의 이면에 가정된 무질서의 관념을 올바로 조명하는 생물학에 기반한 발생론적인 것에서 시작해야 한다고 본다.

이와 같이 생물학을 통해 드러난 질서관념은 미래의 가장 촉망받는 분야로 기대를 모으는 복잡계를 통한 현대적 종합과 관련지을 때 더욱 적극적으로 이해할 수 있다.[8] 오늘날 복잡계의 연구 대상은 정치학, 사회학, 경제학, 생물학, 물리학, 컴퓨터공학 등 학문의 모든 분야에 걸쳐 있다고 해도 과언이 아닐 정도로 다양하다. 하나의 연구 영역이 이렇듯 다양하다면 카프라(F. Capra) 및 윌슨(Edward O. Wilson)과 마찬가지로 그 자체가 이미 종합을 예상하고 있는 것은 아닐까? 오

---

[8] 스티븐 호킹(Stephen William Hawking) 박사는 '21세기가 복잡성의 세기가 될 것' 이라 했고, 노벨 물리학상을 수상한 겔만(Murray Gell-Mann)을 비롯한 수많은 과학자들이 이에 공감하고 있다.

늘날 많은 주목을 받고 있는 통섭적 사유를 통해 그 가능성과 한계를 살펴보자.

4. 통섭적 사유

21세기에 들어서며 거의 모든 학문 분야에 통합(integration)의 바람이 거세게 불고 있다. 넘쳐나는 학문 분과들이 다양해지는 만큼이나 새로운 지식이 계속 양산되고 있다. 이와 관련해서 위에서 살펴본 복잡계 속의 질서관념은 우리에게 시사하는 바가 적지 않을 것이다. 서두에서 이야기한 것처럼 '전체적으로 바라본다'는 의미를 통해서, 넘쳐나는 지식을 새롭게 재조명해볼 수 있는 계기를 주기 때문이다. 또한 인류의 역사를 지식축적을 통한 문화와 문명의 발선이라는 관점에서 볼 때, 계몽주의로 대변되는 모든 지식에 대한 통합 이후 오늘 날까지 지식을 통합하려는 욕구는 인간뿐만 아니라 생명 전체의 생존이 걸린 문제로까지 확대되고 있는 것과도 무관하지 않기 때문이다.

이런 상황을 극복할 수 있는 대안을 다양한 분야에서 모색하고 있다. 그 중에서 최근에는 물리학으로 대표되는 과학과 생물학의 발달에 기반을 둔 생물학적 진화론에 근거한 새로운 통합을 주장하는 분야 또한 있다. 특히 주목받는 것은 문화의 주체인 인간을 생물학적인 기반에서 살펴보려는 통합적인 사유의 요청이다.[9] 때마침 윌슨이 『통섭: 지식의 대통합』(*Consilience: The Unity of Knowledge*)을 발표하면서 이런

---

9 그럼에도 불구하고 부정적인 견해를 피력하는 사람으로는 포더(Jerry Fodor)와 로티(Richard Rorty)등이 있다. 이들은 환원주의와 관련된 과학적 방식으로 인문학에 접근하려는 시도를 비판하고 있는 것이다.

논의를 더욱 심화시키고 있다. 그러나 윌슨의 통섭은 환원주의에 입각한 사유의 종합을 주장하고 있고, 이것은 위에서 논의한 복잡계 속의 숨은 질서관념을 인간의 지성을 통해 구체적으로 만드는 인간사유의 한 형태와 관련이 있다. 이러한 윌슨의 주장은 인간지성의 물질적 기반 자체가 진화와 관련된 발생적인 한계 속에서 펼쳐지고 있다. 이는 설명을 가능하게 하는 틀로서 과학적 방법을 수용한 것과 밀접한 관련이 있다. 즉 윌슨은 자연과학과 인문학이 21세기 학문의 거대한 두 줄기가 될 것임을 말하고 있다. 특히 사회과학은 생물학으로 편입되거나 생물학의 연장선상에 있게 될 것이라고 한다(Wilson, 2005, 45). 베르그손도 삶의 요청의 관점에서 환원주의의 필요성에 수긍하고 있다. 베르그손은 『창조적 진화』 서문에서 "인식론과 생명이론이라는 이 두 가지 탐구는 재결합해야 하며 순환적 과정에 의해 서로를 무한히 진전시켜야 한다."(Bergson, 2005b, 14)고 역설하면서 이 두 탐구가 서로 결합하면 철학이 제기하는 주요한 문제들을 더욱 확실하고 경험에 더 근접하는 방법으로 해결할 수 있을 것이라고 주장한다. 그러나 베르그손은 환원주의가 공간의 관념과 더불어 발생하는 개념임을 잊어서는 안 된다고 강조한다. 베르그손의 입장에서는 생명의 진정한 의미가 환원을 통해서는 결코 드러날 수 없다고 생각하기 때문이다.

이런 한계에도 불구하고 베르그손의 생물학적 인식론의 철학적 기초와 관련지을 수 있는 여지를 우리는 윌슨의 책에서 발견할 수 있다. 특히 "분자에서 세포, 개체, 생태계로 나아가면서 자신들을 건축해나가는 살아 있는 개체들은 복잡성과 창발성의 근본 법칙들이 무엇이건 간에 그런 법칙들을 확실히 드러내 보였다"(Wilson, 2005, 169)고 하는 부분에서 윌슨은 복잡계가 드러난 것에 주목하면서, 지성을 통해 그 드러남을 이해하려는 노력을 보여준다. 복잡계란 결국 생물학적인 인식론과 더불어 발생론적으로 드러날 수밖에 없다는 것임을 긍정하고 있기 때문이다. 이는 위에서 살펴본 복잡계라는 말 속에는 이중의 의미와 욕망이 함유되어 있고 이성의 한계를 드러내는 기존의 선형적 과학세계를 비판하면서 새로운 질서를 찾으려는 노력 자체가 지성을 전제하고서 지성을 비판하는 것이며, 결국은 지성의 설명력을 더 넓히려는 것과 밀접하게 관련되는 것이다.[10] 그러므로 복잡계를 위에서 설명한 것과 같이 질서의 관념을 통해서 재조명할 때 비로소 통섭적 사유의 가능성과 그 한계를 지적할 수 있는 계기를 마련할 수 있게 된다. 통섭적 사유의 가능성은 결국 삶의 요청에 대한 인간 지성의 추구와 관련해서 구체화되어가겠지만, 비결정성을 그 근본으로 하는 생명연구는 이런 통섭적 사유의 확장을 한걸음 물러서서 바라볼 것을 요구한다.

통섭적 사유는 우리의 지성과 그 지성의 노력을 물질적인 부분과 정신적인 부분으로 명확하게 나뉠 수 없는 생물적 속성에서 설명하려한다는 점에서 베르그손의 비결정성과 그 맥이 닿는다고 할 수 있다. 그런 점에서 개별 학문의 영역에서 이미 그 경계가 뚜렷하게 구분되어 있는 것처럼 보이는 상황을 극복하기 위해 생물학을 매개로 한 인문학으로의 접근은 매우 고무적인 일이며, 장려할 만한 것이다. 이에 대해 통섭적 사유에서 긍정하고 있는, 법칙을 따르는 물질세계, 지식의 본유적 통일성 그리고 인간 진보의 무한한 잠재력에 대한 계몽주의자들의 전제들은 여전히 우리 대부분이 쉽게 받아들일 수 있는 것들이다. 여전히 그것들은 없어서는 안 되는 것들이며, 지적인 진보를 통해 최

---

10 진화생물학 및 사회생물학의 발달과 더불어 진행되고 있는 생물의 물질적 토대에 대해서는 더욱더 광범위하고 실증적인 논의가 필요하다(Wilson, 1994).

대한 보상받을 수 있는 것들이기 때문이다.

질서의 관념을 인정한다면, 인간지성의 가장 위대한 과업 중의 하나는 과학과 인문학을 연결시켜 보려는 노력이다. 이런 노력을 통해서 인간에 대한 이해의 지평은 넓어질 것이다. 다만 그 성과와 한계를 보다 명확하게 드러내어 어떻게 하면 이런 사유를 더 진행시킬 수 있을지를 고민해 볼 필요가 있지 않을까? 삶이 물질적인 기반과 생물학적인 환경 속에서 이루어지는 한, 결국 통섭적 사유는 본질적으로 생물학적 인식론과 비결정성의 관념이 서로 병행하면서 진전할 수밖에 없음을 알 게 한다.

질서의 관념 속에서 비결정성을 결정성으로 이끄는 삶의 요청을 수행하는 지성의 역할은 재고될 필요가 있음이 지적되었다. 무엇보다도 인간이 진화과정 속에서 문화를 형성하고, 지식의 축적 또한 진화와 불가분의 관계가 있음을 지적할 때, 결정계를 모델로 삼는 과학적 사유는 그 한계를 드러내었다. 특히 이러한 관계는 우리가 축적해 온 과학적 지식이 우리의 생물학적인 토대와 밀접한 관련을 맺고 있는 상황과 무관하지 않음도 살펴보았다. 생명은 곧 복잡계와 뗄 수 없는 관계를 맺고 있는 것이다. 통섭적 사유를 생명현상의 이해로부터 고려하려는 이유가 이것이다.

그러나 베르그손은 이러한 통섭적 사유에서 더욱더 앞으로 나아가기를 요구한다. 복잡계는 비결정성의 드러난 한 형태일 뿐이며, 복잡계 역시 공간화의 과정을 밟고 있다는 것이다. 복잡계로부터 질서의 관념을 이끌어내었듯이, 삶의 요청에 응답하는 지성으로부터 인문학을 과학과 만나게 하려는 통섭을 고려하는 것은 그 자체가 또한 지성의 일임을 잊어서는 안 될 것이기 때문이다.

본 논의에서 복잡계의 관념이 수많은 지식을 통합시키는 사유로서의 통섭과 연결되는 것은, 결국 생물학에 기초하는 발생론적인 인식론과 그 궤를 같이 한다는 것을 알 수 있다. 다만 이런 통합적인 사유 속에 생명의 의미를 얼마만큼 본질적인 측면에서 다루는 지를 면밀하게 검토해보는 것이 곧 통섭적 사유가 지향하는 지점과 관계가 있을 것이다.[11]

5. 맺음말

복잡계가 드러나지 않은 질서에 초점을 맞출 때, 그것은 신화적인 설명일 수밖에 없다. 그러나 과학은 신화와 달리 드러난 질서에 초점을 맞출 수밖에 없다. 과학은 설명을 요구하고, 설명을 위해서는 그 질서가 드러나야 한다. 이때 그 질서의 형태와 의미는 어떤 경험을 하느냐에 달려 있는 경우가 많다. 경험은 기본적으로 지성과 관련이 된다. 베르그손은 과학이 그 특성상 지성의 눈으로 유기적인 생명체 전체를 개별적인 부분으로 재단한 후에 역으로 생명체로 조합해보지만, 그 복잡성 때문에 생명체는 이해가 불가능한 대상이라고 규정한다. 이때 지성의 숨겨진 욕망과 의도는 자연스럽게 비결정성 또는 결정성을 이해하려는 노력과 관련이 된다. 베르그손은 지성이 이런 노력과 연결될 수밖에 없는 이유가 바로 지성 자체가 진화의 산물이기 때문이라고 주장한다. 이러한 이유로 지성과 비결정성 또는 복잡성에 대한 발생론적인 설명이 필요하다.

---

11 생물학적 인식론과 통섭적 사유에 대한 더욱 진전된 논의를 이끌어내기 위해서는 진화와 생물학을 통한 인간 정신의 이해가 전제되어야 한다. 인간과 인간 행동에 대한 진화적 설명이 인문학과 사회과학에 어떤 영향을 미치는지는 Wilson(2000)에서 상세하게 논하고 있다.

인간의 인지구조가 진화과정을 통해 형성되었다고 한다면 발생론적으로 설명하는 것은 기본적으로 생물학에 기초한 새로운 인식론적 접근을 필요로 한다. 이런 접근을 통해서 복잡계에서 구성요소들이 맺고 있는 전체적인 관계가 무엇을 의미하는지를 밝힐 수 있는 계기는 생명의 일련의 질적인 변이와 관련을 가진다. 왜냐하면 단순히 구성요소들 간의 복잡한 대응관계로부터 설명되는 양적인 복잡성은 결국 변수의 다소와 관련되는 문제로 전락할 것이기 때문이다.

그러므로 복잡계에 대한 연구로부터 도출할 수 있는 결론은 새로운 질서를 찾으려는 노력임을 비유적으로 보여주는 신화적 설명과 더불어 지성과 관련된 질서관념을 확인할 수 있다. 베르그손의 지속의 관점에서 보면 이 또한 지성을 전제로 하여 생명의 고유한 의미에서 분리되어 있으며, 전체적인 관계에 대한 새로운 질서를 찾아가려는 과학주의의 한 형태로 해석할 수 있기 때문이다. 즉 복잡계가 지금까지 보지 못한 질서를 새롭게 드러낸다는 것에는 의미가 있을지 몰라도, 생명의 내밀한 의미를 드러내는 설명으로는 여전히 부족할 수밖에 없다.

물론 이런 과학이 기존의 결정론적인 과학의 한 부류일 뿐이라는 의미는 결코 아니다. 위의 논의를 통해 알 수 있는 것처럼, 복잡계나 비결정성 속에서 질서를 찾는 것은 너무나 당연한 생물학적 기반을 가지고 있다. 오히려 복잡계와 생명간의 관련성을 끊임없이 시도하면서 이러한 한계상황 속에서도 연구를 계속 수행해야 할 것이다. 이는 결국 우리시대에 맞는 새로운 생물학에 근거한 인식론적 종합이 필요함을 의미한다. 그러한 노력 중의 하나가 통섭적 사유이다. 그러나 이러한 노력이 필요하다고 하더라도 질서 관념을 그 출발점으로 삼는 지성이 어떤 역할을 수행하는지 분명하게 이해할 때 비로소 새로운 종합을 위한 기틀을 다질 수 있을 것이다. 그 이해의 출발은 생명에 대한 탐구에서 시작될 것이다.

결국 인식론과 생명이론은 우리에게 상호 불가분적인 것처럼 보인다. 당연하게도 지성을 통한 경험으로 이루어진 우리의 삶은 생물학적인 기반과 밀접한 관련을 가질 수밖에 없다. 또한 이런 관련성을 정합적으로 탐구하려는 우리의 사고수준을 특징짓는 것 자체가 사유를 통합하려는 노력과 밀접한 관련이 있다. 생물학적인 기반을 통한 인식론적 종합이 필요한 것은 단지 과학적 탐구 속에서 자기 의식적 반성과정에만 머무는 것이 아니라, 오히려 우리의 삶 자체에 관한 근본적 해석과 태도와 밀접하게 연관되어 있기 때문이다. 복잡계 속에서 질서의 관념을 찾는 그 자체가 이를 잘 반영하고 있다.

참고문헌

Bergson H.(2001), *Essai sur les données immédiates de la conscience* (최화 옮김, 『의식에 직접 주어진 것들에 관한 시론』, 아카넷).
Bergson H.(2005a), *Matiére et Mémoire* (박종원 옮김, 『물질과 기억』, 아카넷).
Bergson H.(2005b), *L' Evolution créarice* (황수영 옮김, 『창조적 진화』, 아카넷).
Capra Fritjof(1998), *The Web of Life* (김동광 옮김, 『생명의 그물』, 범양사출판부).
Casti, John L.(1997), *Complexification* (김동광 옮김, 『복잡성의 과학이란 무엇인가?』, 까치).
Kellert Stephen H.(1995), *In the wake of Chaos* (박배식 옮김, 『카오스란 무엇인가?』, 범양사출판부).
Prigogine Ilya and Stengers Isabelle(1990), *Order out of Chaos* (유기풍 옮김, 『혼돈으로부터의 질서』, 민음사).
Wilson Eward O.(1994), *Sociobiology : The New Synthesis* (이병훈 · 박시룡 옮김,

『사회생물학 I · II』, 민음사).

Wilson Eward O.(2000), *On Human Nature* (이한음 옮김, 『인간 본성에 대하여』, 사이언스 북스).

Wilson Eward O.(2005), *Consilience: The Unity of Knowledge* (최재천 · 장대익 옮김, 『통섭: 지식의 대통합』, 사이언스 북스).

김형효(1985), 『베르그송 연구』, 문학과지성사.

송영진 편역(1991), 『베르그송의 철학』, 민음사.

송영진(2005), 『직관과 사유』, 서광사.

홍경실(2005), 『베르그손의 철학』, 인간사랑.

황수영(2003), 『베르그손, 지속과 생명의 형이상학』, 이룸

10 공생, 합생, 창발성

조용현

10장

공생, 합생, 창발성

조용현

1. 머리말: 자연선택을 넘어서

지구의 역사에 있어서 최근 밝혀진 놀랄 만한 사실은 생명이 생각보다 훨씬 이른 시기에 등장했다는 사실이다. 46억 년 전 태양계의 먼지로부터 출생한 지구에 그로부터 약 10억 년이 경과한 37억 년 전 최초의 생명의 씨앗이 떨어졌다. 가장 단순한 형태를 가진 이 생물들은 핵이 없는 세포, 즉 원핵생물들이었다. 그 후 약 20억 년 후 핵을 가진 진핵생물들이 등장했다. 또다시 10억 년 후인 5억여 년 전 캄브리아기 대번성이라 불리는 생명의 대폭발이 일어났다. 이 폭발의 근본원인은 지금까지의 단세포형 생물들이 상호 결합함으로써 다세포 생명태를 형성한 데 있다. 세포들 간의 다양한 조합이 가능해짐으로써 그 이전 분자차원의 표현기법에 부가하여 새로운 세포차원의 표현기법이 주어졌기 때문이다. 그럼으로써 표현의 자유가 크게 확대되었다. 그 후 불과 몇 백만 년 사이에 오늘날 지구상의 생물들을 대표하는 주요한 설계들, 즉 동물분류상의 문(門)들이 모두 창안되었다. 이어 무척추동물에서 척추동물로, 양서류와 포유류에서 마침내 우리 호모 사피엔스에까지 이르게 된 것이다.

무엇이 이러한 복잡화로 나아가는 추세를 낳았는가? 자연이 가진 이 창조성은 도대체 어디에서 연원하는 것인가? 다윈은 자연선택을 그 답으로 제시하면서 이 문제에 대한 합리적 접근의 한 가능성을 보여주었다. 다윈은 이것을 위해 종의 진화가 발생하는 두 가지 과정을 구분했다.

(1) 다양성을 낳는 생산자
(2) 다양성을 걸러내는 필터

(1)은 무작위적으로 발생하는 (돌연)변이이고, (2)는 자연환경이다. 다윈은 변이의 원인을 묻지 않았다. 그의 관심은 특정 변이가 왜 보존되는가 하는 것이었고 이것이 그의 자연선택론의 핵심이다. 요컨대 (2)가 그의 중요한 관심사였다. 그러나 정작 자연의 창조성에 관련된 것은 (1)이라 할 때 자연선택은 진화의 부분적인 해명 이상의 것일 수 없다. 다윈의 자연선택은 마치 자격시험과 같다. 여기서는 문제를 잘 풀수록 좋은 성적을 받는다. 사회가 필요로 하는 통상적 능력을 검정(檢定)하는 데는 이 방법이 어느 정도는 쓸모가 있을 것이다. 그러나 이 방법을 창조적 능력을 검정하는 데 사용하고자 할 경우 전혀 무력해진다. 창조적 능력이란 문제를 만드는 능력이지 주어진 문제를 푸는 능력이 아니기 때문이다. 이러한 자격시험은 기존 틀 내에서 우수한 자를 선발하는 데는 유용하지만 새로운 틀의 창출자 선별에는 무력하다 (사실 창조성을 검정한다는 것은 자기모순이다. 검정될 수 있다면 이

미 창조적인 것이 아닐 것이다).

자연선택만이 작용했다고 한다면 자연은 박테리아 이상의 생명체를 진화시킬 수 없었을 것이다. 일단 박테리아적 구성이라는 기존질서가 정착하면 자연선택은 그 범주 안에서 적합자를 선별할 뿐이기 때문에 그 틀을 깨는 일체의 변이들은 도태되고 만다. 캄브리아기의 대번성—다세포 생명체의 등장—과 같은 기존 생명체의 패러다임을 깨는 혁명적 변혁들은 자연선택에 의해서 설명될 수 없다. 그것은 자연의 보다 심원한 창조성의 표현이다. 카우프만(S. Kauffman)은 이 창조성의 근원을 자연 자체에 내재한 자기조직화로 향한 '자생적 질서(order for free)'라고 보았다.

질서는 우연적인 것이 아니며 광범위한 자생적 질서가 현재도 만들어지고 있다. 복잡성의 법칙이 자연세계 질서의 대부분을 자발적으로 생성했다. 자연선택이 작용하게 되는 것은 단지 정교화의 국면에서이다. 그러한 자생적 질서의 성격이 전적으로 알려져 있지 않은 것은 아니지만 이제 막 생명의 기원과 진화에 대한 새로운 단서로서 출현하고 있다. 이제 우리 모두는 간단한 물리적 계가 자생적 질서를 만들어낸다는 것을 알고 있다. 물방울은 구를 만들고 눈송이는 6각형의 대칭구조를 만들어낸다. 새로운 것은 자생적 질서의 범위가 훨씬 더 광범위하다는 것이다. 심오한 질서가 명백히 무작위적인 계에서 발견되고 있다. 나는 이러한 창발적 질서가 단지 생명의 기원의 근저가 되고 있는 데 그치는 것이 아니고 생명체 자체의 질서의 근원이라고 믿고 있다.

자생적 질서의 존재는 다윈 이래 확립된 개념에 대한 놀라운 도전이다. 대부분의 생물학자들은 자연선택만이 생물학에서 유일한 질서의 원천이라고 믿어왔다. 자연선택은 장인들이 하는 것처럼 '땜장이'의 역할이다. 그러나 그 형태들이 복잡성의 법칙에 의해서 생성된다면 자연선택은 부차적인 것인지 모른다. 유기체라는 것은 땜질한 잡동사니들의 모임이 아니고 심오한 자연법칙의 표현일지 모른다. 만일 이것이 사실이라면 다윈의 세계관의 변화가 바로 우리 눈앞에 있다. ……

다윈의 세계관의 수정은 쉽지 않을 것이다. 생물학자들은 자기조직과 자연선택을 결합해서 진화적 과정을 연구할 개념적 틀을 아직 갖고 있지 않다. 이미 생성된 자생적 질서에 어떻게 자연선택이 작동하는가? 물리학은 심오한 자생적 질서를 발견하고 있지만 자연선택을 필요로 하지 않는다. 생물학자들은 무의식적으로 자생적 질서에 관해 알고 있지만 그것을 무시하고 오로지 자연선택에만 초점을 맞춘다. 자기조직과 자연선택을 통합할 수 있는 틀이 없다면 자기조직은 게슈탈트 상에 있어서 배경처럼 거의 눈에 띄지 않는다. …… 우리는 새로운 그림을 그릴 필요가 있다(Kauffman, 1995, 8-9).

이 새로운 그림의 밑그림은 화이트헤드(A. N. Whitehead)에 의해서 이미 시사되고 있다. 필자가 보기에는 그야말로 자연이 가진 창조성의 비밀에 가장 가까이 접근한 철학자 중의 한사람이 아니었던가 한다. 문제는 그 밑그림을 어떻게 구체화해서 새로운 그림을 그리느냐 하는 것인데, 최근 논의되고 있는 새로운 생명과학의 여러 담론들을 그의 철학에 적용해보면 어떨까?

2. 합생

화이트헤드에서 자연의 창조성의 비밀을 푸는 열쇠는 그의 '합생(合生, concrescence)'의 개념인데 그에 따르면 이 말은 "더불어 성장한다"는 의미의 라틴어 동사에서 조어된 것이라고 한다. 그는 합생을 다음과 같이 해설한다.

> 합생이란 다수의 사물들로 구성된 우주가, 그 다자(多者)의 각항을 새로운 일자(一者)의 구조 속에 결정적으로 종속시킴으로써 개체적 통일성을 획득하게 되는 그런 과정을 일컫는 말이다(Whitehead, 1991, 387).

우선 이것은 '합성(合成, synthesis)'과 다르다. 합성의 과정 속에서 각 요소들은 독립성과 자율성을 상실하고 전체 속에 병합된다. 이것은 우리의 대사(代謝) 과정 속에서 일어난다. 나의 체내에 들어온 영양물(그 이전에 독립성과 자율성을 가졌던 다른 생명체)은 분해되어 나의 몸을 구성하는 재료가 된다. 이것은 원래 가졌던 자기동일성을 상실한다. 반면 합생은 각 요소들이 독립성과 자율성을 유지하면서 전체의 부분으로 통합되어가는 과정이다. 세포와 세포를 구성하고 있는 여러 세포소기관들(미토콘드리아, 엽록체 등), 몸과 몸을 구성하고 있는 여러 세포들 사이에 보이는 전형적 관계들이 이러한 것들이다. 물론 우리의 몸의 세포들이 독립적으로 존재하다가 우리의 몸속에 통합된 것은 아니다. 세포의 분화과정은 이미 발생의 과정이지 합생의 과정이 아니기 때문이다. 그러나 이 합생의 과정이 지금 우리의 몸속에 일어나고 있지 않더라도 과거 단세포에서 다세포로 이행하는 과정에서 일어났을 것으로 보인다. 합성의 과정만 있었다면 다세포 생명체는 만들어질 수 없었을 것이다. 우리의 몸이 바로 아득한 과거에 일어났던 합생의 증거이다. 이것은 뒤에 자세히 검토해보겠다.

화이트헤드는 합생의 과정을 '호응적 위상(responsive phase)', '보완적 위상(supplement phase)', '만족(satisfaction)'의 세 단계로 나눈다(Whitehead, 1991, 389). 호응적 위상은 현실세계를 감성적 종합을 위한 객체적 여건이라는 형태로 순수하게 수용하는 국면이다. 그러나 이 단계는 요소들이 사적(私的)인 직접성—통일된 중심—으로 아직 흡수되지 않고 있는 단계이다.

그래서 이것들은 자기제한 없이는 새로운 일자로 통합될 수 없다. 여기서 각 요소들의 주체성 가운데 일부가 사상(捨象)되면서 점차 사적(私的)인 직접태가 작동하기 시작한다. 이것이 보완적 위상이며 이것에 이어 요소들이 완전한 개체로 통합되는 만족의 위상이 따라온다. 이 과정 자체는 상당히 복잡하고 논란의 여지도 많지만 여기서 그 상세한 세부적 논의로 들어갈 게제는 아니다(문창옥, 1994, 1999). 화이트헤드의 의도를 대략적으로 파악하는 것으로 만족하고자 하는데 그 의도는 요소들을 전체 속에서 통합하면서 그 요소들의 독립성과 자율성을 살리기 위한 철학적 숙고라고 하겠다.

이 합생의 과정에 대한 간단한 모형이 물리학에 말하는 '동조(同調, correspondence)'의 개념이다. 한 예로 레이저의 생성과정을 보자. 서로 마주보는 거울이 있는 상자 속에 에너지를 부여하면 상자 속 원자의 일부는 이전보다 에너지 준위(準位)가 높은 여기(勵起) 상태가 되어 광자를 방출한다. 광자는 여기된 다른 원자에 충돌하고 거듭 광자가 방출된다. 처음에는 광자들의 파가 서로 간섭하여 복잡한 파형을 만들어내지만 서로 위상이 달라 상쇄되어버려 방출되는 빛은 약하다. 그러나 점차 에너지의 강도를 높여가면 갑자기 어느 시점에서 광자들이 동일한 위상으로 정렬되어 강력한 단일 진동수의 빛을 방출하는데 이것이 레이저 광선이다. 왜 이렇게 되는 것일까? 이것은 여기상태에 있는 많은 분자들의 내부운동에 동조현상이 생기기 때문이다.

그런데 이 동조현상이 전체의 질서를 만들어내지만 또한 전체의 질서 없이는 이러한 동조현상이 생겨나지 않는다. 이것은 완전히 순환적이다. a와 b가 관계맺음(호응적 위상)으로 a-b의 관계망(만족의 위상)이 생기고 이것이 역으로 a와 b를 한정한다. 그러나 이것이 a, b가 a-b에 선행한다는 것을 의미하는 것은 아니다. 그것이 a, b로서의 개별성을 갖게 되는 것은 이 a-b의 관계망이기 때문이다. 요소는 전체를 전제하고 있고 전체는 요소를 전제하고 있다(조용현, 1997, 155-170).

요소들의 호응이 가능한 것은 전체가 주어져 있기 때문이며 전체가 주어지는 것은 요소들의 호응이 있기 때문이다. 합생의 과성은 호응적 위상에서 보완적 위상을 거쳐 만족에 도달해가는 시간적, 인과적 이행이 아니다(그럴 경우 그것은 완전히 닭과 달걀 식의 순환논법에 빠진다). 그러므로 이것을 구태여 말로 표현하자면 '일거에(all at once)'에 이루어진다고 말할 수밖에 없다. 그래서 화이트헤드는 합생이란 인과적인 것이 아니고 '획기적(epochal)'인 것이라고 한다.

그런데 합생은 한 번으로 끝나는 것이 아니다. 그것은 새로운 차원의 합생으로 진입해 들어가는데, 그는 이것을 '이행(transition)'이라고 부른다. 이 단계에서 전(前) 단계의 합생을 통해 만들어진 주체는 새로운 차원의 합생을 위한 객체(자기초월체, superject)[1]가 된다. 화이트헤

---

[1] 화이트헤드가 객체라고 하지 않고 구태여 '자기초월체'라는 용어를 사용하는 것은 이것을 그냥 객체라고 하면 그것이 주체와 대립된 뉘앙스를 주기 때문이다. 그에 있어서 주체와 객체는 현실적 존재의 다른 국면들에 지나지 않는다.

드는 이 객체를 '죽은 여건(dead datum)'이라고 하는데(Whitehead, 1991, 313), 그 이유는 그 과정에 요소들의 주체성이 그대로 살아있다면 그것은 단순한 군집이지 합생일 수 없을 것이기 때문이다. 그러나 한편 그 주체성은 새로운 합생을 통해 소멸하는 것이 아니다. 그것은 자기한정을 통해 객체적 불멸성을 획득한다((Whitehead, 1991, 406).

이것은 약간 애매하게 들릴 수 있겠지만 그 의미하는 바는 분명하다. 바이츠체커(E. Weizsäcker)는 이것을 '새로움'과 '확인'으로 설명한다(Jantsch, 1989, 311-312). 좀 더 높은 의미론적 수준의 '새로움'을 끌어들이게 되면 하위수준에 나타나는 '새로움'은 줄어들게 되고 규격화되는데 이것이 '확인'이다. 이것은 생명의 진화에서 잘 드러난다. 오늘날 지구에는 수백만 종의 '원핵생물'이 있지만, 진핵세포 안에 형성된 세포소기관들(원시 원핵생물의 후손들)은 고도로 규격화되어 있다. 이것은 원핵생물이 진핵생물 속으로 유입됨에 따라 규격화의 과정을 밟았다는 것을 의미한다. 이것을 통해 '다세포생물'이라는 보다 높은 수준의 새로움이 출현한다. 더 높은 수준으로 이행하기 위해서는 낮은 수준의 새로움을 감소시켜야 한다.

테니스를 처음 배울 때 손목을 쓰지 말라고 가르친다. 그러나 좋은 선수가 되었을 때는 그러한 것을 모두 잊어버렸을 때이다. 화이트헤드의 용어를 빌리면 그것이 '죽은 여건'—바이츠체커의 규격화—이 되었을 때이다. 선수들의 끊임없는 단순반복 연습은 역설적으로 말해서 그것을 '잊어버리기' 위한 것이며 그럼으로써 실제 시합에서 고차적 전략을 구사할 수 있다. 그렇다면 그것은 소멸되었는가? 그렇지 않다. 그것은 하위차원에서 여전히 작동하고 있다. 오히려 그것은 높은 수준의 새로움 속에서 '객체적 불멸성'을 획득한다.

새로움의 획득(창조)은 끊임없이 버려가는 작업이다. 이것은 변화에 대한 심오한 통찰로 보이는데 필자가 보기에는 불교에서 말하는 空의 개념이 의미하는 바가 바로 이것이라고 생각한다.

> 만일 모든 존재가 자성이 있다면 어떻게 변화가 일어날 수 있겠는가? 만일 모든 존재에 자성이 없다면 어떻게 변화가 있겠는가?(若諸法有性 云何異得異 若諸法無性 云何異有異, 龍樹, 1993, 232)

> 모든 존재는 변하기 때문에 무자성(無自性)임을 알아라. 무자성인 존재도 역시 없다. 일체의 존재가 공(空)하기 때문이다.(諸法有異故 知皆是無性 無性法亦無 一切法空故, 龍樹, 1993, 230)

이 무자성으로서의 존재는 화이트헤드의 '자기초월체'에 해당한다. 존재가 자성을 가지는 한, 즉 주체성을 사상(捨象)하지 않는 이상, 그래서 '죽은 여건'으로 되지 않는 한 새로운 합생은 일어날 수 없다. 『중론』(中論)의 "실에 스스로 정해진 相이 있다면 삼에서 나오지 말아야 하리라. 또 옷감에 스스로 정해진 상이 있다면 실에서 나오지 못해야 하리라."(龍樹, 1993, 140)는 바로 이것을 말하고 있는 것이다.

그런데 후반부 "만일 모든 존재에 자성이 없다면 어떻게 변화가 있겠는가(若諸法無性 云何異有異)"는 전반부 "만일 모든 존재가 자성이 있다면 어떻게 변화가 일어날 수 있겠는가(若諸法有性 云何異得異)"와 모순되는 것처럼 보인다. 그러나 후반부는 이 무자성을 절대적 무(無)로 해석해서는 안 된다는 것을 경고한 것이다. 새로운 합생에서 자성이 소멸되었다고 해서 그것이 무화(無化)된 것은 아니다. 그것은 앞 단계 합생의 결과로서 여전히 살아 있다. 단지 지금의 차원에서 죽은 여건(空)일 뿐이다.[2] 그래서 모든 현실적 존재는 합생이 완료된 존재라는 측면에서 현실태이면서 동시에 새로운 합생을 위한 소재라는 측면에서 가능태이다.

그런데 합생에서 전이로 이행은 저절로 일어나지는 않는다. 왜냐하면 합생은 그 자체 완성된 주체로서 자신의 동일성을 유지하고자 할 것이기 때문이다. 스스로 새로운 합생을 위한 여건이 된다고 보기는 어렵다. 화이트헤드는 이 과정에 대해 상세한 논의를 하고 있지 않지만 필자가 볼 때 이 단계가 바로 생존경쟁과 자연선택이 작용하는 시점이라고 생각한다.

합생은 합성의 의도하지 않은 결과이다. 이것은 생물들의 대사(代謝) 작용에서 잘 드러나는데 대사는 상대의 동일성을 해체시키고 자신의 재료로 바꾸는 합성의 과정이다. 상호 상대방을 자신의 합성 재료로 사용하려고 하고, 이것은 생존경쟁을 낳는다. 그 과정에서 일방은 상대를 자신의 재료로 전유(傳有, appropriation)함으로써 자신을 보전, 확장시킬 수 있지만 상대는 소멸할 수밖에 없게 된다. 이 과정에서 환경에 적합한 자만이 살아남는다.(사실은 살아남았으니까 환경에 적합하다고 해야 할 것이다.) 이 과정에서 생명체는 더욱 정교한 형태로 개선되어간다. 그러나 그 개선은 어디까지나 기존의 틀 내에서 이루어지는 지엽적 개선일 뿐이다. 자연선택은 진화적 혁신의 조건을 제공하지만 그 자신이 진화적 혁신을 이루어낼 수는 없다.

그런데 우리는 합성에서 한쪽이 다른 쪽으로 일방통행식의 흡수, 자연선택에서 한쪽이 다른 쪽으로 일방통행식의 승리만을 고려해왔

---

2 "만일 법이 여러 가지 인연에서 생한다면 이것은 곧 적멸한 성질의 것이다."(若法衆緣生卽是寂滅性, 龍樹, 1993, 139) 사물은 인연으로 생하며 그것이 가능하기 위해서는 그 사물을 생하는 그것은 '적멸한 성질', 즉 호하지 않으면 안 된다. 그것은 살기 위해 스스로 '죽은 여건'이 된다.

다. 그러나 이것은 이상적 단순화이다. 우리는 승패가 결정 나지 않는 지리멸렬한 지구전에 대해서 알고 있다. 승부가 가려지지 않는 곳에는 타협이 이루어질 소지가 있다. 예컨대 삼킨 먹이가 소화되지 않고 그 생명체의 체내에서 자기동일성을 유지할 수가 있다. 또 거꾸로 체내에 침투해 들어간 기생자가 숙주의 방어계의 강력한 저항을 받아 숙주의 몸을 이용하고자 했던 본래의 의도가 좌절될 수도 있다. 공격과 방어가 되풀이되는 가운데 공존의 틀이 만들어질 수 있다. 이것이 합생이 개시되는 시점이며 진화적 혁신이 시발되는 시점이다.

이 견해를 제시하면서 자연선택에 의한 진화라는 정통 다윈주의에 도전하고 있는 사람이 마굴리스(L. Margulis)이다. 그녀의 견해를 살펴보자.

3. 내공생

합생이 합성과 다른 점은 그 과정을 통해서 하나의 개체로 통합되면서도 요소 각자가 독립성을 보존하고 있다는 것이다. 마굴리스의 '내공생(endosymbiosis)' 가설은 이러한 합생의 과정이 진화상에서 실제로 일어났으리라는 것을 시사하고 있다.

미토콘드리아는 우리의 세포 내에 존재하는 중요한 세포소기관이다. 이것은 자신과 세포의 다른 부분들에 필요한 에너지(ATP)를 생산하는 중요한 기관이다. 마굴리스는 이 미토콘드리아의 선조가 본래 세포 내의 존재가 아니고 외부에서 침투해 들어온 박테리아의 일종이라고 주장했다(Margulis & Sagan, 1987).

우선 마굴리스가 주목한 것은 미토콘드리아의 세포에 대한 상대적 독립성이다. 미토콘드리아는 모세포와는 독립적으로 그들 고유의 DNA, 전령RNA(messenger RNA), 운반RNA(transfer RNA), 리보솜 등을 포함하는 유전 메커니즘을 따로 갖고 있다. 그리고 모세포의 DNA 안에는 이 미토콘드리아를 합성하는 유전정보가 들어 있지 않다. 증식도 모세포와는 독립적으로 행해진다.

그런데 이 미토콘드리아의 행태는 모세포를 닮았다기보다는 독립생활을 하는 박테리아와 닮았다. 우선 증식 방법이 진핵세포들의 복잡한 방식과는 달리 몸체 가운데가 갈라져서 둘로 나뉘는, 박테리아와 같은 원핵세포의 단순분열 방식을 취하고 있다. 또 모세포의 DNA는 히스톤(histone) 단백질을 실패처럼 이용해서 감고 있는데 미토콘드리아의 경우 이것도 발견되지 않는다. 단백질을 합성하는 미토콘드리아의 리보솜도 모세포의 것을 닮지 않고 박테리아의 것을 닮았다.

미토콘드리아는 모세포와는 다른 체계로 되어 있다는 것, 그리고 그 체계가 박테리아의 그것을 닮았다는 데 근거해서 마굴리스는 미토콘드리아가 과거의 어느 때 자신들보다 큰 세포의 내부로 들어가서 궁극적으로 공생생활을 영위하게 된 박테리아의 일원일 것이라고 결론지었다.

침입당한 숙주세포들은 처음에는 거의 생존할 수 없었다. 그러나 숙주세포가 사멸하게 되면 침입자도 역시 죽을 수밖에 없었으므로 궁극적으로는 협력자들만이 살아남았다. 협력자라는 말이 약간 거슬린다면 다음과 같이 표현해도 무방할 것이다. 숙주세포를 감염시킨 박테리아 가운데 비교적 독성이 약한 놈만이 자신의 자손을 퍼뜨릴 기회를 얻을 수 있었다.[3]

---

[3] 이 논리는 천연두의 멸종을 설명해주는데, 천연두를 사라지게 한 일차적 요인은 과학기술

침략을 당한 숙주와 공격성을 잃은 미토콘드리아는 마침내 적대적 관계를 청산했으며 그 후 역동적 협력관계로 들어갔다. 합생이 개시된 것이다.

치명적인 질병을 유발시키는 미생물들처럼 지극히 공격적인 박테리아들은 그들의 숙주세포를 사멸시킴으로써 결국 자신도 죽게 된다. 따라서 자제적(自制的)인 공격—숙주세포에 치명적이 아니거나 만성적으로 죽음을 유발시키는—이 진화의 역사에서 보다 빈번히 나타난다. 침략근성을 소유하였던 미토콘드리아의 선조들은 그들의 숙주세포를 유린하였지만 일부 숙주 박테리아들은 살아남게 되었다. 미토콘드리아의 선조들은 숙주 박테리아의 전부를 탐하는 대신 숙주로부터 취하여도 좋은 부분(즉 그 부산물)만을 얻도록 적응되면서 숙주세포를 죽이지 않고도 사신을 증식시킬 수 있게 되었다. 이 둘 사이의 적대관계는 오랜 기간을 지나면서 서서히 청산되었다. 증오는 연민이 되었다(Margulis & Sagan, 1987, 135).

침입자는 숙주세포 내부의 생활에 적응하면서 점차 자신의 DNA와 RNA의 일부를 소실하게 되었다. 일단 공생관계가 성립하게 되면 열등한 쪽의 기능은 도태되게 된다. 예컨대 두 생물체가 필요한 영양소를

의 힘이었다기보다 역설적이게도 너무 지나친 독성 때문이다. 이 논리를 거꾸로 적용하면 전염병의 균의 독성을 약화시키는 가장 근본적 방법은 확산을 차단시키는 것이라는 것을 알 수 있다. 확산이 차단되면 독성이 강한 균은 스스로의 독성 때문에 소멸해버리고 말 것이다. 이에 반해 고단위 항생제의 투여는 저항성이 강한 균만을 살아남게 하는 결과를 가져온다. 항생제가 항생제에 있는 기회를 제공해서 오히려 그 균의 번성을 도와주는 꼴이 된다. 갈수록 독해져가는 감기는 우리의 과학기술이 스스로 만들어낸 것이라 해도 틀리지 않을 것이다.

합성할 수 있는 능력을 가졌다 하더라도 효율이 떨어지는 쪽이 점차적으로 그 기능을 상실함으로써 그 두 생물체 사이의 상호의존도를 더욱 높이게 된다. 이 단계에 이르러서야 비로소 미토콘드리아는 세포의 나머지 부분에 그 자신을 전적으로 의존하게 되었다. 그들은 숙주세포의 유전인자를 이용하여 그들 자신의 DNA와 RNA의 복제에 필요한 효소를 포함하는 대부분의 단백질들을 합성하였다. 세포는 미토콘드리아가 생산한 에너지를 사용하고 미토콘드리아는 세포의 부산물인 유기산을 사용하게 되었다.

4. 죄수의 딜레마

합생은 타협에 의한 자기억제를 전제한다. 이것은 거꾸로 이야기하면 합생 중의 일방이 타방을 배반함으로써 많은 이익을 얻을 수 있다는 것을 의미한다. 그럼에도 불구하고 호응적 위상이 안정적일 수 있겠는가? 화이트헤드는 여기에 대한 구체적 언급이 없지만 악셀로드(R. Axelrod)의 '죄수의 딜레마'가 여기에 대한 좋은 해명을 제시해준다.

각각 상대방의 범행을 알고 있는 두 범인 있다고 하자. 이들은 구속되기 전에 서로의 범행에 대해 입을 다물기로 합의했다. 범인들은 다른 증거가 없기 때문에 상대의 범행에 대해 입을 꾹 다물고 있으면 둘 다 무죄 석방될 수 있다는 것을 알고 있다. 경찰은 이들이 입을 다물고 있자, 타개책으로 하나의 미끼를 던진다. 경찰은 상대의 범죄를 증언하는 자에게 포상금을 약속한다. 범인은 침묵(협동), 자백(배반) 중 어떤 행동을 취하게 될까? 약간 복잡하기 때문에 여기에 점수를 부여해서 상황을 단순화시켜보자. 둘이 같이 침묵을 지켰을 때는 무죄 방면

되는데 여기에는 각자 3점을 부여한다. 둘이 같이 상대의 범행을 증언했을 때는 둘다 구속된다. 그러나 포상금을 받을 수 있으므로 약간의 이익이 있다고 보고 여기에 1점을 준다. 한 사람이 침묵하고 다른 사람이 증언했을 때, 증언한 사람은 (상대가 증언하지 않았으므로) 무죄 방면되고 포상금도 받게 되어 5점의 최고점수를 얻게 되는데 대해 침묵한 사람은 (상대방의 증언으로 인해) 구속되기 때문에 최악의 점수 0점을 받는다. 각 전략에 대한 점수는 두 범인의 점수의 합으로 한다. 이것을 도식화하면 다음과 같다.

A \ B	협동	배반
협동	A(3), B(3)	A(0), B(5)
배반	A(5), B(0)	A(1), B(1)

범인들은 협동과 배반 중 과연 어떤 것을 선택할까? 가장 높은 점수는 둘 다 협동해서 침묵을 지키는 것이다. 이때 둘 다 자유를 얻고 합 6점을 득점한다. 그러나 이것은 일어나기 어렵다. 왜 그럴까?

내가 협동 카드를 내는데 상대방이 배반 카드를 낸다면 나는 구속되고(0점) 상대는 자유를 얻으면서 보상금까지 받게 될 것이다(5점). 내가 배반 카드를 내는데 상대가 협동 카드를 낸다면 이번에는 내가 자유와 보상금을 받게 되고(5점) 상대는 구속된다(0점). 상대가 나와 같이 배반 카드를 낸다면 둘 다 1점을 얻게 된다. 내가 협동할 경우 최고 3점, 최저 0점이고 내가 배반할 경우 최고 5점, 최저 1점을 얻을 수 있다. 나는 나무랄 수 없는 논리로 배반 카드를 내게 된다. 결국 상호배반으로 치닫는 최악의 선택을 하게 되어 전체계의 득점은 최하인 2점에 그친다.

이것이 자연의 논리라면 합생의 과정은 생겨날 여지가 없는 것처럼 보인다. 그러나 장기적으로 이것이 협동을 유도하는 시발점이 된다는 데 자연의 심오성이 있다. 악셀로드는 이것을 보여주기 위해 '반복적인 죄수의 딜레마' 게임을 개발했다. 이제 이 게임을 1회에 그치지 않고 반복한다. 그래서 나는 상대가 나를 배반한 데 대해 다음번에 통쾌하게 복수할 수도 있고(협동→배반→배반), 너그럽게 용서할 수도 있다(협동→배반→협동). 물론 상대도 마찬가지로 여러 전략을 선택할 수 있다.

몇 가지 전략이 있을까? 이 게임은 '메모리1' 게임이다. 즉 상대방의 바로 앞의 수만을 바탕으로 자신의 수를 결정한다. 이 경우 각 당사자는 협동, 배반의 2개의 선택 가능한 행동이 있기 때문에 가능한 경우는 모두 4가지이다. 상대방의 과거의 두 수에 기초해 나의 수를 결정한다면 이것은 메모리2 게임이다. 각 경우에 대해 4가지 전략이 가능하기 때문에 4×4=16개의 메모리2 전략이 있다. 메모리3은 16×16=256개의 전략이 있다. 일반적으로 2의 2n개의 전략이 가능하다(Langton, 1992, 83). 이 가운데 메모리1 전략만을 간단히 살펴보기로 하자. 여기에는 다음 4가지가 있다.

① 항상 배반하라(All Defect)→배반파
② 우선 협조하라. 그 다음은 상대방의 전략을 따라하라.(TIT-for-TAT)→맞대응파
③ 일단 배반하라. 그 다음은 상대방의 전략을 따라하라.(TAT-for-TIT)→불신파
④ 항상 협조하라(All Cooperate)→박애파

맞대응파는 자기가 먼저 상대방을 배반하지 않지만 일단 상대가 배반하면 용서하지 않는다. 그러나 상대가 다시 협조로 돌아오면 자신도 다시 협조로 복귀한다. 불신파(mistrust)는 상대를 믿지 못하기 때문에 일단은 배반카드를 낸다. 상대가 그럼에도 협조카드를 내면 그는 믿을 만하다고 보고 협조로 돌아선다. 배반파는 무조건 배반하고 선심파는 무조건 협조한다.

둘은 운명공동체이기 때문에 일방적 이익을 취하는 것은 앞서 범인들의 예에서 보았듯이 계전체의 득점을 낮추어 결국은 자신에게 손해가 된다. 그러므로 자신의 이익과 계 전체의 이익간의 균형을 유지해야만 최대득점을 할 수 있고 그것이 결국 자신의 이익으로 돌아온다. 그러므로 전략의 핵심은 계 전체의 득점을 최대화할 수 있는 전략은 무엇인가 하는 것이다. 가능한 전략은 배반파-배반파, 맞대응파-맞대응파, 불신파-불신파, 박애파-박애파, 배빈파-맞내응파, 맞대응파-불신파, 불신파-박애파, 배반파-불신파, 배반파-박애파, 맞대응파-박애파 등 10가지가 있다. 각 전략을 10회 시행했을 때의 득점은 각 20, 60, 20, 60, 23, 50, 50, 59, 20, 50, 60이다. 가장 좋은 득점은 맞대응파↔맞대응파, 박애파↔박애파 또는 맞대응파↔박애파인 경우이고(60점), 낮은 득점은 배반파↔배반파, 불신파↔불신파 또는 배반↔불신파일 경우이다(20점). 또 내가 어떤 파이든 박애파는 나의 최고의 파트너이고(평균득점은 56.3[59+50+60/3]), 배반파는 나의 최악의 파트너이다(평균득점은 31[23+20+50/3]).[4]

---

[4] 단순화하기위해 두 파만 대결시켰으나 이것은 비현실적이다. 네 파가 동시에 경쟁할 수도 있다. 이것 자체로도 엄청난 계산이어서 이미 사람의 손을 떠난다. 여기에 대한 간단한 소프트웨어로 'winpri'라는 프로그램이 있는데, 이것 역시 앞서 소개한 http//surf.de.uu.net/zooland/ 에 접속하면 다운받을 수 있다. 그리고 각종 전략들에 대한 상세한 내용은 조용현(2002) 부록3 참조.

이것은 요소들의 집합체에 있어서 요소들이 상호 협력적일 때 최대의 적합성을 획득하며 또 협력적 요소의 존재가 그렇지 않을 때보다 적합성을 올리게 한다는 것을 말해준다.

그러나 이렇게 성급히 결론 내릴 수는 없는데 이것은 상대방의 직전 수만을 참고로 하는 극히 단순화된 메모리1 게임이기 때문이다. 사실 약간 긴 장기기억을 부여하면(메모리2, 3 ……으로 진행하면) 전략의 효율성의 우선순위가 바뀐다. 박애파는 배반파의 유형을 만나면 적합성이 감소하는데 이것은 상대의 배반을 효율적으로 응징할 수 없기 때문이다. 그러므로 관용을 기본전략으로 하면서 배반에 대해 응징할 수 있는 전략이 적합성이 가장 높다. 여기에 해당하는 것이 맞대응파의 유형들이다. 그렇다면 배반에 대한 응징은 어느 정도가 적합한가? 가장 강도 높은 응징은 '원한파(spite)'라 불리는 것이다. 이것은 일단 협조카드를 내지만 상대방이 배반카드를 내면, 그 이후에는 상대방이 어떤 카드를 내든 관계없이 배반카드를 낸다(응징). 이것은 응징의 정도가 너무 강경한데 불신파의 유형과 대결할 때 그 약점이 드러난다. 불신파가 시험적으로 던진 배반카드에 대해서 가차 없이 계속 배반카드를 던짐으로써 같이 파멸하고 말기 때문이다(피가 피를 부르는 '복수혈전'이라고나 할까). 이 전략은 배반에 대해 너무 강경하게 대처함으로써 적합성을 떨어뜨린다. 원한파에 비해 응징의 정도를 약화시킨 것이 맞대응파의 유형이다. 불신파와 벌이는 대결에서 맞대응파는 불신파의 배반카드에 대해 일단은 협조카드를 내기 때문에 불신파를 안심시켜 이후 상호협조체계를 만들 수 있다. 원한파는 상대의 배반에 대해 일체 용서하지 않지만 맞대응파는 배반에 대해 한 번의 기회를 준다는 점에서 관용적이다. 이 전략은 박애파보다 강경하기 때문에 배반파의 응징에 효율적이면서도 원한파의 전략보다는 온건하기 때문에 불신파와 대결국면을 피할 수 있다.

맞대응파를 기본유형으로 한 여러 가지 장기기억형 전략들이 개발되었다. 원조(元祖) 맞대응파보다 좀 더 관용적인 것으로 '신중한 맞대응파(tf2t)'가 있다. 이것은 상대가 연속 2번 배반할 때만 배반카드를 내고 그 외에는 협조카드를 낸다. 이것은 좀처럼 대결국면으로 들어가지 않는다는 점에서 장점이 있지만, 배반파 유형의 교묘한 전략에 대처하기에는 너무 관용적이다. 이것보다 좀 더 엄격한 것으로 '훈계파(slow-tft)'가 있다. 이것은 상대가 두 번 연속 배반할 때만 배반카드를 낸다는 점에서는 신중한 맞대응파와 같지만 상대가 두 번 연속 협조카드를 내어 후회하고 있음을 보여줄 때만 자신의 배반카드를 철회한다는 점에서 좀 더 강경하다.

그 외 여러 가지 전략들이 제출되었지만 가장 높은 적합성을 보여준 것은 관용형의 전략들이고, 그중 높은 적합성은 예외로 메모리1 단위에서 만들어진 바로 '맞대응파' 전략이다.

'맞대응파' 전략은 첫 번째 선택에서 협동으로부터 출발하며 그 후로부터는 정확히 상대방의 프로그램이 바로 전 번에 했던 대로 선택했다. 즉 맞대응파 전략은 당근과 채찍의 본질을 공유하고 있다. 결코 먼저 배반하지 않는다는 점에서 그것은 '착했다'. 좋은 행동에 대해서 다음번에 협조함으로써 보상한다는 점에서 그것은 관대했다. 그러나 비협력적 행동에 대해서는 다음번에 배반함으로써 응징한다는 점에서 그것은 '강인했다.' 더구나 그 전략이 너무도 간단해서 상대프로그램이 쉽게 그 전략을 알아낼 수 있다는 점에서 그것은 '투명했다.' ……

불신으로 가득 찬 세계에서조차 번창하기 위해서는 공진화(coevolution)의 과정에 '맞대응파' 형의 협동이 있어야 한다. 그런 세계에 돌연변이에 의해 몇 개의 '맞대응파' 의 개체들이 생겨났다고 가정해보자. 그 개체들이 충분히 자주 만나게 되어 미래의 만남에 대한 이해관계가 생긴다면 그들은 작은 협동체계를 형성하기 시작할 것이다. 일단 그러한 협동체계가 생기면 그들의 주위에 있는 등 뒤에서 칼을 찌르는 식의 비열한 무리들보다 훨씬 일을 잘 수행할 것이며, 따라서 그들의 수는 신속하게 증가할 것이다. 정말로 '맞대응파' 식의 협동이 급기야 전체를 관장하게 될 것이다. 그리고 일단 이것이 정착되면 협동하는 개체들은 거기에 머무를 것이다. 만일 덜 협동적인 종류가 침략해서 그들의 '착한 점' 들을 이용해 먹으려고 하면 '맞대응파' 의 강인한 정책이 그들을 철저하게 응징할 것이며 따라서 그들은 퍼져나갈 수 없다. 이리하여 진화의 톱니바퀴는 상향 톱니장치를 갖추게 된다(Waldrop, 1995, 371-373).[5]

이 인용문은 '맞대응파' 가 우리들이 갖고 있는 통상적인 정의의 개념과 잘 부합한다는 것을 보여준다. 정의로운 사람은 일차적으로 너그럽다. 상대의 배반을 오랫동안 곱씹지 않기 때문이다. 그리고 믿음직스럽다. 왜냐하면 배반당할지언정 스스로 먼저 배반하지 않기 때문이다. 그러면서도 의롭지 못한 데 대해서는 강경하다. 이것은 집단 내에서 이기심의 발호를 막고 이타심을 보호하는 역할을 한다. 그리고 계의 전체 득점에는 크게 기여하지만 개인 득점은 계의 평균값에 가깝다는 점에서 탐욕스럽지 않다. 그러므로 맞대응파는 '정의파' 라고 불러

---

[5] 또한 '죄수의 딜레마' 에 대한 재미있는 생물학적 해설에 대해서는 Dawkins (1995) 제12장 참조.

도 상관없을 것이다. 더불어 살아가는 데 제일 중요한 것이 구성원 상호간에 정의를 어떻게 실현할 것인가에 있다고 볼 때 이 맞대응은 정의의 기원에 대한 유력한 시사를 던져준다.

5. 혈연선택

랭턴(C. Langton)은 '죄수의 딜레마'가 보여주는 생물학적 함축을 다음과 같이 요약하고 있다(Langton, 1991, 85).

> 대부분의 경우 유기체에 작용하는 환경은 다른 유기체, 그것과 자신과의 상호작용, 그리고 물리적 환경으로 되어 있다는 점에 유의해야 한다. 진화상에서 어떤 개체들의 집합이 그 집합 속의 모든 개체들에게 이익이 되는 집합적 행위를 산출한다면 진화상의 기회를 잡게 될 것이다. 여기서 진화는 더 복잡한 개체들을 생산할 필요 없이 한 수준에서 개체들의 집합이 더 높은 수준에서 개체를 형성하도록 작동함으로써 생물학적 복잡성에서 중요한 도약을 이룰 수 있다.
> 이것이 다세포생명체의 기원이며 7억 년 전의 캠브리아기에 일어난 다양성의 폭발 원인이다. 그 후 이 전략은 7번에 걸쳐서 독자적으로 재발견되었다(말벌, 벌, 개미, 흰개미).

그러나 '죄수의 딜레마'의 논법만을 가지고 개체의 출현―합생―을 설명하기는 아직 무엇인가 부족하다. 이것은 어디까지나 타협의 산물이며 따라서 항상 돌발적 요인에 의해 전체의 안정성이 와해될 수 있는 여지가 남아 있다. 요컨대 이것은 개체가 갖고 있는 그 완벽한 협동 체제를 완전히 설명해주지 못한다.

여기에 대한 도킨스의 가설은 우리의 문제에 대한 통찰을 던지는데 다자(多者)[6]가 자기재생산 루트를 공유하는 데서 '개체(individuals)'의 진화가 완성된다는 것이다. 개미나 꿀벌과 같은 벌목류(*Hymenptera*)의 생태는 이 문제에 대한 중요한 시사를 준다. 이 계통의 뚜렷한 특징은 완벽한 사회성과 특이한 자기재생산 방식이다. 우선 눈에 띄는 것은 거의 전설적인 자기희생적 이타성이다. 꿀벌은 침입자를 침으로 쏘고 나면 죽고 만다. 그러나 꿀벌이 침 쏘기를 망설이는 일은 없다.

이러한 완벽한 사회성이 구현되고 있는 다른 예를 들라면 바로 세포들의 사회인 우리의 몸일 것이다. 그래서 개미나 꿀벌들은 개체 하나 하나가 특정한 기능을 수행하는 세포들이고 그 집단 전체가 일종의 '개체'인 초유기체에 곧잘 비유되어왔다.

> 개미, 꿀벌이나 흰개미의 사회는 더 높은 수준에서 한 종의 개체성을 달성하고 있다. 먹이의 분배가 잘 진행되고 있어서 '공동의 위'라고 표현된다. 화학적 신호와 꿀벌에서 유명한 '춤' 등에 의해

---

[6] 도킨스의 견해를 충실히 따르자면 '다자'(多者)를 '유전자'로 바꿔야겠지만 필자는 여기에 대해서는 동의하지 않는다. 앞서 논의했듯이 실재는 다원적 차원들의 집합체이기 때문에 어떤 단일한 차원으로 환원될 수 없다. 유전자도 실재인 것은 분명하지만 세포도 또한 새로운 차원의 실재다. 유전자의 현실은 세포의 현실과 다르므로 일방이 타방을 일방적으로 조종할 수 있는 것은 아니다. 그것이 '이기성'의 특성을 갖는다는 데는 동의하지만 이것은 비단 유전자의 특성이라기보다 독립성과 자율성을 갖는 단위들—유전자든, 세포이든, 개체이든, 사회든—의 특성이다. 몸은 세포들로 구성되어 있지만 세포의 현실은 몸의 현실과 다르고 그러므로 상호 상충된 이해관계를 가질 수 있다. 암세포가 그 한 예이다. 이기적인 '단위'를 이렇게 넓게 해석하면 도킨스의 '이기적 유전자' 가설 속에는 건질만 한 것이 많이 있다.

정보도 극히 효율적으로 공유되어 있어 그 사회는 마치 신경계와 감각기관을 가진 단위처럼 행동한다. 외부 침입자는 몸의 면역 반응계가 나타내는 것과 같은 정확도로 식별되고 배제된다. 개개의 꿀벌은 온혈동물이 아니지만 꿀벌의 집 내부는 꼭 인간의 체온만큼의 비교적 높은 온도로 조절되어 있다. 그리고 가장 중요한 것은 이 유추가 번식에까지 미치게 된다는 것이다. 사회성 곤충 집단 내의 대부분의 개체는 불임의 일벌레들이다. 생식계열의 세포는 극히 소수의 번식능력을 가진 개체의 몸속을 흐르고 있다. 번식능력을 가진 소수의 개체는 정소나 난소 중에 들어 있는 우리의 생식세포와 유사하다. 불임의 일벌레들은 우리의 간, 근육 그리고 신경세포에 해당된다(Dawkins, 1995, 259).

공생의 단계를 넘어서는 이러한 완벽한 합생은 어떻게 달성되는 것일까? 이것이 이 곤충들의 특이한 생식방식과 관련되어 있다는 것에 처음 주목한 사람은 다윈이었다. 그러나 여기에 대한 정합적 설명은 1963년 해밀턴(W. Hamilton)의 독창적 분석에 의해 가능해졌는데, 이것이 '혈연선택설(kin selection)'이다.

이 혈연선택설을 이해하기 위해서는 우선 '유전적 근연도(近緣度)'를 이해해야 한다. 이 개념은 우리에게 그렇게 낯선 것이 아닌데 촌수(寸數)가 바로 이것을 측정하는 것이다. 유전적 근연도를 계산하는 공식은 다음과 같다.

$$K = (1/2)^n \times 2 \qquad (n; 촌수)$$

형제간은 2촌이므로 형 또는 동생과 나의 근연도는 1/2이다.[7] 삼촌 아저씨와 나의 근연도는 1/4이고, 사촌과 근연도는 1/8이다. 해밀턴에 의하면 이타적 특성이 진화되기 위해서는 근연자에게 돌아가는 이익이 근연도의 역수 값을 상회해야 한다. 형제간의 근연도는 1/2이므로 나의 희생이 나의 형제를 셋 이상 구할 수 있어야만 의미가 있다. 조카의 경우는 다섯 이상, 사촌의 경우는 아홉 이상을 구할 수 있어야만 의미가 있다. 이타성은 근연도가 작을수록 줄어든다. 그렇다면 이타성을 최대화하는 것은 근연도를 최대화하는 데 있다. 이것이 벌이나 개미 같은 벌목류의 전략이며 이것을 통해 가히 초개체라 할 수 있는 합생체계를 만들어내었다. 그렇다면 벌목류는 이 전략을 어떻게 구체화시켰을까?

벌목류의 자기재생산 구조에서 특이한 점은 생식능력이 여왕벌(또는 여왕개미)에게 집중되어 있으며 일벌에게는 그 능력이 없다는 점이다. 이것은 모든 개체가 생식능력을 갖게 되면 세대가 지남에 따라 근연도가 지수적으로 떨어지는데 이것을 막기 위한 가히 천재적인 수법이라 하겠다.

벌목의 전형적인 집에는 성숙한 여왕이 한 마리밖에 없다. 여왕은 일생에 한번 결혼비행을 하고 그때 저장한 정자로 일생 동안 새끼를 낳는다. 이 기간에 여왕벌은 정자를 일정량씩 방출하여 수란관을 통과하는 알을 수정시킨다.

그러나 모든 알이 수정되는 것은 아니다. 미수정난이 발육하면 수벌이 된다. 그러므로 수벌은 아버지 없이 어머니의 처녀생식을 통해 출산된 것이다. 그래서 통상의 수정란이 모계와 부계로부터 2조의 염색체를 받는 것과 달리 수벌은 모계로부터 받는 한 조의 염색체밖에 갖고 있지 않다.

---

7 여기에 2를 곱한 것은 형제간에 부계와 모계를 공유하고 있기 때문이다. 그래서 이복형제의 경우는 부계만을 나와 공유하므로 근연도는 1/4이다. 그래서 촌수로 치면 2촌이 아니고 3촌인 셈이다

반면 일벌은 수정란에서 나오므로 2조의 염색체를 모두 갖고 있다. 그래서 그것들은 모두 여왕벌이 될 수 있는 가능성을 갖고 있다. 단지 양육과정에서 어떤 먹이를 먹느냐(로얄제리)에 따라 일벌이 되기도 하고 여왕벌이 되기도 한다. 이 시스템에서 유전자의 배분방식을 간략히 도식화하면 다음과 같다(Dawkins, 1995, 262-265).

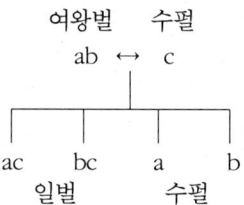

ac, bc는 수정란에서 만들어진 일벌이고, a, b는 미수정난에서 만들어진 수벌이다. 이것을 가지고 일벌의 입장에서 유전자의 배분확률을 간단히 계산해보자.

엄마(여왕벌)	딸(일벌)	공유유전자
ab	ac	50%
ab	bc	50%
		평균 50%

언니(일벌)	동생(일벌)	공유유전자
ac	ac	100%
ac	bc	50%
bc	ac	50%
bc	bc	100%
		평균 75%

누나(일벌)	남동생(수펄)	공유유전자
ac	a	50%
ac	b	0%
bc	a	0%
bc	b	50%
		평균 25%

일벌 언니와 동생 간의 유전자 공유율은 최대 100%, 최소 50%로서 평균 75%이다. 인간 형제, 남매의 50%에 비해서 상당히 높은 비율이다. 어머니(여왕벌)와의 공유율 50%보다 높고, 남동생(수벌)과 공유율 25%보다 훨씬 높다.

여왕벌은 일벌들이 자신의 유전자를 미래로 실어 나를 수 있는 유일한 통로이다. 여왕벌에 의해서 자신들의 미래를 보장받을 수 있기 때문에 여왕벌과 자기 자신의 여동생(일벌)들에 대한 이타성은 바로 자기 자신의 이기성의 변형된 형태이다.

악셀로드의 계 내에서 우리는 이타성의 진화를 보아왔지만 그렇다고 배반의 유형이 그 계 내에서 완전히 사라진 것은 아니다. 집단 내에서 배반이 주는 단기이익이 너무 달콤하기 때문에 거짓말을 할 줄 모르는 사회에서 거짓말하는 별종이 생겨난다면 그것이 누릴 수 있는 단기이익이 얼마나 엄청날 것인가를 생각해보라. 끊임없이 계 전체를 위협할 수 있다.

도킨스에 의하면 이러한 위험을 원천적으로 봉쇄하는 것은 미래로 향한 통로를 단일화시키는 것이다. 거꾸로 말하면 자기재생산의 통로를 단일화시킨 진화적 전략이 개체들 간의 공생을 합생의 수준으로 끌어올렸다고 볼 수 있다.

어떠한 기생자에 관해서도 묻지 않을 수 없는 가장 중요한 물음은 다음과 같다. 즉, "그 유전자는 숙주의 유전자와 같은 운반자를 통하여 미래세대로 전해지는가?"라는 물음이다. 만일 "아니오"라면 그것은 어떤 형태로든 숙주에게 손해를 끼친다고 예측할 수 있다. 만일 "예"라면 기생자는 숙주가 단순히 생존뿐만 아니라 번식도 할 수 있도록 전력을 다하여 도와줄 것이다. 긴 진화적 시간이 흐르면 그것은 기생자라는 것을 멈추고 숙주와 협력하여 최종적으로 숙주의 조직에 합세하여 이미 기생자라고 인정받을 수 없게 되어버릴 것이다. …… 우리의 세포도 이 진화적 스펙트럼에서 생겨난 것인지도 모른다. 즉 우리 모두는 태고의 기생자들이 합쳐진 역사적 유물이라는 것이다(Dawkins, 1995, 360-362).

이것이 바로 몸이 자기 자신을 재생산하기 위해서 하나의 알로 돌아가는 방식—얼핏 보면 비경제적이고 불합리한 방식—을 취하는 이유이다. 이 알에 모든 유전자들이 모여 미래로 진출할 선수들을 선발한다. 유전자의 반만이 그 선발된 기쁨(?)을 맛보게 되는데(감수분열) 그러나 그 선발이 철저한 룰렛게임의 무작위방식으로 행해지기 때문에 공평하다고 하겠다.

사회적 곤충들의 그 방식은 단세포 생물체가 다세포 생물체로 합생되는 과정에서 발견한 그 전략보다 한 차원 높은 차원의 창조적 재발견인지 모른다. 그로 인해서 사회적 곤충들의 집단이 마치 하나의 개체처럼 보이고 그 집단의 구성원들이 개체를 구성하고 있는 세포처럼 우리의 눈에 비치는지 모른다. 그렇다면 개미와 벌의 사회를 유기체에 비유하는 것은 비유이상의 것일지도 모른다.

지금까지의 논의를 요약해보자. 숙주와 기생자가 동일한 시간적,

공간적 틀 속에 묶임에 따라 그 길항적 대립관계는 악셀로드 게임을 통해서 합생의 위상으로 진입한다. 합생은 합성과 달라 요소들의 개체성이 사라지는 것은 아니다. 그것은 다른 차원에서 생동하고 있는 현실이다. 이것이 생명이 가진 창조성의 원천이지만 또한 붕괴의 씨앗일 수 있다. 여기서 자기재생산 구조의 통합은 그 계에 대한 원천적 안정자로서 작용한다. 이것은 화이트헤드의 합생에 있어서 '만족'의 위상에 해당하며, 이것을 통해 다세포집단에 '개체성'이 출현한다.

합생이 완료되었을 때 그것의 구성요소들이 소멸하는 것은 아니다. 각 단계는 일정한 자율성을 유지하고 있으며 자신 고유의 시간과 공간 속에서 삶을 영위한다.

이것을 투박하기는 하지만 다음과 같이 비유해보면 어떨까 한다. 세포는 그 구성부분들의 합생이다. 몸은 다시 세포들의 합생이다. 그러나 몸을 이루기 위해 모인 세포들은 그것이 몸을 이루고자 한다면 더 이상 합생의 신분이어서는 안 된다. 그것은 몸에 대한 객관적 여건으로 자신의 신분을 바꾸어야 한다. 몸들의 모임은 다시 새로운 합생으로 전이되어간다. 그러나 세포소기관들이 세포가 되고 세포가 몸이 되었다고 해서 세포소기관이 원핵 단세포생물로서, 세포가 진핵 단세포생물로서 가지는 특성을 잃는 것은 아니다. 이것을 도식화하면 다음과 같다(Langton(ed), 1994, 524).

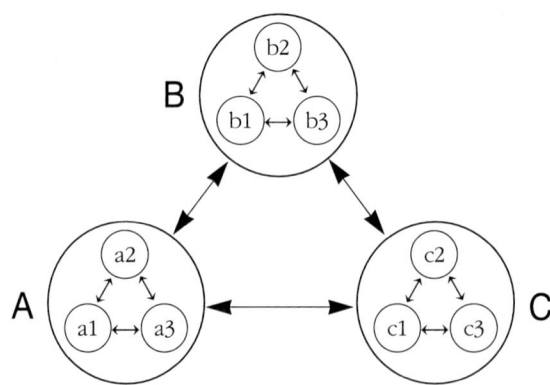

합생2로 이행해갔을 때 합생1에서 a1, a2, a3은 더 이상 합생의 단위가 아니고, 그 셋을 묶은 A(그리고 다른 경로를 통해 들어온 B, C)가 단위가 되고 있다. 여기서 a1, a2, a3의 현실은 A의 현실과 다르다. A의 현실은 오히려 B, C와 공통으로 묶여 있다. 합생과 전이의 과정을 통해서 새로운 차원의 현실이 계속 창조되고 있다. 그렇다고 그 하위 차원의 현실이 사라지는 것은 아니다.

궁극적 형이상학적 원리는 이접적으로 주어진 존재들과는 다른 또 하나의 새로운 존재를 창출해내는 이접(離接, disjunction)에서 연접(連接, conjunction)으로 전진하는 것이다. 이 새로운 존재는 그것이 찾아내는 다자(多者)의 공재성(共在性, togetherness)인 동시에, 또한 그것이 뒤에 남겨놓은 이접적인 다자 속의 일자(一者)이기도 하다. 즉 그것은 그 자신이 조합하는 많은 존재 가운데 이섭석으로 존재하게 되는 새로운 존재인 것이다. 다자가 일자가 되며 그래서 다자는 하나만큼 증가된다. 존재들은 그 본성상 접합적 통일로 나아가는 과정에 있는 이접적인 다자인 것이다(Whitehead, 1991, 78-79).

이것이 화이트헤드에 의하면 현실적 존재를 규정하고 있는 궁극적인 범주다. 얀치(E. Jantsch)는 생명의 진화에 대한 사색 과정에서 비슷한 결론에 도달했다.

거시세계와 미시세계가 공진화 과정에서 분화하는 것은 이 단계에서 저 단계로 '도약하는 것'이 아니다. 각 단계는 그대로 남아 한 층 더 진화하기 때문에 진화과정들의 수준들은 각 수준만이 아니라 그 수준들의 위계적인 성층화 과정(stratification)에서 그 수효와 복합성이 다 같이 증가한다. 그 수준들은 재편되기는 하지만 그 어느 하나도 사라지지 않는다(Jantsch, 1989, 328).

합생된 현실적 존재는 겹겹이 포개진 수많은 합생들의 산물이고 각 수준의 합생들은 합생의 과정에서 소멸하는 것이 아니라 각 수준에서 여전히 살아 있다. 얀치는 비슷한 논지에서 다음과 같이 말한다.

> 이 다수준적이고 역동적인 실재 안에서는 새로운 수준 하나하나가 새로운 진화과정들을 작용하게 하고, 그것이 상대적으로 낮은 계층수준들의 과정들을 특정한 방법으로 조정하고, 강화한다. 따라서 오직 한 개의 수준으로 환원하기란 절대로 불가능하다. 자기조직, 특히 생명현상을 이해하기 위해서는 서로 다른 수준들을 인정해야 할 뿐 아니라 그들 간의 관계를 이해해야 한다(Jantsch, 1989, 332).

이러한 논의들은 우리에게 그렇게 낯설게 들리지 않는다. 실재의 층들이 겹겹이 겹쳐 있고 각각이 각각의 세계를 구현하고 있는 중중무진(重重無盡)의 세계, 그러면서 서로 상충하지 않는 사사무애(事事無碍)의 화엄(華嚴)의 세계가 바로 이런 것이기 때문이다.

6. 창조적 진화

이러한 창조성의 근원은 무엇인가? 지금까지 논의된 복잡화와 조직화로 향한 진화는 열역학의 제2법칙과 모순되는 것처럼 보인다. 제2법칙에 의하면 닫힌계(환경과 에너지를 교환할 수 없는 계)는 최대의 무질서로 향하는 경향이 있으며 시간이 흐름에 따라 구조는 와해되고, 질서는 파괴된다.

그러나 이것이 생명의 진화와 양립불가능한 것은 아니다. 우주 전체가 닫힌계라 하더라도 우주 내에 국지적으로는 열린계가 형성될 수도 있기 때문이다. 이 계는 외부로부터 에너지를 받아들이면서 엔트로피, 즉 무질서를 밖으로 배출한다. 여기서 국지적으로 질서가 형성될 수 있다. 프리고진(I. Prigogine)은 이 과정에서 끊임없이 엔트로피를 산출하고, 그것을 밖으로 배출시킨다는 의미에서 이러한 열린계를 '산일구조(散逸構造, dissipative structure)'라고 불렀다.

프리고진의 이론 속에 이미 함의되어 있지만 자연의 창조성의 근원에 대한 심도 있는 논의가 최근 카우프만에 의해서 행해졌다. 카우프만은 캘빈(M. Calvin)과 아이겐(M. Eigen)의 초기 작업에 기초해서 생명의 기원은 화학분자들의 일련의 자기촉매과정 이띤 종류의 분자가 다른 종류의 분자의 출현확률을 높이고, 또 그것은 또 다른 종류의 분자의 출현을 촉진하는 자기되먹임—에 있다는 것을 보여주는 정연한 가설을 제시했다. 그는 이것을 '자생적 질서(order for free)'라고 불렀다. 이것은 카우프만의 사상 전체를 관통하고 있는 중심개념이지만 한마디로 규정하기 어려운 개념이다. 피크(D. Peak)에 의하면 이것은 'order for nothing'의 의미이다(Peak & Frame, 1994, 356).

'for nothing'에는 "(1) 공짜로, 무료로 (2) 까닭 없이, 저절로" 등의 2가지 의미가 있다. 김태규는 'order for free'를 '부존질서(賦存秩序)'라고 번역하고 있는데, 이것은 (1)의 의미에 가깝다(Brockman, 1996). 우리가 그냥 물려받은 자원을 '부존자원'이라고 하는데 이러한 의미의 뉘앙스상 상당히 그럴듯한 번역이라고 생각되지만 자칫 이 번역은 카우프만의 의도를 곡해하기 쉽다. 이 번역어의 뉘앙스는 질서가 마치

'공짜'인 것 같은 느낌을 준다. 물론 이것은 카우프만의 의도가 아니다. "나는 그것을 'order for free'라고 불렀는데 이것은 그 질서가 자연적이고 자생적(spontaneous)이라는 것을 의미하지 열역학적으로 그것이 '공짜'라는 것을 의미하는 것은 아니다. 오히려 열린계에서 상태공간을 좁은 영역 안으로 쑤셔 넣는 것은 열역학적으로 열을 외부로 배출하는 대가를 지불해야 한다. 따라서 'order for free'는 열역학적 법칙과 모순되지 않는다. (그럼에도 불구하고) 광범위한 열린 열역학적 계가 질서영역 내에서 자발적으로 생겨날 수 있다."(Kauffman, 1995, 92) 열역학 제2법칙에 의하면 사물은 질서에서 무질서로 흐르며 그래서 생명체와 같은 고도한 질서는 거의 기적에 가깝다. 이러한 통설에 대항해 카우프만은 일생에 거쳐 질서는 결코 기적과 같이 확률상 거의 불가능한 사건이 아니고 흔한 사건이며(그래서 '귀하다'는 의미의 반대로 '공짜로'), 별 특별한 조건 없이도(그래서 '저절로') 만들어진다는 것을 입증하고자 했다. 이 뉘앙스를 살리기 위해서는 '부존질서'보다 '자생적 질서'로 번역하는 것이 더 적절하지 않나 생각한다. 그러나 이 번역도 오해의 여지는 여전히 남아 있다. 이 무슨 진부한 자연발생설인가 하고 의아해 할 것이기 때문이다. 물론 카우프만의 '질서'는 자연발생설처럼 아무 곳에서나 생겨나는 것은 아니다.

그것은 카우프만에 의하면 초임계점(supracritical)과 임계이하점(subcritical)의 경계(Kauffman, 1995), 랭턴에 의하면 '카오스의 가장자리(the edge of chaos)'에서만 생성된다(Langton, 1991, 41). 카우프만도 이 뉘앙스상의 오독을 피하기 위해 'spontaneous order'라는 용어를 쓰지 않고, 구태여 'order for free'라는 용어를 사용한 것으로 생각된다.

지금까지의 논의를 정리하면 'order for free'는 '임계점 근방에서 저절로 발생하는 보편적 질서'라 해석할 수 있지 않을까 한다(이 뉘앙스 전체를 압축할 수 있는 적절한 용어가 생각나지 않기 때문에 일단 뉘앙스에 좀 더 가까운 '자생적 질서'로 번역해둔다).

필자는 창조성의 근원이 이 '자생적 질서'에 있다는 카우프만의 견해가 생명의 창조적 본성에 대한 어떤 단서를 제공해주지 않을까 한다.

참고문헌

S. Kauffman(1995), *At Home in the Universe*, Oxford Univ. Press.
C. G. Langton ed.(1991), *Artificial life* II, Addison-Wesley.
C. G. Langton ed.(1992), *Philosophy of Artificial Life*, Addison-Wesley Pub.
C. G. Langton ed.(1994), *Artificial life* III, Addison-Wesley Pub.
J. M. Smith(1982), *Evolution and the Theory of Games*, Cambridge Univ. Press.
R. Axelord(1997), *The Complexity of Cooperation*, Princeton Univ. Press.
D. Peak & M. Frame(1994), *Chaos under Control*, Freeman & Co.
A. N. Whitehead(1991), *Process and Reality* (오영환 옮김, 『과정과 실재』, 민음사).
R. Dawkins(1995), *The Selfish Gene* (홍영남 옮김, 『이기적 유전자』, 을유문화사).
E. Jantsch(1989), *The Self Organizing Universe* (홍동선 옮김, 『자기 조직하는 우주』, 범양사).
L. Margulis & D. Sagan(1987), Microcosmos(홍욱희 옮김, 『마이크로 코스모스』, 범양사).
M. Waldrop(1995), *Complexity* (김기식, 박형규 옮김, 『카오스에서 인공생명으로』, 범양사).
J. Brockman(1996), *The Third Culture* (김태규 옮김, 『제3의 문화』, 대영사).
龍樹(1993), 『中論』,(김성철 역주), 경서원.
문창옥(1994), 「화이트헤드의 과정철학과 명제이론」(연세대학교 박사학위 논문).

문창옥(1999), 『화이트헤드 과정철학의 이해』, 통나무.

조용현(2002), 『작은 가이아』, 서광사.

조용현(1997), 「프랙탈 · 관계 · 생명」, 〈오늘의 문예비평〉 1997 가을호.

조용현(2001), 「창조적 진화와 공화」, 〈과학철학〉 4권 2호.

11 사회생물학적 인간관 비판

박준건

11장

사회생물학적 인간관 비판[1]

박준건

1. 머리말: 사회생물학이라는 유령이 배회하고 있다

인간이란 어떤 존재인가? 그리고 나는 누구인가? 나는 나인가? 나는 인식과 행위의 주체인가? 인간이 신의 창조물로 여겨졌던 서양의 중세까지 '나는 나'가 아니었다. 나는 나라고 생각한 것은 근대의 산물이다. 내가 사유하는 한 나는 나의 주인이라는 데카르트(R. Descartes)가 나타난 것이다. 그러나 이 근대적 자아는 19세기 말엽에 처음으로 도전을 받는다. 의식하는 내가 나의 주인이 아니라, 무의식이라는 그것(id)이 나의 주인이라는 프로이트가 등장한 것이다. 그 뒤 인간은 결정된 존재가 아니라 결정되지 않은 무한한 자유의 존재, 가능적 존재라고 사르트르(J. P. Satre)가 설파한 바 있다. 그리고 20세기 중반에 나의 내적 자아(inner I)란 없고, 외적 환경이 나의 삶의 상수라는 주장이 등

---

[1] 이 글은 『동서철학연구』 제38호(2005. 12)에 게재한 「사회생물학적 인간관에 대한 비판」을 수정·보완한 것이다.

장하게 된다. 스키너(B. F. Skinner)의 행동주의 심리학이 바로 그것이다. 그의 책 『자유와 존엄을 넘어서』(*Beyond Freedom and Dignity*)가 시사하듯, 인간은 존엄한 존재도 아니며 자유로운 존재도 결코 아니라는 것이다. 또 다시 내가 나의 주인이 아니라는 것이다. 스키너는 만일 우리가 개인적 자유와 책임과 존엄성에 대한 우리의 환상을 포기한다면, 행동공학이 인간 생활과 사회의 문제들을 해결할 수 있다고 주장한다. 스키너는 정신적 실체라는 관점에서 인간 행동을 설명하려는 어떠한 시도도 거부하며, 우리가 결정되어 있음에도 불구하고 여전히 자유롭다는 착각을 하고 있다고 말한다.[2]

하나의 유령이 지금 배회하고 있다. 사회생물학[3]이라는 유령이![4] 아니 엄밀히 말하자면 1975년 윌슨(Edward Wilson)의 『사회생물학』(*Sociobiology : The New Synthesis*)[5]이 출간되었을 때 이미 그 유령은 출몰하기 시작하였다. 그 유령은 또 다시 나의 주인은 내가 아니라고 말한다. 나의 주인은 유전자라는 것이다. 그 유령의 극단인 유전자 결정

---

2 스키너의 행동주의에 대해서는 Skinner(1971), 임의영(1993)을 참조할 것.
3 '사회생물학'(sociobiology)이라는 용어는 원숭이 사회생물학연구자인 스튜어트 알트만(S. Altman)이 처음 사용하였다고도 하고(이병훈, 1994, 140), 윌슨 자신은 "나와 나의 제자인 스튜어트 알트만은 이미 1956년 초에 영장류와 곤충의 사회를 설명하는 공통원리를 발견할 수 없을까에 대해 논의했었다. 우리는 이런 노력을 가리켜 '사회생물학'이란 용어를 쓰기까지 했다"고도 하며(Wilson, 1996, 250), "알트만은 이 말을 이미 그의 연구에서 쓰고 있었다. 즉 미국생태학회의 소작업반인 동물의 행동 및 사회생물학 분과의 명칭에서 딴 것이다"라고도 한다(Wilson, 1996, 310).
4 이 말은 마르크스의 『공산당 선언』의 다음 첫 구절을 패러디한 것이다. "하나의 유령이 지금 유럽을 배회하고 있다—공산주의라는 유령이." 이것은 객관적 사실을 이야기하고 있는 말이다.
5 이 책은 원래 1975년에 출간되었는데 너무 방대한 분량이라 1980년에 *Sociobiology : The Abridged Edition* (the President and Fellows of Harvard College, 1980)이라는 제목으로 축소판을 재출간 하였다. 재출간하면서 27장을 26장으로 축약하였는데, 국역판(Wilson, 1992)은 이 축소판을 번역한 것이다.

론은 그렇게 말하고 있다.

    이 글은 사회생물학 전체에 대한 비판은 아니며, 단지 사회생물학의 인간관을 비판하는 것이다. 또한 이 글은 생물학 자체에 관한 고찰이 아니기 때문에, 윌슨의 논의에 관한 한 그의『사회생물학』26개 장 중에서 가장 논쟁거리가 되었던 1장과 26장에 관심을 집중한다.

    그리고 스스로 사회생물학자라고 말하는 사람이나 또 사회생물학자라고 불릴 수 있는 사람들의 이론과 입장이 모두 동일한 것은 아니다. 근본주의적 사회생물학자군과 탄력적인 사회생물학자군으로 나눌 수도 있다. 윌슨의 경우도『사회생물학』을 쓸 당시와 그 이후에 조금씩 달라지기도 한다.

    철학이 종교의 시녀였던 적이 있었다. 그러나 이제 철학은 자연과학의 시녀로 전락하였거나, 전락할 위기에 처해 있다. 철학이 자연과학과 끊임없이 대화하고 소통하여야 하는 것은 당연하다. 그러나 철학이 자연과학의 지배 아래에서 그 논의를 정당화시키는 데 전적으로 복무하여서는 안 된다. 우리는 무엇보다도 무반성적으로 사회생물학을 수용하려는 학문적 분위기를 경계하여야 한다. 이 글은 이 점을 겨냥하고 있다.

2. 사회생물학의 입각점은 무엇인가?

2.1. 사회생물학의 기본 입장

    사회생물학의 아버지라 할 수 있는 윌슨은, 사회생물학은 '모든 사회행동의 생물학적 기초에 관해서 체계적으로 연구하는 학문'이라고 정의한다(Wilson, 1992, 22). 여기서 말하는 체계란 바로 다름 아닌 진화론적 체계를 말한다. 사회생물학은 윌슨이 새로 만들어낸 학문은 아니다. 다윈 이래 많은 생물학자들이 진화론에 입각하여 연구해온 이래로 집적된 '인간을 포함한 모든 동물들의 자연사 또는 사회사'를 윌슨이 집대성하고 적절한 이름을 붙인 것에 불과하다(최재천, 2002). 현재 사회생물학은 동물의 사회, 그들의 개체군 구조, 카스트, 의사소통 그리고 이와 같은 사회적 적응들의 바탕을 이루는 모든 생리학적 현상에 초점을 두고 있다(Wilson, 1992, 22).

그리고 윌슨은 다른 곳에서 사회생물학을 다음과 같이 규정한다.

> "사회생물학은 동물행동학(전반적인 행동양식에 대한 박물학적 연구), 생태학(생물과 환경의 관계연구), 유전학 등을 총괄하는 종합적인 학문으로서, 사회 전체의 생물학적 특성에 관한 일반 원리를 도출하고자 한다. 사회생물학의 새로운 점은 기존의 행동학과 심리학 지식 속에서 사회조직에 관련된 주요 사실들을 추출해 내고, 그렇게 추출해 낸 사실들을 개체군[6] 수준에서 탐구되어 온 생태학 및 유전학의 토대 위에 재구성하여, 사회 집단이 진화를 통해 환경에 어떻게 적응해 왔는지 그 방법을 보여주고자 한다."(Wilson, 2000, 43)

사회생물학은 대체로 사회성 생물 종들에 대한 비교 연구를 토대로 하고 있으며, 인간과 다른 사회성 생물들을 동시에 조망하기 위해, 망원경을 거꾸로 대고 인간을 평소보다 먼 거리에서 고찰한다. 사회생물학은 이런 관점이 기존 사회과학의 인간중심주의보다 유리한 점이 있

---

[6] 개체군(population)이란 동시에 같은 지역에서 공존하면서 대부분 상호 교배가 가능한 생물집단을 말한다((Wilson, 2000, 291).

으며, 사실 고상한 체하는 자아도취적 인간중심주의가 더 지능적인 악이라고 지적한다((Wilson, 2000, 43-44). 그리고 사회생물학은 종교와 윤리를 포함한 인간의 모든 사회행동은 결국 생물학적 현상에 불과하며 따라서 집단생물학과 진화론적 방법론으로 분석될 수 있다고 주장한다.

부케티츠(Franz M. Wuketits)는 『유전자, 문화 그리고 도덕: 사회생물학―그 찬반』(*GENE, KULTUR UND MORAL : Soziobiologie-Pro und Contra*, 1990)에서 사회생물학의 논지를 다음과 같이 압축한다. 인간과 동물의 공동생활은 저마다의 생존 원리에 따라 조직되어 있으며 자연 선택에 의한 진화 단계를 거치면서 나름대로의 형태로 발전해왔다. 생존에 유리한 것으로 입증된 사회적 행동 양식이 확고한 우위를 점하고 살아남았다. 모든 사회적 행동 양식들은 결국 유전적으로 프로그램되어 있으며 인간에게나 다른 생물에게나 적어도 하나의 유전적 성향이 특정한 사회적 행동 방식에 깃들이게 되는데, 이들 행동 방식 역시 진화가 엮어내는 최적화의 결과임에 틀림없다(Wuketits, 1999, 6).

부케티츠는 사회생물학 논쟁에 따라다니는 가장 핵심적 입론을 다음과 같이 요약한다((Wuketits, 1999, 230-231). 첫째, 사회생물학은 현존하는 모든 생물종들의 진화의 산물이며, 생물학적 진화를 초래하는 것은 유전자 재조합, 돌연변이, 그리고 자연 선택이라는 사실을 기반으로 하여 성립한다. 사회생물학은 행동 방식, 특히 인간을 포함한 생물들의 사회적 행동에 진화적 사고를 적용한다. 사회생물학은 동물의 세계에도 사회화가 보편화되어 있다는 사실에서 출발하여 이 현상을 인과적으로 설명하려고 한다.

둘째, 사회적 행동의 여러 가지 양상들(이기주의·이타주의, 경쟁·협력)을 인과적으로 설명할 경우, 사회생물학은 행동에 필연적으로 수반되는 선택의 이점 등을 전제한다. 무엇보다도 사회생물학은 생존, 즉 번식의 성공이 최고 원리임을 주장한다. 사회생물학에 따르면 이타적 행동도 번식을 위한 일이거나 생존 경쟁 속에서 자신의 최적 상태를 유지하기 위한 방책이다. 사회생물학자들은 '받는 만큼 돌려준다'는 일명 '호혜적 이타주의'라고 하는 일종의 경제 원리를 개발해 낸 것이다.

진화유전학자 도브잔스키는 진화의 개념을 통하지 않고서는 생물학의 그 무엇도 의미가 없다고 한다(최재천, 2002). 진화론은 생명체의 구조적 특성뿐만 아니라 행태 심지어는 의식까지도 궁극적으로는 번식, 더 정확하게 표현하자면 유전자 복제에 의해 나타나는 현상으로 이해한다. 즉 우리가 갖는 여러 가지 심리 상태도 생식 가능도에 의해 영향을 받는다. 진화과정에서 적자(適者)란 결국 번식과 적응에 성공한 개체이다. 따라서 만약 인간도 생명체로서 번식의 증대를 지향하는 메커니즘의 영향을 받는다고 할 때, 그 영향력은 심리 상태에까지 미칠 것이다. 이것이 '성선택이론'인데 사회생물학은 이 진화론을 토대로 하고 있다. 이처럼 진화론은 전통적인 인간관이 의존하고 있는 인간중심주의와 정면으로 배치되는 사상을 함축하고 있다.

셋째, 사회생물학은 본질적으로 유전 이론이다. 물론 여기서도 개별적 학습의 중요성과 함께 외적인 영향에 의해 행동이 변화될 가능성은 당연히 인정된다. 그러나 입론의 근거가 되는 명제는 (사회적) 행동을 유전자가 조종한다는 것이다. 심지어 극단적인 사회생물학은 생물체를 유전자에 의해서 조종되는 일종의 생존 기계로 바라본다.

넷째, 인간도 사회 생활하는 생물이라는 명제를 발판으로, 사회생물학은 진화-유전학적 모델을 인간의 사회적 행동에 적용시키는데 여기에는 도덕적 행위도 포함된다. 사회생물학은 도덕의 생물학적 원천에서 출발하지만, 규범과 가치가 진화를 통해 유전적으로 미리 결정되어 있다는 가정은 삼간다. 그렇다고 해서 도덕이 진공 속을 부유할 필요는 없다. 도덕은 진화의 산물(진화윤리학)로 해석된다(Wuketits, 1990, 230-231).

이러한 인간의 모든 사회 행동은 결국 생물학적 현상이라는 주장은 대체로 윌슨의 논의를 그 출발점으로 삼고 있다.

2.2. 생물학중심주의

윌슨은 『사회생물학』 첫 장에서 매우 강한 어조로 생물학중심주의를 갈파하고 있다.

> 사회학과 기타의 사회과학들은 여러 가지 인문과학들과 마찬가지로 머지않아 현대적 종합에 포함됨으로써 생물학에서 파생되는 분과들 가운데 마지막 분과가 될 것이라고 말해도 지나치지 않을 것이다. 그렇게 되면 사회생물학이 할 일 가운데 하나는 사회과학들의 기초를 다시 체계화하여 이들의 주제를 현대적 종합에 끌어들이는 것이 될 것이다.(Wilson, 1992, 22)

그리고 마지막 장에서도 사회생물학의 중심성을 다시 한 번 강조하고 있다.

> 지구상에 존재하는 모든 사회성 동물을 조사하러 어떤 다른 행성에서 날아온 동물학자에게는 역사학, 문학, 사회학은 물론 법학, 경

제학, 심지어 예술까지도 모두 인간이라는 한 영장류에 관한 사회생물학에 불과하다.(Wilson, 1992, 641)

윌슨은 모든 인문학과 사회과학이 결국 생물학의 분과로 존재할 것으로 본다. 앞의 인용문에서만 본다면 그는 인간을 인간의 관점에서가 아니라 외계인의 관점에서 바라보고 있는 듯하며, 지독한 생물학환원주의에 빠져 있다고 말할 수 있다. 그러나 그의 이러한 주장은 뒷날 다음과 같이 완화된 상태로 변모한다. 모든 생물은 진화 실험의 산물, 즉 수백만 년에 걸쳐 유전자와 환경 사이에 이루어진 상호 작용의 산물이라고 할 수 있고, 개인은 자신의 환경, 특히 문화적 환경과 사회적 행동에 영향을 미치는 유전자 사이의 상호작용을 통해 형성된다(Wilson, 2000, 43, 46).

그럼에도 불구하고 윌슨은 자신의 초기 입장을 완전히 포기하지는 않는다. 윌슨에 있어서 인간의 사회적 행동이 유전적으로 결정되는가 하는 문제는 더 이상 질문거리조차 되지 않는다. 문제는 어느 정도인가 하는 것이다. 유전자에 관한 수많은 증거들은 대부분의 사람들이―나아가 유전학자들이―알고 있는 것보다 훨씬 더 상세하고 압도적이다. 윌슨은 좀 더 나아가 다음과 같이 강조한다. "그것은 이미 결정적이다"라고(Wilson, 2000, 46).

'무엇이 생명의 주체인가'라는 질문에, 사회생물학은 서슴지 않고 '유전자(gene)'라고 대답한다. 사회생물학에 따르면 태초부터 지금까지 지구의 역사를 돌이켜 볼 때, 개체란 잠시 태어났다 사라지는 덧없는 존재이고, 자손 대대로 영원히 살아남을 수 있는 것은 오직 유전자뿐이다. 유전자 및 생식을 통한 유전자의 전달이야말로 동물들의 생존경쟁을 유발하는 중심요인이며, 동물들은 자신의 유전자를 다음 세대에 전달하는 기회를 극대화하는 방식으로 행동한다는 것이다. 다윈주의의 의미에서 볼 때 생물은 그 자신을 위해서 살고 있는 것은 아니다. 생물의 주요기능은 결코 다른 생물을 재생산하는 것이 아니고, 단지 유전자를 재생산하는 것이며, 따라서 생물은 유전자의 임시 운반자로서의 역할을 하고 있을 뿐이다. 유성생식으로 만들어진 생물은 각기 특유의 존재로서 그 종을 구성하는 모든 유전자를 기초로 하여 우연하게 구성된 유전자 조합이라 할 수 있다(Wilson, 1992, 20).

윌슨의 제자이며 우리나라의 대표적인 사회생물학자인 최재천은 사회생물학을 다음과 같이 요약한다. 사회생물학은 유전자의 눈높이에서 생명을 바라보는 새로운 관점이며, 유전자 속에 들어있지 않은 것은 우리에게 존재할 수 없다. 사랑, 윤리, 자기희생, 종교 등 인간만이 갖고 있을 법한 특성조차 인류의 진화사를 통해 어떤 방식으로든 번식을 도와왔기 때문에 오늘날까지 우리 속에 남아 있다.

그러면서도 최재천은 '유전자가 표현되는 과정은 환경의 영향을 받기 때문에 동일한 유전자가 언제나 동일한 모습으로 표현되지는 않는다'고 지적한다. 유전자가 표현되는 과정이 환경의 영향을 받기 때문이라는 것이다. 그는 유전자 결정론이 주장하는 바는 유전자가 우리의 일거수일투족을 매순간 일일이 조정한다는 뜻은 아니며, 생명체는 언제나 유전과 환경의 공동 작업에 의해 형성되는 독특한 존재임을 뜻하는 것이라고 말한다.

비록 사회생물학자들이 지난 수십 억 년 동안 이 지구상에서 벌어진 생명의 역사는 결국 DNA라는 한 기막히게 성공적인 화학물질의 일대기에 다름 아니라고 주장하고 있다. 그러나 생명체가 유전자의 꼭두각시라고는 단정 짓지 않으며, 생명체가 하는 모든 일이 유전자의 존재이유에 어긋날 수 없다는 것을 말하고 있다. 그럼에도 불구하고 아마도 '호랑이는 죽어서 가죽을 남기고 사람은 죽어서 이름을 남긴다' 는 우리 속담이 사회생물학자들의 입을 거쳐 나올 때는, '호랑이도 죽어서 유전자를 남기고 사람도 죽어서 유전자를 남긴다' 는 말로 바뀔 것이다. 또한 최재천은 복제인간은 출산 시간이 많이 늦어진 쌍둥이에 불과하다면서, 인간 복제를 긍정적으로 생각하고 있다(최재천, 2002).

이 점을 고려해볼 때, 최재천은 확고한 유전자적 결정론과 이에 대한 반론의 여지 사이에 놓인 가파른 줄을 타고 양쪽을 오가고 있는 듯 보인다. 이는 윌슨도 마찬가지다. 생물학적 결정론자인 것처럼 말하다가도 생물학적 결정론과 거리를 두고, 간격을 두는 순간 다시 거리를 좁힌다. 윌슨은 인간이 상당히 큰 융통성을 가지고 있음을 인정한다. 즉 인간의 사회현상을 설명함에 있어 문화, 학습, 발전의 개념이 존속할 수 있는 여지를 남겨두고 있다. 다음 문장 속에 그의 생각이 이중적으로 들어 있음을 알 수 있다.

인간 행동이 생물학 법칙을 통해 상당한 수준까지 환원되고 단순화된다면, 인류는 그다지 독특하다고 할 수 없는 존재가 될 것이고, 그만큼 비인간적인 존재로 보일 것이다. 자신의 영역을 넘겨주게 되는 것은 둘째로 치더라도, 그러한 함정에 빠질 만한 사회과학자나 인문과학자는 거의 없다. 그러나 이런 인식, 환원을 퇴보의 철학과 같다고 보는 인식은 전적으로 잘못된 것이다. 어느 한 분야의 법칙들은 그것의 상위 분야에 반드시 필요하고, 더 효율적으로 재구성되어야 하지만, 결국 상위분야의 목적에는 충분치 않다. 아무튼 생물학이 인간 본성을 푸는 열쇠이기 때문에, 사회과학자들은 급속하게 강화되고 있는 생물학적 원리들을 무시할 수 없다. 그러나 내용 면에서는 사회과학이 훨씬 더 풍부한 잠재력을 지니고 있다. 궁극적으로 사회과학자들은 적절한 생물학 개념을 흡수하고 나서 그것들을 무력화시킬 것이다. 인간 연구의 진정한 대상은 인간이다. 현재 추세가 인간중심주의로 흐르고 있으니 말이다.(Wilson, 2000, 38-39)

윌슨의 사회생물학을 더 극단화한 학자는 도킨스(Richard Dawkins)이다. 도킨스에 따르면 생명체는 DNA, 또는 유전자에 의해서 창조된 '생존 기계'이고, 유전자는 본질적으로 이기적이며, 언뜻 보기에 이타적인 행동 또한 실제로는 유전자가 주어진 환경 속에서 생존하기 위한 행동일 뿐이다.

도킨스의 설명에 의하면 모든 종류의 동물, 식물, 세균, 그리고 바이러스를 포함한 여러 가지 생존 기계들은 외부모양과 내부 기관에서 매우 다양함을 보인다. 문어와 생쥐는 전혀 다른 모습이며 또한 그들은 참나무와도 전혀 다르다. 그러나 그들의 화학적 기초는 비슷하다. 특히 그들이 지니고 있는 복제자, 즉 유전자는 세균에서 코끼리에 이르기까지 모두 기본적으로 같은 종류의 분자이다. 우리는 모두 같은 종류의 복제자(DNA라 불리는 분자)를 위한 생존 기계인 것이다(Dawkins, 1992, 43).

사회생물학은 도덕에도 진화론을 도입한다. 사회생물학은 "도덕에 대한 진화론적 접근을 위한 필요성은 자명하다"(Wilson, 1992, 684)고 하면서, "오늘날의 과학자와 인문학자들은 도덕이 철학자들의 손에서 잠시 벗어나 생물학적으로 다뤄져야 할 때가 오지 않았는가에 대해 함께 생각해야 할 것"(Wilson, 1992, 680)이라고 말한다.

사회생물학에 따르면 기만과 위선은 도덕적 인간이 최소로 억제시켜야 할 절대 악도 아니고 사회진화가 더욱 진전됨에 따라 소멸될 동물적 특성의 흔적도 아니며, 사회생활의 복잡한 일상적 업무를 수행하기 위해 쓰이는 매우 인간적인 책략인 것이다. 그리고 사회생물학은 모든 면에서 정직이 최상의 해답도 아니며 오래된 영장류의 솔직성을 그대로 발휘한다면, 인류 집단 속에서 바로 이웃 씨족(clan)의 한계를 넘어 형성된 사회생활의 얼개를 파괴할지도 모른다고 말한다(Wilson, 1992, 656).

사회생물학은 미학에도 진화론을 도입한다. "예술적 충동은 결코 인간에게만 한정되어 있는 것은 아니며……, 인간 이외의 영장류 32개체가 사육 상태에서 스케치하고 또 물감으로 그림을 그린 것이 관찰"(Wilson, 1992, 684)되었고, "어떤 동물은 일종의 음악 역시 만들어낸다."(Wilson, 1992, 684) 그리고 "침팬지의 카니발 과시행동은 인간의 축제와 매우 유사하다."(Wilson, 1992, 684)

나아가 사회생물학은 종교에도 진화론을 도입한다. 윌슨은 "종교 신앙을 갖고자 하는 성향은 인간 정신 중 가장 복잡하고 강력한 힘이자, 아마 인간 본성 중에서 근절할 수 없는 부분"(Wilson, 1992, 684)이라고 인정하면서, 다음과 같이 '종교 사회생물학'의 가능성을 서술하고 있다.

> 나는 만일 우리가 종교의 사회생물학에 적절히 주의를 기울인다면……, 최소한 지성적으로는 해결이 가능하다고 주장하려 한다. 비록 종교적 경험이 찬란하고 다면적이어서, 가장 세심한 정신분석학자들과 철학자들조차 그 미궁에서 헤맬 정도로 복잡하다고 할지라도, 나는 종교 행위들을 유전적 이득과 진화적 변화라는 이차원 상에서 측량할 수 있다고 믿는다.(Wilson, 2000, 239)

그리고 사회생물학의 적용 대상에서 심리학도 예외는 아니다. 다윈은 『종의 기원』 마지막 부분에서 "심리학은 새로운 토대 위에서 세워질 것"이라고 예언한 바 있는데, '진화심리학'의 핵심 개념은 마음을 우리 조상들이 오랜 수렵·채집기 동안 끊임없이 직면했던 적응 문제들을 해결하기 위해 자연선택 과정을 통해 설계된 계산 기관들의 체계로 보는 데 있다(최재천, 2003).

이렇게 사회생물학은 진화론을 기반으로 윤리와 미학, 종교와 심리학까지도 아우르고 있다. 이제 진화론은 철학, 사회학, 경제학, 인류학, 법학 등의 전 인문사회과학 분야에까지 그 영향력을 미치고 있다(최재천, 2002).

2.3. 환원주의와 물질주의

윌슨의 『통섭: 지식의 대통합』[7]을 소개하고 번역한 최재천 교수는 'consilience'라는 개념을 '통섭(統攝)'으로 번역하여, '큰 줄기를 잡다'는 뜻으로 해석한다. 이 용어는 '큰 줄기' 또는 '실마리'라는 뜻의 통(統)과 '잡다' 또는 '쥐다'라는 뜻의 섭(攝)을 합쳐 만들었다. 그런데 이 말은 '섭정(攝政)', '삼군을 통섭한다', '모든 것을 다스린다', '총괄하여 관할하다'라는 뜻을 지니듯이 통치자적이고 지배자적인 개념이며, 지식의 대통합을 꾀하는 윌슨의 시도가 가지는 전제적인 성격을 반영한다. 'consilience'라는 말은 서로 다른 것들이 보다 높은 자리로 비약하고 도약해서 부합되고 일치하는 것을 뜻한다. 즉 상향일치의

---

[7] Wilson(2005)의 'consilience'라는 개념은 19세기 자연철학자 휴얼(William Whewell)의 『귀납적 과학의 철학』에 나오는 개념을 부활시킨 것이다. 이 용어는 아마 라틴어 'consiliere'에서 온 것 같은데, 이 말은 '함께(con) 뛰어오르다, 도약하다, 뛰어넘다(salire)'는 뜻이다. 그래서 휴얼은 'consilience'를 한마디로 'jumping together', 즉 '더불어 넘나듦'으로 정의하였다.

의미를 지닌다. 그런데 실제로 윌슨이 하고 있는 것은 하향일치다. 윌슨은 물질보다 높고 큰 존재인 생명, 그보다 더 높고 큰 존재인 정신과 영(靈)을 더 낮은 물질의 차원으로 환원시켜 물리적 법칙으로 해명하려고 한다(Berry, 2006, 225).

윌슨의 과학적 '신앙'은 궁극적으로 모든 것을 경험적으로 설명할 수 있다는 신앙이다. 다시 말해 사실들과 사실에 근거한 이론을 연결함으로써 설명을 위한 공통의 토대를 마련하고, 모든 학문분야를 '통합' 시킬 수 있다는 믿음이다(Wilson, 2005, 40. Berry, 2006, 50). 그가 보이는 겸손은 단지 예의범절일 뿐, 확신이나 태도에는 전혀 겸손함이 없고, 이 '통합' 이라는 개념은 명시적으로는 제국주의적이고, 암시적으로는 전제주의적이다(Berry, 2006, 50-51).

지식 대통합이라는 윌슨의 계획은 공학적이다. 외견상 그는 물질적 환원주의라는 공법을 사용하여 자연과학과 사회과학, 인문학 등 수많은 고립된 방들을 나누어 놓았던 벽을 허물고 여러 지식의 분과들이 한데 모여 대화하고 소통할 수 있는 공동의 학문지평을 수립하고자 하는 것 같다. 그러나 그 결과는 벽이 허물어지는 것이 아니라, 오로지 자연과학의 방이 건물 전체로 확대되었을 뿐이다. 왜냐하면 그가 사용한 물질적 환원주의는 공법 자체가 인문학이나 예술, 종교가 숨 쉴 수 있는 공간을 허락하지 않기 때문이다. 그가 말하는 통합은 자연과학적 환원주의에 의해 인문학과 예술, 종교의 차이를 해소시키고 통합된 하나의 학문체계로 만드는 것이다(Berry, 2006, 226-232).

윌슨에 따르면 과학은 세계에 관한 지식을 모아서 입증 가능한 법칙들과 원리들로 압축시키는 조직화되고 체계적인 작업이다. 나아가서 그는 과학의 최첨단이 환원주의, 즉 자연을 자연적 구성요소들로 쪼개는 것이라고 말한다. 그리고 환원주의는 개별적 차원에서 벌어지는 유기체의 법칙과 원리들을 더 일반적이고, 따라서 더욱 근본적인 차원의 법칙들과 원리들로 전개시키는 심층적 과제를 담당한다. 그 강력한 형태가 전체적 통합인데, 이에 따르면 자연은 다른 모든 법칙과 원칙이 궁극적으로 환원될 수 있는 단순하고 보편적인 물리적 법칙들에 의해 유지된다(Wilson, 2005, 112-115. Berry, 2006, 53-55).

환원주의적 과학의 가장 심각한 문제점은 세계와 그 안에 있는 피조물들을, 그리고 피조물의 모든 부분을 기계로 보는 데 있다. 이것은 피조물과 공업생산물 사이에, 탄생과 제조 사이에, 생각과 전산화 사이에 아무런 차이가 없다고 보는 것이다. 이러한 사고방식에 따르면 정신은 전자공학의 산물인 컴퓨터와 별 차이가 없다(Berry, 2006, 15).

삶을 기계적이고 예측 가능한 것으로, 또 알 수 있는 것으로 다루는 것은 결국 삶을 축소시키고 환원시키는 일이다. 이제는 삶을 우리의 이해 영역 안으로 축소시키는 행위가 필연적으로 삶을 노예화하고 이용하며 팔아넘기는 것임이 확실해졌다. 그것은 삶을 포기하는 것이며, 변화와 구원의 영역 밖으로 삶을 내모는 것이고, 절망에 더 가까이 가는 것이다(Berry, 2006, 16).

무엇보다도 윌슨은 물질주의자다(Berry, 2006, 43).[8] 그는 세계는 합법칙적 물질세계이며(Wilson, 2005, 39. Berry, 2006, 43), 모든 법칙들은 경험적으로 설명되고 이해될 수 있고, 과학적 증명에 종속되어 있다고 본다. 그는 별들의 탄생에서 사회제도의 운용에 이르기까지 눈에 보이는 모든 현상은 궁극적으로 물리적 법칙들로 환원될 수 있는 물질적 진행과정에 근거한다고 주장한다(Wilson, 2005, 460. Berry,

---

[8] 베리에 따르면, 윌슨은 전투적 물질주의자라서 어떠한 종류의 신비에 대해서든 거의 교조적일 정도로 참을성이 없고, 신비란 인간이 알지 못하는 것, 곧 무지를 가리키는 말이라고 생각하고 있다(Berry, 2006, 46).

2006, 43).

윌슨의 경우처럼 엄격하게 원리화된 이론적 물질주의는 불가피하게 결정론이 될 수밖에 없다. 그는 우리 자신과 우리가 하는 일과 행위들은 유전자에 의해 결정되고, 그것은 생물학적 법칙들에 의해 결정되며, 궁극적으로는 물리적 법칙들에 의해 규정된다고 주장한다. 그는 이것이 자유의지 개념과 직접적으로 대립된다는 사실을 안다. 자유의지는 그가 과학자로서도 쉽게 포기하고 싶어 하지 않는 것 같고, 또 환경보존론자로서는 결코 포기할 수 없는 것이다. 그는 이 딜레마를 아주 기이한 방식으로 일관성 없게 해결하고자 한다. 우선 그는 우리 인간에게는 '자유의지에 대한 환상'이 있고 또 필요하다고 말한다. 그리고 그는 이 환상이 '생물학적 적응현상'이라고 말한다. 그는 진화론적 측면에서 자유의지에 대한 환상에 이점이 있다고 말하고 있는 것이다 (Wilson, 2005, 221-222. Berry, 2006, 44-45).

3. 인간은 자연존재이지만 인간적인 자연존재이다

3.1. 사회생물학의 편향성과 우파 이데올로기

부케티츠는 사회생물학에 대한 반론을 다음과 같이 요약하고 있다 (Wuketits, 1999, 231-232). 첫째, 사회생물학에 대해서 제기되는 반론들도 일단은 생물학적 성격을 지닌다. 그런데 사회생물학이 시스템 행동을 부분들(유전자)의 행동으로 소급해 가거나 개별적인 행동 방식에 대한 책임을 확인할 수도 없는 유전자에게 떠넘기는 한, 사회생물학은 환원주의일 수밖에 없다. 여기에 대한 비판은 사회생물학이 인종차별주의, 불평등, 기존 사회 구조의 정당화 등 '우파 이데올로기'를 지원

할 것이라는 데까지 나아간다.[9]

이러한 사회생물학의 우파 이데올로기는 도킨스의 복지국가 비판에 잘 나타나 있다. 도킨스는 복지국가가 '매우 부자연스러운 것'이라고 장황하게 서술하고 있다.

> 자연에서는 그들이 부양할 수 있는 수보다 더 많은 새끼를 갖는 부모들은 자손을 많이 살아남게 할 수 없으며, 그들의 유전자가 다음 세대로 많이 전해 내려가질 못한다. 출생률의 이타적 억제가 있을 필요가 없다. 왜냐하면 자연에는 복지 국가가 존재하지 않기 때문이다. 지나치게 제멋대로인 유전자는 즉시 벌을 받게 되어 있다. 그러한 유전자를 갖고 있는 새끼는 굶어 죽게 된다. 우리 인간들은 대가족의 자녀들을 굶어 죽게 한 낡은 이기적인 방식으로 되돌아가기를 원하지 않기 때문에 경제적인 자급자족 단위로서의 가족을 폐지하고 대신 국가로 대치했다. 그러나 자녀들에 대한 공공의 후원은 남용되어서는 안 될 것이다. …… 복지국가는 아마도 동물의 세계에서 지금까지 알려진 것 중 가장 이타적인 사회 체계일 것이다. 그러나 어느 이타적인 체계도 선천적으로 불안정한데, 왜냐하면 이기적인 개체들에 의해서 악용되고 남용되게끔 개방되어 있기 때문이다. 자기가 기를 수 있는 수보다 더 많은 자녀를 가진 인간은 무의식적으로나마 이 사회를 이용하고 있는 셈이다.(Dawkins, 1992, 175-177)

---

[9] 사회생물학은 계급주의, 인종차별, 남녀불평등, 제국주의 등 온갖 정치적 불합리를 지지하는 이론이고, 신 우익으로 표현되는 새로운 일관되고 노골적인 보수주의 이데올로기를 대표하는 이론이라는 비판이 있다(Rose, Lewontin and Kamin, 1993, 21, 26-27).

둘째, 학문의 분과나 이론을 이데올로기적으로 판가름할 수는 없다. 사회생물학의 사회 이론적 해석은 사회생물학의 '참'과 '거짓'에 대해 과학적인 의미에서는 어떠한 발언권도 갖지 못한다. 따라서 사실에 입각한 논쟁에 관심을 둔다면 사회생물학적 발상의 이데올로기화는 거부되어야 마땅할 것이다.[10]

셋째, 사회생물학이 새롭게 불붙인 논쟁의 전통은 유구하다. 타고난 행동이냐 학습된 행동이냐, 유전결정론이냐 문화결정론이냐를 둘러싸고 벌어졌던 논쟁이 그것이며, '생물학주의자'와 '문화주의자' 사이의 싸움이 그것이다. 그러나 오늘날 다양한 학문 분과들의 상황은 '유전이냐 환경이냐' 하는 질문이 처음부터 잘못 제기된 것임을 명백히 보여주고 있다. 관건이 되는 것은 '오로지', 어떻게 두 요인군이 함께 작용하는가 하는 것이다.[11]

넷째, 사회생물학은 생물학적 진화와 문화적 진화의 관계를 해명하는 데 도움을 줄 수 있을지도 모른다. 이 경우 문화적 진화에는 자체 동력이 있기 때문에 설사 생물학적 진화 원리가 문화적 진화에 꼭 필요

---

[10] 과연 자연과학이 이데올로기적으로 중립적일 수 있는가에 대해서는 많은 토론이 필요하다. 자본주의 아래서 과학기술은 자본의 이해에 복무하지 않을 수 없다는 것은 명백한 사실이다.
[11] 부케티츠가 혐오하는 것은 과학(사회생물학)이 이데올로기라는 바이러스에 감염되어 그 본래적인 모습을 잃게 되는 것이며, 사람들이 이 왜곡된 형태의 '통속 사회생물학'을 과학으로서의 사회생물학과 혼동하는 일이다. 그는 '죄 없는' 사회생물학을 이데올로기적 편견과 아집의 더러움으로부터 구원함으로써 '정갈한' 과학으로 보존하려고 한다. 부케티츠가 구가하는 전략은, 좋게 보면 대극(對極)의 지양이요, 다소 모질게 말하면 절충이다. 도식적으로 단순화시켜보면 이렇다. '유전자를 알면 문화와 도덕이 보인다'고 생각하는 생물학적 결정론자(생물학주의자)와 '유전자를 알아도 문화와 도덕은 보이지 않는다'는 입장을 표방하는 환경결정론자(문화주의자)의 첨예한 대립사이에서, 부케티츠는 '문화와 도덕을 아는 데는 유전자 이상의 그 무엇이 필요하다. 그러나 문화와 도덕을 이해하는 데 유전자라는 생물학적 요인을 전혀 도외시 할 수는 없다'라는 지극히 유화적인, 말하자면 비판의 여지가 별로 없는 중립 노선을 견지한다(Wuketits, 1992, 옮긴이 말).

한 조건들을 갖추고 있다 하더라도 그것으로는 환원될 수 없다는 사실이 받아들여져야 한다.

물론 사회생물학이 생물학결정론, 유전자결정론이라는 극단론에 서 있다 하더라도, 환경적·문화적 요소를 종속변수로 인정하고 있는 것은 분명하다. 그러나 유전자가 행동의 기초가 된다는 이야기와 행동이 유전자에 의해서 '결정' 된다는 말은 엄밀히 따져볼 때 전혀 다른 이야기이다. 다시 말해 인간은 '생물학적인 속박'에만 갇혀 사는 죄수가 아니다. 따라서 우리의 행위가 단 하나의 원인에 의해 우세하게 구속될 때, 궤도 위의 열차, 감방의 죄수, 빈곤 속의 가난한 사람처럼, 우리는 더 이상 자유롭지 않다. 생물학결정론자에 따르면, 우리는 우리의 삶이 내적 원인들, 특수한 행동을 지배하는 또는 이들 행동의 경향을 지배하는 유전자들의 비교적 적은 숫자에 의해 강력하게 구속되기 때문에 우리는 자유롭지 않다((Rose, Lewontin and Kamin, 1993, 340).

사회생물학에 대한 이데올로기적 비판은 베리에 이르면 극에 달한다. 그에 따르면 과학의 종교화(종교화된 과학)와 과학에 대한 맹신주의는 오늘날 과학자가 아닌 사람들 사이에서도 광범위하게 널리 퍼져 있다. 우리는 과학자들 자신이 황송해할 정도로 과거 예언자나 종교적 사제들이 차지하던 자리를 그들에게 내주었다. 이런 일은 우리가 비판적 책무, 무엇보다도 자기비판적이 되어야 할 책임을 전반적으로 방기했기 때문에 일어난 것이다((Rose, Lewontin and Kamin, 1993, 35).

오늘날 인문학과 자연과학, 과학과 종교 사이의 분리와 간격, 대화와 소통의 단절을 염두에 둘 때, 윌슨의 지식과 학문의 통합이라는 노력은 충분히 이해할 수 있다. 그러나 그는 문제의 핵심을 잘못 보고 있다. 인문학이 인문학으로, 자연과학이 자연과학으로 머무는 것 자체가 문제인 것은 아니기 때문이다. 둘 사이에 대화와 소통이 없는 것은 각자 자신의 전문성에 함몰되어 삶의 구체성으로부터 터져 나오는 요구들에 귀를 기울이지 못한 채 자본의 요구에 복종하고 있기 때문이지, 인문학과 자연과학, 종교와 예술을 아우르는 하나의 통합된 학문체계가 없기 때문이 아니다. 문제는 자연과학이건 인문학이건 자본의 노예가 되었다는 데 있고, 노예는 소통의 주체가 되지 못한다는 데 있다 (Berry, 2006, 233).[12]

그리고 무엇보다도 사회생물학에 있어서 결정적인 약점은 영성(靈性)의 결여이다. 21세기 화두 중의 하나는 감성과 이성, 그리고 영성의 조화와 화해이다. 신비주의라는 이름으로 매도되었던 영성의 회복과 부활이 없이는 약육강식의 정글식 자본주의와 맞설 수 없다. 물론 영성이 지상의 문제를 소홀히 하고 천상의 문제로 날아가 버릴 위험성은 경계하여야 한다.

3.2. 유전자 결정론을 넘어서

앞에서의 반론을 우리가 염두에 두지 않더라도 이제 유전자 결정론 스스로 자신의 이론을 넘어서고 있다는 데서 새로운 문제가 발생한다. 도킨스는 모든 생명체는 '복제하는 실재물'이라는 생존방식으로 진화하는데, 새로운 종류의 복제자(DNA와는 다른 복제자)가 최근에 바로 이 지구 위에 나타났다고 생각한다. 그것은 여전히 어린 상태로 있어서 진화의 토대가 될 원시 수프를 찾아 허둥지둥 떠돌아다니지만, 헐떡이며 따라오는 구시대의 유전자를 저 뒤에 남겨 놓을 만큼의 빠른

---

12 오늘날 인간 공동체와 그들의 자연적, 문화적 자원들은 경제라고 알려진 일종의 합법적 야만주의에 의해 파괴가 이루어지고 있다(Berry, 2006, 41).

진화 속도를 벌써 획득하고 있다(Dawkins, 1992, 278-279).

도킨스에 따르면, 그 새로운 복제자는 문화의 복제자이며, 이 새로운 복제자에 대해 문화의 전달 단위나 모방 단위라는 개념을 함축하고 있는 이름이 필요하다. 'mimeme'란 말이 그것에 해당하는 그리스어 어원인데, 도킨스는 'mimeme'에서 'meme(밈)'이라는 단어를 만들어낸다. 그 말은 'memory(기억)'이나 불어의 'meme(그 자체)'와 관련 있는 단어라고 한다. '밈'의 예로는 노래, 사상, 선전문구, 옷의 패션, 도자기를 굽는 방식, 건물을 건축하는 양식 등이 있다. 유전자가 정자나 난자를 통해서 하나의 신체에서 다른 하나의 신체로 건너뛰어 유전자 풀에 퍼지는 것과 같이, '밈'('아이디어 밈'과 '종교적 밈', '문화적 밈')도 넓은 의미에서는 '모방'의 과정을 통해서 한 사람의 뇌에서 다른 사람의 뇌로 건너뛰어 '밈'의 풀(meme pool)에 퍼진다(Dawkins, 1992, 279).

계속 도킨스의 논의를 따라가 보자. 어느 과학자가 좋은 생각을 듣거나 읽게 되면 그는 그의 동료나 학생들에게 전해준다. 또한 그것을 논문이나 강의에서 언급한다. 일단 아이디어가 떠오르게 되면 뇌에서 뇌로 퍼지게 된다. 이처럼 밈은 은유적으로만 존재하는 것이 아니다. 누가 내 마음에 풍부한 밈을 심었다면 문자 그대로 그는 내 머리에 기생하고 있다. '사후에 생명이 있다는 믿음'에 관한 밈은 실제로 수많은 시간이 지난 후에, 세계 곳곳의 개인들의 신경계 속에 어떤 물리적인 구조로서 현실화된다(Dawkins, 1992, 279-280).

그리고 인간의 문화에 의해서 제공되는 환경 속에서 높은 생존의 가치와 강한 침투력을 지닌 밈의 형태로 신은 존재한다. 또한 유전자 선택이라는 낡은 진화 과정이 뇌를 만듦으로써 최초의 밈이 생겨날 수 있는 '수프'를 제공했다. 생물학자들은 유전적 진화라는 생각에 너무 깊이 빠져들어 있기 때문에, 유전적인 진화라는 것도 여러 가능한 진화 방법 가운데 하나에 불과할 뿐이라는 점을 망각하는 경향이 있다(Dawkins, 1992, 280-282).

그런데 밈과 유전자는 서로를 강화시키지만 때로는 적대적인 관계가 되기도 한다(Dawkins, 1992, 289). 도킨스는 우리가 죽을 때 우리는 두 가지를 남길 수 있는데, 그것은 유전자와 밈이라고 한다. 한 세대 한 세대가 지날수록 한 사람의 유전자는 절반씩 줄어든다. 긴 세월이 걸리지 않아 그 사람의 유전자는 무시해도 좋을 만한 비율이 될 것이다. 그 사람의 유전자는 영원할 것이지만 쉽게 흩어지고 만다. 예를 들어 엘리자베스 2세는 첫 번째 영국의 왕인 정복자 윌리엄의 직계 후손이다. 그러나 그녀의 몸 안에는 그 옛 왕의 유전자가 단 하나도 없을 수 있다. 생식에서 영원불멸을 기대할 수는 없다. 그러나 누가 세계 문화에 기여한다면, 즉 누가 좋은 사상을 전파한다거나 작곡을 한다거나 기계 장치를 발명한다거나 시를 쓴다거나 하면, 그의 유전자는 공동의 풀에 용해된 한참 후까지도 그것은 손상되지 않은 채로 존재하게 될 것이다. 소크라테스의 유전자는 지금 이 세상에는 한두 개 정도만 겨우 남아 있을지 모른다. 그러나 무슨 상관이 있는가? 소크라테스, 레오나르도 다빈치, 코페르니쿠스 등의 밈의 복합체는 여전히 강력하게 남아 있다(Dawkins, 1992, 289).

인간의 독특한 특징은—이것은 밈과 관련해서 진화했을 수도 있고, 그렇지 않았을 수도 있는데—의식을 가지고 있으며, 미래를 예견하는 능력에 있다. 그러나 이기적 유전자나 이기적 밈은 미래를 예견하는 능력이 없다. 그것들은 무의식적이고 맹목적인 복제자들이다. 그것이 유전자이든 밈이든, 단기적 이익을 포기하는 것이 장기적으로는 이익이 된다는 점을 깨달아서 실행하기를 기대할 수 없다. 인간의 또 다른 독특한 특성으로 순수하고 사심 없고 진실한 이타주의의 능력을 들 수 있을 것이다(Dawkins, 1992, 290).

우리는 유전자 기계의 역학을 하도록 만들어지며 밈의 기계가 되도록 길러진다. 그러나 우리에게는 우리를 창조한 자에게 대항할 수 있는 힘이 있다. 이 지구상에서 우리 인간만이 유일하게 이기적인 복제자의 폭거에 반기를 들 수 있다(Dawkins, 1992, 291). 이쯤 되면 도킨스가 그의 책 처음에 전개한 논리는 더 이상 힘을 발휘하지 못한다. 대부분의 사회생물학자들은 그의 논의의 출발점에서는 강한 논조를 드러내다가 거의 마지막 부분에 가서는 다른 타협안이나 희망적인 어떤 것에 기대를 건다. 즉 유전자 결정론이 유전자 결정론을 넘어선 곳에서 막연히 해결되기를 바란다.

3.3. 인간은 '인간적인' 자연존재이다

사회생물학에 따르면, 인간은 영장류 조상으로부터 진화해왔고, 또 인간이 지닌 기본적인 요소들은 유전적으로 속박되어 있기 때문에, 다른 동물과 구분되는 인간의 종적 특성들은 상당부분 허약한 도그마로 끝나고 만다. 사실 인간과 침팬지는 해부학적으로나 생리학적으로 매우 유사할 뿐 아니라 DNA가닥이 98.4%가 동일한 만큼 아주 가깝다고 한다. 침팬지가 고릴라보다도 인간과 더 가까우며, 침팬지와 인간의 차이는 거의 없다는 것이다.[13]

바로 여기에 함정이 있다. 사회생물학은 1.6%의 차이를 지나치게 과소평가하는 경향이 있다. 인간 존재의 존엄성은 바로 그 작은 차이

---

[13] 리처드 랭험 · 데일 피터슨(R. Wrangham & D. Peterson, 1998)의 『악마 같은 남성』(Demonic Males)이 대표적인 서적이다.

에서 비롯된다. 물론 필자 또한 인간이 아닌 다른 존재의 고귀함을 폄하하려는 의도는 추호도 없다. 그러나 DNA가닥이 거의 같은 한 범부(凡夫)와 성인(聖人)의 그 정신적이고 영적(靈的)인 차이를 사회생물학은 어떻게 설명할 것인가? 인간이 쥐의 유전자와 95%정도 공유한다고 해서 인간이 쥐와 그렇게 쉽게 비교될 수 있단 말인가?

인간의 특징이라고 생각되는 것들 중에는 사실상 영장류의 특징이라고 볼 수 있는 것도 있고, 나아가 포유동물 전체의 특징이라고 볼 수 있는 것도 있다. 그리고 더 나아가면 동물의 특징인 것과 생물 전체의 특징인 것도 있다. 그러나 그러한 특징을 공유한다고 해서, 인간을 생물 전체로, 동물로, 포유동물로, 영장류와 동일시하거나 환원할 수는 없다. 그리고 인간은 당연히 다른 동물과 같은 생물학적 생명체이지만(박만준, 2003), 인간은 다른 동물과 엄청나게 다르다. 바로 여기에 인간 존재의 가치와 신비가 있다.

설령 인간이 환경에 대해 수행하는 행위들이 생물학적으로 동물들과 유사해 보일지라도, 그 행위들의 의미가 사회적으로 완전히 동일한 것은 아니다. 같은 굶주림일지라도, 그저 손가락을 써서 날고기를 먹음으로써 해결되는 굶주림과, 음악을 들으며 잘 요리된 고기를 나이프와 포크를 써서 먹음으로써 만족되는 굶주림은 아주 다르다. 모든 인간은 태어나고, 대부분 자손을 보고, 결국은 죽는다. 그러나 이들 행위에 투여된 사회적 의미들은 문화마다, 또는 하나의 문화 속에서 맥락에 따라 심오하게 변화한다(Rose, Lewontin and Kamin, 1993, 34).

이처럼 사회생물학은 인간과 다른 동물과의 질적 차이를 무시하거나 간과하고 있다. 맑스의 지적대로 "인간은 단순히 자연 존재일 뿐만 아니라 동시에 인간적인 자연 존재이다."(Marx, 1991, 323) 맑스는 동물과 인간의 생산행위가 어떻게 다른가를 다음과 같이 설명한다.

동물은 일면적으로 생산하지만 반면에 인간은 보편적으로 생산한다; 동물은 직접적인 육체적 욕구로부터 자유로이 생산하며, 그러한 욕구로부터의 자유 속에서만 비로소 진정으로 생산한다; 동물은 자기 자신만을 생산하지만, 반면에 인간은 자연 전체를 재생산한다; 동물의 생산물은 직접적으로 그 동물의 육체에 귀속하지만, 반면에 인간은 자유로이 자신의 생산물에 대립한다. 동물은 자신이 속해 있는 종의 척도와 욕구에 따라서만 형성하지만(꿀을 만들지만 formieren), 반면에 인간은 모든 종의 척도에 따라서 생산할 줄 알고, 언제 어디서건 대상에 내재적 척도를 갖다 댈 줄 안다; 그러므로 인간은 또한 美의 법칙들에 의거해서 형성한다.(Marx, 1991, 274)

흔히 사회생물학을 옹호하는 사람들은 '침팬지의 얼굴을 보라, 그러면 니 자신이 보일 것'이라고 말한다(박만준, 2003). 그렇다. 그러나 그렇지 않다.

우리는 사회생물학자들이 의도하는 바를 수용함과 동시에 이렇게 되물어볼 수도 있을 것이다. '그대 아버지의 얼굴을 보라, 그대 자신이 보이는가?' 비록 우리가 아버지의 유전자 5할을 받았기에 아주 많이 닮았다고 하더라도 나는 결코 나의 아버지와 같은 인간이 아니다. 다시 말해 우리가 50년 전의 인간과 50년 후의 인간이 DNA가닥에 있어서는 거의 같다는 사회생물학의 주장을 받아들인다 하더라도 나와 아버지는 전혀 다른 인간이다. 그 이유는 인간의 삶에 있어서 문화의 차이가 유전자 못지않은 큰 영향을 미치기 때문이다.

4. 맺음말: 인간은 닫힌 존재가 아니라 열린 존재이다

사회생물학은 자연과학과 사회과학을 접목하여 인간의 사회적 행동을 진화론적 생물학의 원리로 설명하려고 한다. 극단적으로 말하면, 그것은 생물학적 결정론 또는 유전자 결정론이며 생물학적 환원론이다. 물론 사회생물학자들은 그것을 자주 부정하고 있기는 하다.

사회생물학은 보편적인 적응성에 대해서 더할 수 없는 확신을 가지고 궁극적으로는 원자론—외형상 분할 불가능한 개체 수준 이하로 환원되는—을 옹호하고 있다. 버틀러(Samuel Butler)는 다음과 같은 명구를 남겼다. "닭은 달걀이 다른 달걀을 만들어 내는 방법에 지나지 않는다." 어떤 사회생물학자는 이 경구를 문자 그대로 받아들여, 개체란 유전자들이 그들과 똑같은 유전자들을 더 많이 만들어내기 위해서 이용하는 도구에 불과하다고 주장한다. 개체들은 진화의 '실제적' 단위를 수용하는 잠정적인 용기에 지나지 않는다. 그러나 다윈의 세계에서 개체들은 그들의 종족을 영속화하기 위해서 투쟁한다. 여기서 유전자들은 생존 경쟁의 지휘관들이다. 이처럼 치열한 싸움에서는 적자(適者)들만이 승리한다(Gould, 1987, 305-308).

행동에 대한 사회생물학의 환원주의적인 기계론적 모형은 어디까지나 인식론적 허구이지 존재론적 실재가 아니다. 물론 유전자가 행동의 기초가 된다는 것은 명백하다. 그러나 이 이야기와 행동이 유전자에 의해서 '결정' 된다는 이야기는 전혀 다른 이야기이다. 따라서 행동이 유전자에 의해 결정된다는 견해는 받아들일 수 없다(서유헌·홍욱희 외, 1995, 140). 켈러는 이 주장을 다음과 같은 말로 뒷받침한다. 핵 속에 들어 있는, 누구나 알 수 있는 실체를 가리키는 용어인 염색체와 달리, 유전자는 무엇을 가리키는지 불분명한 용어라는 것이다. 켈러는 이제 패러다임을 전환할 때가 되었다고 보고 유전자라는 용어에서 벗어나 유전 현상을 결정론적이지 않은 새로운 용어와 개념으로 새롭게 파악할 것을 제안한다(Keller, 2002, 183-202).

거듭 말해 인간본성의 유전적 고정성은 생물학적 결정론의 꿈일 뿐이다. 인간에게는 생물학적인 것과 문화적인 것이 동시에 주어져 있다. 양자의 이분화는 인식론적으로 또는 개념적으로만 가능할 뿐이다. 존재론적으로 그 둘은 결코 나뉠 수 없다(서유헌·홍욱희 외, 1995, 159).

물론 사회생물학자들은 자신들도 생물학적 요인뿐만 아니라, 문화적 요인도 인정한다고 반박할 것이다. 그러나 그들은 그러한 주장을 펼치면서도 항상 마지막에 와서는 또다시 생물학적 요인에게 방점 찍는 것을 잊지 않는다.

사회생물학이 극단에 치우치지만 않는다면, 사회생물학은 대단히 비옥한 연구 분야로 평가될 수도 있다. 그것은 인간 삶의 다양한 현상들을 새로운 시각으로 조명할 수 있도록 우리를 도와줄 것이다. 그러나 우리는 새로운 시각을 받아들일 때, 극단적인 편파성은 경계하여야 한다. 이와 함께 '인간 사회생물학'[14] 분야에서도 역시 다른 여타 학문 분과들(사회학, 문화인류학)의 연구 결과를 적극적으로 수용하는 자세가 필요할 것이다. 바로 이런 과정을 통해 언젠가는 자연과 문화의 종합이라는 하나의 포괄적인 인간상이 얻어질지도 모른다(Wuketits, 1999, 232).

인간존재 규명에 관한 한, 사회생물학의 논의에만 머문다면 결국 실패할 것이다. 사회생물학은 인간의 자기이해를 위한 하나의 참고 사

---

[14] 굴드(S. J. Gould)는 '인류사회생물학'이라는 용어를 사용한다(Gould, 1987, 305).

항일 뿐이다. 인간은 생물학 존재이면서 역사적, 사회·문화적인, 대단히 역동적인 존재이기에 복잡하고 역설적이고 어떤 경우는 모순적이기도 하다. 또한 초월적이면서 신비적인 존재이기도 하다. 따라서 사회생물학에 우리가 경청할만한 그 무엇이 있다고 하더라도 그것에 근거해 인간을 성급하게 단순화시킨다면 많은 문제가 발생할 것이다.

유전자 결정론이든 문화결정론이든, 아니면 그 둘의 결합이든 모두 결정론이다. 결정론은 폐쇄적인 닫힌 이론이며, 닫혀 있기에 굳어 있고, 굳어 있기에 체계적이다. 체계적인 이론은 마치 빈틈없이 잘 짜인 이론 같지만, 틈이 없다는 것만으로도 답답하다. 체계적인 것은 체제적인 것이며, 그것은 칼 포퍼가 우려하는 바와 같이 독재적이다. 무엇보다도 사회생물학(생물학적 결정론, 더 나아가 유전자결정론)은 본질주의적 태도이며, 본질주의는 닫힌 논의구조에서 나오기 때문이다.

인간 존재란 유전적 요인이나 문화적 요인, 정치 경제적 및 역사적 요인들에 의해 조건 받기도 하지만, 또한 자유로운 주체적인 존재이다. 다시 말해 인간은 열린 존재이다. 바로 이 점이 인간 존재를 규명하는 데 어려움을 준다. 그러나 바로 거기에 인간 존재의 가치와 신비가 스며들어 있다.

사실 누가 인간이 동물이라는 사실을 부인하겠는가. 그러나 인간이 동물이고 개미와 침팬지가 동물이라고 해서 인간이 개미와 침팬지와 같은 것은 아니다. 만약 같다면 그것은 형식논리학의 기본인 '매개념 부주연의 오류'를 범하는 셈이다. 물론 사회생물학은 이런 방식으로 인간과 동물의 동일성을 증명하지 않지만 뭔가 마음속에는 이 비슷한 노림수를 가지고 있는 듯하다.

거세게 밀려오는 자연과학의 물결 앞에서 인문학과 사회과학은 무반성적으로 쉽게 그 흐름을 받아들이려고 한다. 물론 우리는 자연과학의 성과를 외면해서도 안 되며 그것을 자기의 것으로 하는 데 게을러서도 안 된다. 인간의 자기이해를 위해서는 모든 학문이 만나야 하고, 종교, 문학, 예술 등도 서로 소통하여야 한다. 오늘날 우리의 모습은 이전의 인간 모습과는 무척 다르다. 앞으로는 더 달라질 것이다. 현기증이 날만큼 복잡하게 얽혀 있는 이런 실타래를 한 가닥의 실로 완벽하게 풀어낼 수 있을까? 그리고 사회생물학은 오늘의 우리 문제를 푸는 데 어떤 도움을 줄 것인가? 생태계위기의 극복에 사회생물학은 어떤 해법을 제공할 수 있을까? 사회생물학이 종족살해와 전쟁, 지배와 피지배의 사회구조를 정당화한다는 비판에 대해 어떻게 반박할 수 있을까? 이런 여러 가지 질문에 대해 사회생물학은 너무 쉽게 대답하고 있다.

그리고 진화론에 많은 영향을 받은 사회진화론자인 스펜서는 사회에 있어서도 적자(適者)만 생존한다고 했다. 이렇게 진화의 방향이 가치론과 무관하다면 사회 진화에도 가치론은 폐기되어야 하는가? 다시 말해 이제 윤리학과 미학도 사라진 상태에서 우리는 오직 진화생물학으로 돌아가야만 하는가? 과연 역사는 그 방향도 이념도 철학도 없이 그저 '눈먼 시계공(the blind watchmaker)'[15]과 같은 것인가?

여기서 우리는 굴드가 자연의 진화와 문화적 변화를 구별하였다는 점에 주목할 필요가 있다. 굴드에 따르면, 인류의 문화적 변천은 생물

---

15 진화론에서 진화는 완결이나 완벽을 목표로 하는 것이 아니라 언제나 '진행형'이다. 그러므로 진화를 진보로 이해하는 것은 잘못이다. 환경의 변화에 따라 엉뚱한 방향에서 선택이 이루어질 수도 있으므로 진화의 방향을 선악의 가치론적 입장이나 목적론적 견지에서 이해하거나 규정할 수 없다. 그래서 도킨스는 자연선택을 '눈먼 시계공'에 비유하고 있다. 환경이 가는 길이 일정하지도 않고 또 당장 그 길이 보이지도 않으니 설령 눈이 있다고 한들 장님이나 다름없는 것이다. 진화가 나아가야 할 '정해진' 곳은 존재하지 않는다(박만준, 2003, 재인용).

진화와 전혀 다른 원리에 의해 진행된다. 그것은 진보라고 불러도 좋은 어떤 것을 향한 조종된 경향의 존재를 생각해도 좋은 과정이다. 그래서 진화라는 용어를 자연의 역사와 문화의 역사에서 동시에 사용하는 것은 의미를 혼란스럽게 만든다. 굴드는 다윈의 자연사 이론이 인간 사회의 기술의 역사에도 모두 적용될 수 있을 것이라는 생각은 지나치게 환원주의적이라고 생각한다. 따라서 굴드는 문화적 진화라는 말을 추방하고, 더 중립적이고 기술적인 표현인 '문화적 변화' 같은 말을 사용한다. 굴드는 다윈적 진화와 문화적 변화의 차이를 지적하면서, 문화는 폭발적인 속도로 변화할 할 수 있고 어떤 방향성을 축적할 수 있는 능력을 가지고 있지만, 자연에는 이런 능력이 없다고 한다(Gould, 2002, 306).

부케티츠는 불확실성 속에서도 버리지 않는 희망을 다음과 같이 이야기한다. 호모 사피엔스가 반드시 살아남아야만 될 이유는 진화의 그 어느 곳에도 기록되어 있지 않다. 그들 앞에 존재했던 수많은 다른 종들처럼 그들 역시 얼마든지 멸종해버릴 수도 있겠지만, 설사 그렇게 된다 해도 진화의 역사는 눈 하나 깜짝하지 않을 것이다. 하지만 진화 과정을 스스로 조정 통제할 수 있는 능력은 인간에게만 고유하게 주어져 있다. 결단은 우리 자신의 몫이다(Wuketits, 1999, 233). 이런 의미에서도 인간은 열린 존재이다.

이 글은 사회생물학의 무비판적 수용과 찬양에 대한 하나의 제동이다. 비록 논의가 거칠지만, 사회생물학에 대한 비판적 접근과 연구의 필요성을 강조하기 위해 이 글을 썼다.

참고문헌

Skinner, B, F.(1971), *Beyond Freedom and Dignity*, Alfred A. Knopf, INC,.

Wilson, E, O.(2000), *Sociobiology The New Synthesis*, The Belknap Press of Harvard University Press, .

K. Marx(1991), *Oekonomishe-philosophische Manuskripte* (최인호 옮김,『경제학 철학 수고』, 박종철출판사).

D. Morris(1991), *The Naked Ape* (김석희 옮김,『털 없는 원숭이』, 정신세계사).

R. Dawkins(1992), *The Selfish Gene* (이용철 옮김,『이기적인 유전자』, 두산동아).

R. Wrangham and D. Peterson(1998), *Demonic Males* (이명희 옮김,『악마 같은 남성』, 사이언스북스).

M. Ridley(2001), *The Origins of Virture* (신좌섭 옮김,『이타적 유전자』, 사이언스북스).

E. Mayr(2002), *This Is Biology* (최재천 외 옮김,『이것이 생물학이다』, 몸과마음).

S. Rose, R. Lewontin and I. Kamin(1993), *NOT IN OUR GENE* (이상원 옮김,『우리 유전자 안에 없다』, 한울).

S. Gould(2002), *Full House* (이명희 옮김,『풀하우스』, 사이언스북스).

S. Gould(1987), *Even Since Dawin* (홍동선·홍욱희 옮김,『다윈 이후』, (주) 범양사출판부).

E. Wilson(1996), *Naturalist* (이병훈·김희백 옮김,『자연주의자』, 민음사).

E. Wilson(1992), *Sociobiology : The Abridged Edition* (이병훈·박시룡 옮김,『사회생물학 Ⅰ,Ⅱ』, 민음사).

E. Wilson(2000), *On Human Nature* (이한음 옮김,『인간 본성에 대하여』, 사이언스북스).

E. Wilson(1995), *The Diversity of Life* (황현숙 옮김,『생명의 다양성』, (주)범양사출판부).

E. Wilson(2005), *CONSILIENCE : The Unity of Knowledge* (최재천·장대익 옮김,『통섭-지식의 대통합』, 사이언스북스).

E. Keller(2002), *THE CENTURY OF THE GENE* (이한음 옮김,『유전자의 세기는 끝났다』, 지호).

W. Berry(2006), *LIFE IS A MIRACLE* (박경미 옮김, 『삶은 기적이다』, 녹색평론사).

F. Wuketits(1999), *Gene, Kultur und Moral : Soziobiologie - Pro und Contra* (김영철 옮김, 『사회생물학논쟁』, 사이언스북스).

P. Singer(1999), *The Expanding Circle : Ethics and Sociobiolgy* (김성한 옮김, 『사회생물학과 윤리』, 인간사랑).

H. Fisher(1999), *Sex Contract: The Evolution ob Human Behavior* (박매영 역, 『성의 계약』, 정신세계사).

남기영 외(1997), 『인간이란 무엇인가』, 민음사.

박만준(2003), 「인간이란 어떤 것인가」, 『철학논총』 제33집, 새한철학회.

서유헌·홍욱희 외(1995), 『인간은 유전자로 결정되는가』, 명경.

이병훈(1994), 『유전자들의 전쟁』, 민음사.

임의영(1993), 『스키너의 행동주의적 인간관』, 문학과지성사.

정연보(2004), 『인간의 사회생물학』, 철학과현실사.

정연홍·최상균(2003), 「화이트헤드의 유기체 철학과 사회생물학적 논쟁」, 『철학논총』 제31집, 새한철학회.

최재천 외(2003), 『살인의 진화심리학』, 서울대학교출판부.

최재천(2002), 「다윈의 진화론—철학논의를 위한 기본 개념」, 『진화론과 철학』, 철학연구회 2002년 추계 연구발표회 논문집, 철학연구회.

최재천(2001), 『알이 닭을 낳는다』, 도요새.

최재천·주일우 엮음(2007), 『지식의 통섭—학문의 경계를 넘다』, 이음.

필자 소개

최재천

서울대학교 동물학과를 졸업한 후 펜실베니아주립대학에서 석사학위를 받고, 하버드대학교에서 박사학위를 받았다. 현재 이화여자대학교 에코과학부 교수로 재직 중이다. 주요 저서에는 『개미제국의 발견』(사이언스북스, 1999), 『생명이 있는 것은 다 아름답다』(효형출판사, 2001), 『여성시대에는 남자도 화장을 한다』(궁리, 2003), 『대담: 인문학과 자연과학이 만나다』(공저, 휴머니스트, 2005), 『최재천의 인간과 동물』(궁리, 2007) 등이 있고, 역서에는 『인간은 왜 병에 걸리는가: 다윈 의학의 새로운 세계』(사이언스북스, 1999), 『인간의 그늘에서』(공역, 사이언스북스, 2001), 『통섭: 지식의 대통합』(E. O. Wilson, 공역, 사이언스북스, 2005) 등이 있다.

이토요시아키(伊藤嘉昭)

일본 나고야(名古屋)대학 명예교수, 동물행동학

박만준

부산대학교 철학과를 졸업하고, 동 대학원에서 석사, 박사 학위를 받았다. 현재 동의대학교 철학윤리문화학과 교수로 재직 중이다. 주요 저서에는 『철학』(공저, 이문출판사, 1985), 『철학개론』(공저, 이문출판사, 1988), 『욕망과 자유』(이문출판사, 1993), 『늦잠잔 토끼는 다시 뛰어야 한다』(이문출판사, 1993), 『상생의 철학』(공저, 동녘, 2001), 『인성론』(공저, 태양출판사, 2002), 『성의 진화와 인간의 성문화』(공저, 경문사, 2005) 등이 있고, 역서에는 『마르틴 하이데거』(존 맥쿼리, 청운, 1983), 『엄밀한 학으로서의 철학』(E. 후설, 이문출판사, 1986), 『그리스인의 이상과 현실』(G. L. 디킨슨, 공역, 서광사, 1989), 『헤겔 철학개념과 정신현상학』(N. 하르트만, 천지, 1990), 『헤겔의 변증법』(N. 하르트만, 형설출판사, 1991), 『의식과 신체』(P. S. 모리스, 서광사, 1993), 『마르크스주의와 생태학』(라이너 그룬트만, 동녘,

1995), 『하버마스의 사회사상』(미첼 퓨지, 공역, 부산대학교출판부, 1999), 『논리학 입문』(어빙 코피, 공역, 경문사, 2000) 『대중문화와 문화연구』(존 스토리, 경문사, 2002), 『문화연구의 이론과 방법들』(존 스토리, 경문사, 2002), 『대중문화의 이해』(존 피스크, 경문사, 2002), 『문학과 문화이론』(레이먼드 윌리엄즈, 경문사, 2003) 등이 있다.

정상모

부산대학교 철학과를 졸업하고 동대학원에서 석사학위를 받았으며, 미국 조지아대학교(University of Georgia) 대학원에서 박사학위(과학철학 전공)를 받았다. 현재 신라대학교 철학과 교수로 재직 중이다. 저서로 The Logic of Discovery: An Interrogative Approach to Scientific Inquiry(New York: Peter Lang, 1996), 『논리적 사고의 길잡이』(신라대출판부, 2006), 『상생의 철학』(공저, 동녘, 2001) 등이 있고, 역서로『논리학 입문』(경문사, 1994)이 있으며, 「발견의 논리」, 「인식 의무」, 「과학의 대화법적 합리성」 외에 다수의 논문이 있다.

이을상

부산대학교 철학과를 졸업하고, 동아대학교 대학원에서 석사, 박사학위를 받았다. 현재 동의대학교 문화콘텐츠연구소 연구교수로 재직 중이다. 주요저서에는 『가치와 인격』(서광사, 1996), 『사람됨과 삶의 보람』(공저, 글방문화, 1999), 『우리는 이 시대를 어떻게 살아야 하는가』(공저, 신지서원, 2002), 『인간과 현대인의 삶』(공저, 철학과 현실사, 2005), 『죽음과 윤리』(백산서당, 2006), 『인격』(공저, 서울대학교출판부, 2007) 등이 있고, 역서에는 『현대의 철학적 인간학』(O. F. Bollnow, 문원,1994), 『윤리학에 있어서 형식주의와 실질적 가치윤리학』(M. Scheler, 공역, 서광사, 1998), 『행위철학』(F. Kaulbach, 서광사, 1999), 『인간학적 탐구』(A. Gehlen, 이문출판사, 1999), 『동정의 본질과 형식』(M. Scheler, 울산대학교출판부, 2002), 『공리주의』(J. S. Mill, 이문출판사, 2002), 『사회의 형태와 지식』(M. Scheler, 공역, 한길사, 2008) 등이 있다. 1997년에는 「윤리학의 근본원리」(『철학논총』제13집)로 제4회 만포학술상을 받았다.

오용득

동아대학교 철학과를 졸업하였고, 동 대학원에서 석사, 박사학위를 받았다. 현대 창원대 철학과에서 강의하고 있다. 지은 책으로는 『교양철학』(공저, 한울, 1994), 『고전논리의 형식적 원리』(열린시, 2003), 『자기쇄신의 학으로서의 철학적 해석학』(열린시, 2005), 『섹슈얼리티를 철학한다-유전자의 생존기계에서 성적 주체로』(신지서원, 2008)가 있고, 옮긴 책으로는 『헤겔과 하이데거-존재개념 비교연구』(G. Schmitt, 공역, 이문사, 1997)가 있다.

강남욱

동의대학교 철학과를 졸업하고 동 대학원에서 석사학위를 받았으며, 박사과정을 수료하였다. 현재 동의대학교에서 강의하고 있다. 주요저서에는 『성의 진화 그리고 인간의 성문화』(공저, 경문사, 2006)가 있다.

백영제

서강대학교 철학과를 졸업한 후 홍익대학교 대학원에서 석사학위를 받고, 서강대학교에서 박사학위를 받았다. 현재 동명대학교 디자인대학 교수로 재직 중이다. 주요 논문으로는 「미적 감수성과 예술 발생의 진화론적 배경」(『대동철학』, 제41집, 2007), 「아우구스티누스 미학의 현대적 의미」(『미학예술학연구』 제19집, 2004) 외에 다수가 있다.

안호영

부산대학교 물리학과를 졸업하고 동 대학원에서 석사, 박사학위를 받았으며(이학박사), 철학과 박사과정을 수료하였다. 현재 부산대, 인제대에서 강의하고 있다. 주요 논문으로는 「우리는 공간을 어떻게 인식하는가」(새한영문학회, 2007) 외에 다수가 있다. 생명 현상 및 복잡계를 범주적으로 고찰하여 인식활동 속으로 포섭하기위한 개념화 작업에 관심이 많고, 이런 개념화의 공통적 기반인 진화론을 사유의 출발점으로 하는 사회생물학과 베르그손(Bergson) 철학 연구에 몰두하고 있다.

조용현

부산대학교 법과대학을 졸업하고 동대학원 철학과에서 석사, 박사학위를 받았다. 현재 인제대 인문학부 교수로 있다. 저서로는 『칼포퍼의 과학철학』(서광사, 1992), 『정신은 어떻게 출현하는가?』(서광사, 1996), 『작은 가이아』(서광사, 2002), 『컴퓨터 속의 생명』(영진문화사, 2003), 『보이는 세계는 진짜일까?』(우물이있는집, 2007) 등이 있으며, 『상생의 철학』(공저, 동녘, 2001) 등 다수의 공저가 있다. 『작은 가이아』로 가담저술상을 수상했다. 최근 복잡계로서의 생명현상에 관심이 있으며 그와 연관해 '인공생명'이란 사이트를 운영하고 있다(http://alife.or.kr).

박준건

부산대학교 철학과를 졸업하고 동 대학원에서 석사, 박사학위를 받았다. 현재 부산대학교 철학과 교수로 재직 중이다. 2005년에는 델리대학교 방문교수로 1년간 인도에서 연구하였다. 저서에는 『삶과 철학』(공저, 동녘, 1994), 『문화와 철학』(공저, 동녘, 1999), 『한국민주주의의 회고와 전망』(공저, 한가람, 2000), 『인문학과 생태학』(공저, 백의, 2001), 『상생의 철학』(공저, 동녘, 2001), 『Korea and India』(Manak, 2006)가 있고, 역서에는 『마르크스주의와 생태학』(공역, 동녘, 1995)이 있다.

사회생물학, 인간의 본성을 말하다

초판 1쇄 펴낸날 2008년 2월 24일
　3쇄 펴낸날 2010년 9월 30일

지은이　박만준 외
엮은이　(사)부산민주항쟁기념사업회 부설 민주주의사회연구소
펴낸이　강수걸
펴낸곳　산지니
등록　2005년 2월 7일 제14-49호
주소　부산광역시 연제구 거제1동 1493-2 효정빌딩 601호
전화　051-504-7070 | **팩스**　051-507-7543
sanzini@sanzinibook.com
www.sanzinibook.com

ⓒ (사)부산민주항쟁기념사업회
ISBN 978-89-92235-36-5 93473

*책값은 뒤표지에 있습니다.